21世纪普通高校计算机公共课程规划教材

Visual FoxPro

数据库与程序设计

（第2版）

石永福 主编

曾　玥　白荷芳　陈旺虎　副主编

清华大学出版社

北京

内 容 简 介

本书共 12 章,内容包括数据库系统基础、Visual FoxPro 6.0 语言基础、Visual FoxPro 6.0 数据表及其操作、Visual FoxPro 6.0 数据库及其操作、查询和视图、结构化查询语言 SQL、Visual FoxPro 6.0 程序设计基础、结构化程序设计、表单设计与应用、菜单设计与应用、报表设计与应用以及应用系统开发实例。

本书力求内容通俗易懂、叙述循序渐进、表达图文并茂、操作简捷实用。本书内容组织和特色非常鲜明,既重视基本概念与基本理论的讲解,又重点强调基本方法与技能的培养,通过案例给出了详细的操作步骤。许多内容都经过了教学第一线老师的反复雕琢。每章后面配有一定的习题,其目的是让学生通过本章知识的学习,培养综合应用知识与技能的能力。

本书既可以作为高等院校非计算机专业大学计算机基础教材,也可供参加全国计算机等级考试的人员和普通计算机使用者参考。

图书在版编目(CIP)数据

Visual FoxPro 数据库与程序设计/石永福主编.--2 版.--北京:清华大学出版社,2016(2022.1重印)
21 世纪普通高校计算机公共课程规划教材
ISBN 978-7-302-40969-4

Ⅰ. ①V… Ⅱ. ①石… Ⅲ. ①关系数据库系统—程序设计—高等学校—教材 Ⅳ. ①TP311.138

中国版本图书馆 CIP 数据核字(2015)第 167184 号

责任编辑:郑寅堃 薛 阳
封面设计:常雪影
责任校对:李建庄
责任印制:沈 露

出版发行:清华大学出版社
   网 址:http://www.tup.com.cn,http://www.wqbook.com
   地 址:北京清华大学学研大厦 A 座   邮 编:100084
   社 总 机:010-62770175   邮 购:010-62786544
   投稿与读者服务:010-62776969,c-service@tup.tsinghua.edu.cn
   质量反馈:010-62772015,zhiliang@tup.tsinghua.edu.cn
   课件下载:http://www.tup.com.cn,010-62795954

印 装 者:三河市龙大印装有限公司
经 销:全国新华书店
开 本:185mm×260mm 印 张:18.25   字 数:459 千字
版 次:2012 年 7 月第 1 版 2015 年 11 月第 2 版 印 次:2022 年 1 月第 3 次印刷
印 数:2701~3000
定 价:38.00 元

产品编号:065255-01

出版说明

随着我国改革开放的进一步深化,高等教育也得到了快速发展,各地高校紧密结合地方经济建设发展需要,科学运用市场调节机制,加大了使用信息科学等现代科学技术提升、改造传统学科专业的投入力度,通过教育改革合理调整和配置了教育资源,优化了传统学科专业,积极为地方经济建设输送人才,为我国经济社会的快速、健康和可持续发展以及高等教育自身的改革发展做出了巨大贡献。但是,高等教育质量还需要进一步提高以适应经济社会发展的需要,不少高校的专业设置和结构不尽合理,教师队伍整体素质亟待提高,人才培养模式、教学内容和方法需要进一步转变,学生的实践能力和创新精神亟待加强。

教育部一直十分重视高等教育质量工作。2007 年 1 月,教育部下发了《关于实施高等学校本科教学质量与教学改革工程的意见》,计划实施"高等学校本科教学质量与教学改革工程(简称'质量工程')",通过专业结构调整、课程教材建设、实践教学改革、教学团队建设等多项内容,进一步深化高等学校教学改革,提高人才培养的能力和水平,更好地满足经济社会发展对高素质人才的需要。在贯彻和落实教育部"质量工程"的过程中,各地高校发挥师资力量强、办学经验丰富、教学资源充裕等优势,对其特色专业及特色课程(群)加以规划、整理和总结,更新教学内容、改革课程体系,建设了一大批内容新、体系新、方法新、手段新的特色课程。在此基础上,经教育部相关教学指导委员会专家的指导和建议,清华大学出版社在多个领域精选各高校的特色课程,分别规划出版系列教材,以配合"质量工程"的实施,满足各高校教学质量和教学改革的需要。

本系列教材立足于计算机公共课程领域,以公共基础课为主、专业基础课为辅,横向满足高校多层次教学的需要。在规划过程中体现了如下一些基本原则和特点。

(1) 面向多层次、多学科专业,强调计算机在各专业中的应用。教材内容坚持基本理论适度,反映各层次对基本理论和原理的需求,同时加强实践和应用环节。

(2) 反映教学需要,促进教学发展。教材要适应多样化的教学需要,正确把握教学内容和课程体系的改革方向,在选择教材内容和编写体系时注意体现素质教育、创新能力与实践能力的培养,为学生知识、能力、素质协调发展创造条件。

(3) 实施精品战略,突出重点,保证质量。规划教材把重点放在公共基础课和专业基础课的教材建设上;特别注意选择并安排一部分原来基础比较好的优秀教材或讲义修订再版,逐步形成精品教材;提倡并鼓励编写体现教学质量和教学改革成果的教材。

(4) 主张一纲多本,合理配套。基础课和专业基础课教材配套,同一门课程有针对不同层次、面向不同专业的多本具有各自内容特点的教材。处理好教材统一性与多样化,基本教材与辅助教材、教学参考书,文字教材与软件教材的关系,实现教材系列资源配套。

(5) 依靠专家,择优选用。在制定教材规划时要依靠各课程专家在调查研究本课程教材建设现状的基础上提出规划选题。在落实主编人选时,要引入竞争机制,通过申报、评审确定主题。书稿完成后要认真实行审稿程序,确保出书质量。

　　繁荣教材出版事业,提高教材质量的关键是教师。建立一支高水平教材编写梯队才能保证教材的编写质量和建设力度,希望有志于教材建设的教师能够加入到我们的编写队伍中来。

21 世纪普通高校计算机公共课程规划教材编委会

联系人:魏江江 weijj@tup. tsinghua. edu. cn

前　言

随着计算机技术的迅速发展,计算机应用已渗透到了社会的各行各业,对计算机知识掌握的程度已成为衡量人才的一个重要指标。时代要求非计算机专业人员也要掌握一定的数据库和程序设计知识,具备一定的数据库和程序设计能力。本书选取 Visual FoxPro 6.0 为基础来讲解数据库、结构化程序设计和面向对象程序设计,兼顾介绍结构化查询语言 SQL和应用系统开发。内容具有普适性和基础性,学习者在掌握此内容的基础上,可以很容易地进行计算机应用知识的扩展和能力的提高。

本书包括 12 章内容,第 1 章介绍数据库系统基础,第 2 章介绍 Visual FoxPro 6.0 语言基础,第 3 章介绍 Visual FoxPro 6.0 数据表及其操作,第 4 章介绍 Visual FoxPro 6.0 数据库及其操作,第 5 章介绍查询和视图,第 6 章介绍结构化查询语言 SQL,第 7 章介绍 Visual FoxPro 6.0 程序设计基础,第 8 章介绍结构化程序设计,第 9 章介绍表单设计与应用,第 10 章介绍菜单设计与应用,第 11 章介绍报表设计与应用,第 12 章介绍应用系统开发实例。

本书在内容组织上,既重视基本概念与基本理论的讲解,又重点强调基本方法与技能的培养。通过案例给出了详细的操作步骤,这样不仅让学生掌握了基本理论知识,而且让学生学会了基本理论知识的应用,让学生不仅"懂",而且会"应用"、会"开发"。每章后面配有一定的习题,其目的是让学生通过本章知识的学习,培养综合应用知识的能力。

本书有以下特色:

(1) 结构重新调整,内容重新组织、重新编写,是目前结构合理、内容全面的一本数据库和程序设计教科书。

(2) 针对性强。切合教育目标,重点培养学生的应用能力,侧重技能传授。

(3) 实用性强。大量的案例、实训内容,其操作步骤详细,结果完备,与需求紧密结合。

(4) 适应性强。教学内容、练习题、多媒体教学课件紧密结合,可作为非计算机专业本科教材及全国计算机等级考试教材,也可作为其他各类大中专院校及社会计算机培训教材。

(5) 具有明显的计算机知识的系统性、渐进性、逻辑性。

(6) 本书许多内容都是教学第一线教师优秀的教学成果及科研成果。

(7) 学生自学与教师讲授能达到等同的学习效果。

(8) 教材配有多媒体教学单机课件及网络课件,研制开发的"大学计算机应用基础资源共享网络平台",可进行远程教学。

本书既可以作为高等院校非计算机专业数据库和程序设计教材,也可供参加全国计算机等级考试的人员和普通计算机使用者参考。教材的参考教学时数为 54~108 学时。在实际教学中,根据学生的实际情况和学校所设的学时数,内容可进行选择取舍。为配合本课程的教学需要,本教材为教师配有习题参考答案,可发 E-mail(ZhengYK@tup.tsinghua.edu.

cn)向清华大学出版社联系索取。

　　本书由石永福主编,曾玥、白荷芳、陈旺虎担任副主编,参加编写的老师还有杨得国、曹文泉、许桃香、赵红、刘艳慧、李娜、李泽湖、尉梅、柴娟娟、甘悦等。

　　在编写本书的过程中,力求在内容、组织、结构上既符合逻辑性,又具有系统性、科学性;既方便教师教学,又方便学生自学。在编写该书的过程中还得到了许多领导及专家的指导,在此表示衷心的感谢。由于编者水平有限,书中难免有不妥之处,诚盼专家、学者和同行给以指正。

编　者

2015 年 10 月

目 录

VII

第1章　数据库系统基础

数据管理是计算机应用的重要方面。数据库技术是先进的数据管理技术。Visual FoxPro 6.0 是可以运行在微型计算机上的优秀的数据库管理系统，不仅可以用于管理和操作数据库，而且也是一种高级程序设计语言，具有一般计算机语言的特点，同时也是一种功能强大的数据库应用系统开发工具。Visual FoxPro 6.0 同时支持结构化程序设计和面向对象程序设计两种程序设计方法。本书选取 Visual FoxPro 6.0 中文版（如无特别说明，本书叙述中的 Visual FoxPro 或必要时简称的 VFP 均指 Visual FoxPro 6.0 中文版）来讲解数据库和程序设计及应用系统开发，内容具有普适性、基础性和代表性，兼顾面大，学习者在掌握此内容的基础上，可以很容易地进行计算机应用知识的扩展和能力的再提高。

1.1　数据库基础知识

1.1.1　基本概念

1. 信息与数据

1）信息（Information）

信息是对客观事物属性的反映，是为某一特定目的而提供的决策依据。它所反映的是关于某一客观系统中某一事物的某一方面属性或某一时刻的表现形式，泛指通过各种方式传播的可被感知的声音、文字、图像、符号等所表征的某一特定事物的消息、情报或知识。

2）数据（Data）

数据是用来描述客观事物的可识别的符号。它是数据库存储和处理的基本元素，是信息的具体表现形式，其概念包括两个方面。

（1）数据内容是事物特性的反映或描述。

（2）数据是存储在某一媒体上的符号的集合。这里的符号包括两类：一类是能参与数字运算的数值型数据；另一类是不能参与数字运算的非数值型数据，如文字、图形、声音、图像等。

数据是信息存在的一种形式，只有通过描述或加工之后，有用的数据才能成为信息。数据是信息的符号表示或载体，信息是数据的内涵，是对数据的语义解释；数据是物理的，信息是观念上的。数据表示了信息，而信息只有通过数据形式表示出来才能被人们理解和接受。数据反映信息，而信息依靠数据来表达。如"1998 年全国工商税收完成 8552 亿元。"是一条信息，其中，1998、"年"、"全国"、"工商税收"、8552、"亿元"都是数据。

2. 数据处理

数据处理也称信息处理，是指将数据转换成信息的过程。广义地讲，处理包括对数据的收集、存储、加工、分类、检索、传播等一系列活动,新的数据又表示了新的信息。狭义地讲,处理是指对所输入的数据进行加工处理。可用下列式子简单表示：信息＝数据＋处理。

数据处理的核心问题是数据管理。数据管理技术的发展随着计算机硬件(尤其是外存储器)、软件技术和计算机应用范围的发展而不断发展,到目前为止,数据管理大致经历了3 个阶段,如表 1-1 所示。

表 1-1　数据管理技术的 3 个发展阶段及应用领域

	人工管理阶段	文件系统阶段	数据库管理阶段
应用领域	适用于科学计算	适用于科学计算和一些简单的管理系统	适用于大规模数据管理系统
软/硬件环境	有纸带、卡片等外存设备;没有直接存取的存储设备;没有操作系统	有磁盘、磁鼓等直接存储设备;有文件系统管理数据	有大容量磁盘存取设备;有数据库管理系统
特点	数据不保存;应用程序管理数据;数据不共享;数据不具有独立性	数据可长期保存;由文件系统管理数据;数据共享性差、冗余度高;数据的独立性差	面向全组织的复杂的数据结构;数据的冗余度低、共享性好、易扩充;数据独立性好;具有数据控制功能

3. 数据库系统

1) 数据库(DataBase)

数据库是存放数据的仓库,是对现实世界有用信息的抽取、加工处理,并把处理结果按一定的格式存放。数据库是长期存储在计算机内的、有组织的、可共享的数据集合。其特点是：按一定的数据模型组织、描述和存储数据,具有较低的冗余度,较好的数据独立性和共享性。

2) 数据库管理系统(DataBase Management System,DBMS)

数据库管理系统是介于应用程序与操作系统之间的数据库管理软件,是数据库的核心,包括数据库的一切操作,如查询、更新、插入等。其主要功能包括以下 4 个方面：

(1) 数据库定义功能。提供数据定义语言(Data Definition Language,DDL)或操作命令,以便对各级数据模式进行具体的描述,对数据库中的数据对象进行定义,如库、表、视图、索引、角色、用户、触发器等。

(2) 数据操纵功能。提供数据操纵语言(Data Manipulation Language,DML)对数据库中的数据对象进行基本操作,如查询、更新等。

(3) 数据库运行管理。对数据库中数据对象进行统一控制,包括数据的完整性控制、数据库的并发操作控制、数据的安全性控制、多用户的并发控制和数据库的恢复。

(4) 数据库建立和维护功能。包括对数据库中数据对象的输入、转换、转储、重组织、系统性能监视、分析等。

3) 数据库系统(DataBase System)

数据库系统是指引进数据库技术后的计算机系统,包括硬件系统、数据库集合、数据库管理系统及相关软件(如支持其运行的操作系统等)、数据库管理员和用户 5 个部分,其组成结构如图 1-1 所示。其中,数据库管理系统是数据库系统的核心组成部分。

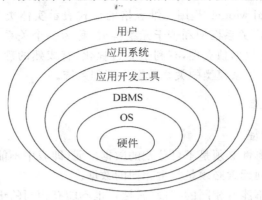

图 1-1　数据库系统组成结构图

4) 数据库应用系统

数据库应用系统是指系统开发人员利用数据库系统资源开发出来的,面向某一类信息处理问题而建立的软件系统。例如,以数据库为基础的教学管理系统、人事管理系统、财务管理系统等。

1.1.2　数据模型

数据库的数据结构形式称为数据模型,它是对现实世界数据的抽象,数据模型必须真实地模拟现实世界,容易被用户理解,并在计算机上容易实现。数据模型将数据库中的数据按照一定的结构组织起来,以反映事物本身及事物之间的各种联系。

任何一个数据库管理系统都是基于某种数据模型的,目前常用的数据模型有 3 种:层次模型、网状模型和关系模型。其中,层次模型、网状模型是非关系模型,是用有向图来表示的;而关系模型是用二维表来表示的。与之相对应,数据库也分为 3 种基本类型:层次型数据库、网状型数据库和关系型数据库。

1. 层次模型

层次模型(Hierarchical Model)是用树形结构表示实体之间联系的数据模型。满足两个基本条件:

(1) 有且只有一个结点无双亲,这个结点就是树的根结点。

(2) 其他结点有且只有一个双亲。

层次模型可以直接、方便地表示一对一和一对多关系,但它不能直接表示多对多关系,要想用层次模型表示多对多关系,必须设法将多对多关系分解为多个一对多关系。由于层次严格且复杂,因此数据的查询和更新操作复杂。

2. 网状模型

网状模型(Network Model)是用网络结构表示实体类型及其实体之间联系的数据模型。如果每个结点可以有多个父结点,便形成了网状模型。用网状模型可以直接表示多对多关系。其特点是记录之间的联系通过指针实现,缺点是用户必须熟悉数据库的逻辑结构,因此编写应用程序比较复杂。

3. 关系模型

关系模型(Relational Model)是用二维表格的形式表示实体类型及其实体之间联系的数据模型。这样的表格由关系框架和若干元组构成,称为一个关系。关系模型数据结构简单、清晰、灵活,有较好的数据独立性,有利于非过程化,有成熟的理论基础等。本书所要介绍的 VFP 就是一种基于关系模型的关系数据库管理系统。

1.1.3 关系数据库

1. 关系数据库的特征

(1) 关系中的每个属性必须是不可分割的数据单元(即表中不能再包含表)。

(2) 关系中的每一列元素必须是类型相同的数据。

(3) 同一个关系中不能有相同的字段(属性),也不能有相同的记录。

(4) 关系的行、列次序可以任意交换,且不影响其他信息内容。

2. 关系数据库

由关系模型构成的数据库就是关系数据库。关系数据库由包含数据记录的多个数据表组成,用户可在有相关数据的多个表之间建立相互联系。

在关系数据库中,数据被分割到不同的数据表中,以便使每一个表中的数据只记录一次,从而避免数据的重复输入,减少冗余。

3. 关系术语

(1) 关系:一个关系就是一张二维表,每个关系有一个关系名,即表名。在计算机里,一个关系可以存储为一个文件,如 FoxPro 中的.dbf 文件。

(2) 属性:表中的列称为属性或字段,每一列有一个属性名。属性值相当于记录中的数据项或者字段值。

(3) 记录:表中的每一行是一组属性的信息集合,称为记录。

(4) 关系模式:对关系数据结构的描述称为关系模式,它是静态的,格式为:

关系名(属性名 1,属性名 2,…,属性名 n)

一个关系模式对应一个关系文件的结构。例如:R(S♯,SNAME,SEX,BIRTHDAY,CLASS)。

(5) 关键字(或码):属性或属性集合,其值能够唯一地标识一个记录。

(6) 主关键字(或主码):用来唯一标识关系中记录的字段或字段组合。

(7) 外关键字(或外码):用于连接另一个关系,并且在另一个关系中作为主关键字的字段。

1.2 Visual FoxPro 6.0 的特点、安装和运行

1.2.1 Visual FoxPro 6.0 的特点

Visual FoxPro 是第一个真正与 Windows 兼容的 32 位数据库开发系统。

1. 采用可视化和面向对象编程技术

通过 VFP 提供的对象和事件模型,用户可以充分利用可视化的编程工具完成面向对象

的程序设计,包括使用类,并给每一个类以属性、事件和方法的定义,快捷、方便地进行系统开发。将类存于类库中,并在程序中使用,可以减少程序重新开发和多次编辑、编译的过程,大大提高应用程序的开发速度。同时,增加了一些加快应用程序开发速度的工具和例程,提供了直观方式观察在一个类库或表单中的类对象的层次关系。

2. 加强了数据完整性验证机制

VFP 系统引进和完善了关系数据库的 3 个完整性,即实体完整性、参照完整性和用户自定义完整性。

3. 独特的开发客户机/服务器解决方案

VFP 系统可以相当方便地存储、检索和处理服务器平台上的关键信息,通过特定技术直接对服务器上的任何 ODBC 数据资源访问,并提供了灵活、可靠、安全的客户机/服务器解决方案。

4. 快速创建应用程序

使用 VFP 系统提供的项目管理器、向导、生成器、工具栏、设计器等辅助性工具,无须用户编写大量的程序代码,就可以方便地创建和管理应用程序中的各种资源,提高程序设计的自动化程度,方便用户操作。

5. 与其他软件的高度兼容

Visual FoxPro 6.0 系统对 FoxPro 生成的应用程序向下兼容,可直接运行、编辑、更新原有的 FoxPro 程序。同时,Visual FoxPro 6.0 可以使用来自其他应用程序的对象,并与其他程序导入、导出数据,还可以和 Word、Excel 等其他许多软件交换和共享数据。

1.2.2 Visual FoxPro 6.0 的运行环境与安装

1. VFP 的运行环境

VFP 是 32 位的开发工具,其软/硬件的基本配置如下:

(1) 处理器:486DX/66MHz 或更高档处理器及其兼容机。

(2) 内存:16MB 以上。

(3) 硬盘:典型安装需要 100MB 硬盘空间,最大安装需要 240MB 硬盘空间。

(4) 显示器:VGA 或更高分辨率的显示器。

(5) 操作系统:Windows 95 或更高的中文版平台。

对于网络操作,需要一个支持 Windows 的网络和一台网络服务器。

2. VFP 的安装

VFP 可以从 CD-ROM 或网络上安装。下面介绍 3 种从 CD-ROM 上安装 VFP 的方法。

(1) 直接启动 CD-ROM。将 VFP 系统光盘插入到 CD-ROM 驱动器中,自动运行安装程序,然后选择系统提供的安装方式,按步骤选择相应的选项,完成安装过程。

(2) 直接运行安装程序。在 Windows 桌面上单击"开始"按钮,选择"运行"命令,弹出"运行"对话框,在"打开"文本框中输入安装程序名,运行安装程序,然后按步骤选择相应的选项,完成安装过程。

(3) 使用 Windows 安装。在 Windows 桌面上单击"开始"按钮,执行"设置"→"控制面板"命令,打开"控制面板"窗口,在其中双击"添加/删除程序"图标,在打开的"添加/删除程序属性"窗口中单击"安装"按钮,最后在"从软盘或 CD-ROW 驱动器安装程序"窗口中单击"下一步"按钮,自动查找 VFP 安装程序,找到后进入"运行安装程序"窗口,单击"完成"按钮,开始运行安装程序,按步骤选择相应的选项,完成安装过程。

1.2.3 Visual FoxPro 6.0 的启动与退出

1. VFP 的启动

与 Windows 环境下其他软件的启动一样,Visual FoxPro 6.0 的启动有 3 种方法。

(1) 执行"开始"菜单中"程序"→Microsoft Visual Studio 6.0→Microsoft Visual FoxPro 6.0 命令。

(2) 在桌面上创建 Visual FoxPro 6.0 的快捷方式图标,双击该图标。

(3) 运行 Visual FoxPro 6.0 系统的启动程序 vfp6.exe。通过"我的电脑"或"资源管理器"窗口查找该文件并打开。或在"开始"菜单中执行"运行"命令,在弹出的"运行"对话框中输入"vfp6.exe",然后单击"确定"按钮。

第一次启动 VFP 时,将出现如图 1-2 所示的欢迎界面。单击"关闭此屏"按钮,进入系统的主窗口,如图 1-3 所示。若选中"以后不再显示此屏"复选框,再单击"关闭此屏"按钮,则以后再启动 VFP 时就会直接进入主窗口,表示已经成功地进入 Visual FoxPro 6.0 系统的操作环境。

图 1-2 Visual FoxPro 6.0 的欢迎界面

2. VFP 的退出

退出 Visual FoxPro 6.0 的方法非常多,一般使用以下几种方法。

(1) 执行"文件"→"退出"菜单命令。

(2) 单击主窗口中的"关闭"按钮。

(3) 按 Alt+F4 键。

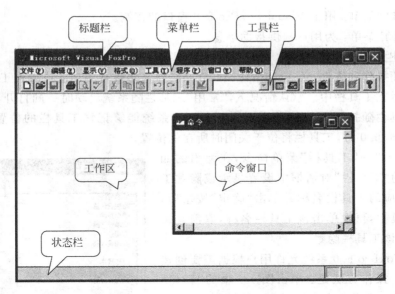

图 1-3　Visual FoxPro 6.0 主窗口

（4）在"命令"窗口中输入 QUIT，并按回车键。

（5）双击主窗口中的"控制菜单"，或执行"控制菜单"中的"关闭"命令。

1.3　Visual FoxPro 6.0 的集成开发环境

1.3.1　Visual FoxPro 6.0 的用户界面

Visual FoxPro 6.0 的用户界面由标题栏、菜单栏、工具栏、主窗口、"命令"窗口和状态栏组成。标题栏位于窗口的顶部，包括系统程序图标、系统窗口标题，以及最小化、最大化、关闭按钮等。

1. 菜单栏

菜单栏中的菜单以交互方式提供了数据库操作的相关命令。系统启动后，主界面中的菜单栏一般包括文件、编辑、显示、格式、工具、程序、窗口、帮助 8 个菜单，如图 1-3 所示。菜单栏中的菜单会随着当前执行任务的不同而发生变化。如打开一个表文件并浏览时，将出现"表"菜单，而"格式"菜单消失。

（1）"文件"菜单：用于新建、打开、保存、打印及退出操作。

（2）"编辑"菜单：完成复制、粘贴、剪切、查找、替换等编辑功能和对象的插入。

（3）"显示"菜单：显示 Visual FoxPro 6.0 的各种控件和设计器，如表单控件、表单设计器、查询设计器、报表控件、报表设计器、数据库设计器等。

（4）"工具"菜单：主要提供表、查询、表单、报表、标签等项目的向导模块和系统环境设置功能。

（5）"格式"菜单：主要提供与格式设置有关的菜单命令。

（6）"程序"菜单：用于程序的运行、调试。

(7)"窗口"菜单：用于 Visual FoxPro 6.0 窗口的控制。

(8)"帮助"菜单：为用户提供帮助信息。

2. 工具栏

为了方便操作和查询，Visual FoxPro 6.0 系统将大多数常用功能或操作工具以命令按钮的方式显示在工具栏中。默认情况下，"常用"工具栏随系统启动时一同打开，如图 1-3 所示。其他工具栏随打开文件的类型不同而不同。系统能够记忆工具栏的位置，再次进入 Visual FoxPro 6.0 时，工具栏将位于关闭时所在的位置。

执行"显示"→"工具栏"菜单命令，在弹出的如图 1-4 所示的"工具栏"对话框中设置显示或隐藏工具栏，选择相应的工具栏名称并单击"确定"按钮后，将显示该工具栏，再次单击该工具栏名称，取消其选中状态，可将该工具栏隐藏。

Visual FoxPro 6.0 系统允许用户根据需要创建新的工具栏。操作方法是：单击图 1-4 中的"新建"按钮，弹出"新工具栏"对话框，在该对话框中输入新建工具栏的名称，单击"确定"按钮后，在"定制工具栏"对话框中选择工具栏的种类，并将所需的按钮拖到新建的工具栏上，就建立了一个新的工具栏。也

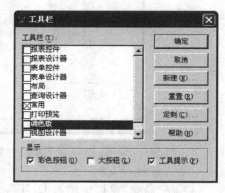

图 1-4 "工具栏"对话框

可以在"工具栏"对话框中单击"定制"按钮，在弹出的"定制工具栏"对话框中修改现有工具栏的方法，定制一个用户需要的工具栏。

3. 窗口

Visual FoxPro 6.0 中的窗口有主窗口、"命令"窗口、代码编辑窗口、数据浏览和编辑窗口。它们的大小、位置都是可以调整的，也可以重叠。

(1)主窗口：是启动 Visual FoxPro 6.0 系统后，呈现在用户面前的一块空白区域，它是系统的工作区，各种工作窗口都将在这里展开。

(2)"命令"窗口：是 Visual FoxPro 6.0 系统中执行、编辑命令的窗口，用于输入和编辑交互式命令。在"命令"窗口中，可以输入命令实现对数据库的操作管理，也可以用各种编辑工具对操作命令进行修改、插入、删除、剪切、复制、粘贴等操作，还可以在此窗口中建立命令文件并运行命令文件。选择菜单命令时，相应的命令语句会自动显示在命令窗口中。因此，既可以在"命令"窗口中输入命令，也可以使用菜单和对话框实现相同的操作。

"命令"窗口自动保留本次开机以来执行的所有命令，当需要前面使用过的命令时，只需将光标移动到该命令行处，按回车键即可。

在"窗口"菜单下，执行"隐藏"命令，可以关闭命令窗口；执行"命令窗口"命令，可以弹出命令窗口。

(3)代码编辑窗口：用于编辑和查看各种程序代码。

(4)数据浏览和编辑窗口：用于浏览或修改数据表中的记录。

1.3.2　Visual FoxPro 6.0 的工作方式

在 Visual FoxPro 6.0 中提供了两种工作方式：

1. 命令操作方式

（1）菜单命令操作方式：通过选择菜单及工具栏按钮来执行命令，实现数据库操作的工作方式。

（2）输入命令操作方式：用户在"命令"窗口中逐条输入命令，每输入完一条命令按一次回车键。

输入或选择一条命令后可立即执行，并显示结果，操作直观、简便，但不能解决复杂问题。

2. 程序操作方式

首先建立程序文件，编制完毕后，运行程序文件。程序操作方式能实现复杂的操作，且一个程序可以被反复执行，但程序的编制需要用户具备一定设计能力。

注：在实际学习和教学中，对窗口中默认的宋体 9 号（小 5 号）字有时需要改变大小（一般是放大），方法如下：

（1）窗口：对命令窗口或程序代码窗口，执行"格式"菜单中的"字体"命令，在打开的字体对话框中进行字体、字形、字号的设置即可。

（2）主屏幕：对主屏幕中的字体、字号有 4 种方法可设置。

① 按住键盘 Shift 键，再单击"格式"菜单，会发现在展开的菜单命令中出现了一个"屏幕字体"命令，选择后，在打开的对话框中进行设置即可。

② 在命令窗口中输入命令：

_screen.fontsize = n（n 是字号大小，如 28、24、16 等）

③ 在命令窗口中输入命令：

modify window screen font "字体","字号"（如"黑体",16 等）

④ 在 VFP 的系统配置文件 config.fpw 中，设置如下命令行：

Command = modify window screen font"字体","字号"（如"宋体",28 等）

1.3.3　Visual FoxPro 6.0 的可视化设计工具

Visual FoxPro 6.0 提供了许多功能强大的可视化设计工具，使用它的各种向导（Wizard）、设计器（Designer）、生成器（Builder）可以方便地进行应用系统的开发。

1. Visual FoxPro 6.0 向导

向导是一个交互式程序，能够帮助用户快速完成一般的任务，如建立查询、创建表单、设置报表格式等。

1）向导的种类

Visual FoxPro 6.0 系统提供了二十多个向导，常用的向导有表向导、表单向导、应用程序向导、查询向导和交叉表向导。表 1-2 列出了系统提供的向导及其功能。

表 1-2 向导及其功能

向 导 名 称	向 导 功 能
表向导	创建一个表
导入向导	从其他应用程序中将数据导入到 VFP 表中
数据库向导	创建包含指定表和视图的数据库
表单向导	用单个表创建一个表单
一对多表单向导	创建数据来自多个表的一个表单
报表向导	用单一的表创建带格式的报表
一对多报表向导	利用多个表创建一个报表
分组/总计报表向导	具有分组和总计功能的向导
标签向导	创建一个符合标准的邮件标签
交叉表向导	创建交叉表(用 Excel 的格式显示)
数据透视表向导	创建数据透视表,从 VFP 向 Excel 数据库透视表传送数据
本地视图向导	用本地数据创建视图
远程视图向导	创建利用 ODBC 连接远程数据的视图
文档向导	从项目文件和程序文件的代码中产生格式化的文本文件
图表向导	创建图表
查询向导	创建一个查询
图形向导	创建显示表数据的图形
应用程序向导	创建一个 VFP 应用程序
应用程序生成器	在 VFP 应用程序中添加组件
安装向导	为 VFP 应用程序创建安装程序
邮件合并向导	创建 VFP 数据源并进行邮件合并

2) 向导的启动与操作

向导的操作由一系列对话框组成,每完成一个对话框提出的问题,向导将自动创建相应的文件或执行相应的任务。一般通过以下 3 种方式启动向导。

(1) 在项目管理器中创建文件或用"文件"菜单创建文件,在"新建"对话框中单击"向导"按钮。

(2) 执行"工具"→"向导"菜单命令,通过其级联菜单中的命令可以直接访问某类向导。

(3) 单击工具栏上的"向导"图标,可以启动相应的向导。

向导启动后,需要回答对话框中的问题,然后单击"下一步"按钮,进入下一个对话框。如果操作中出现了错误或改变了想法,可单击"上一步"按钮,返回刚才的对话框进行修改。如果单击"取消"按钮,则取消向导,没有任何结果。用向导创建的对象可以用相应的设计器打开进一步修改。

向导具有"傻瓜式"的特点,在完成难度大的设计或操作时,常常很方便,但有些操作通过向导反而有些烦琐,因此,通常的做法是,先用向导创建一个较简单的框架,再用相应的设计器进一步修改。

2. Visual FoxPro 6.0 设计器

Visual FoxPro 6.0 系统提供的设计器用来创建和修改 VFP 中的各种文件和对象,为用户提供了一个友好的图形界面。例如,表设计器用来定义和修改 VFP 的表,查询设计器用来建立和修改查询等。常用的设计器有表设计器、查询设计器、视图设计器、表单设计器、报表设计器、数据库设计器、菜单设计器等。

　　向导和设计器的不同之处在于，设计器集成了用于设计某个对象的所有操作，功能更全面、更强大，需要用户自己设计；而向导则按照系统提供的模板提示用户一步步地操作，最终完成某项操作。使用向导类似于应用系统的模板，使用设计器用户将有更大的自由度。

　　1）设计器的种类

　　Visual FoxPro 6.0 提供的设计器及其功能如表 1-3 所示。不同设计器的功能不同，形式也不同，具体的使用方法将在后续章节中介绍。

表 1-3　设计器及其主要功能

设计器名称	设计器功能
表设计器	创建和修改表结构，为表创建索引
查询设计器	创建和修改基于本地表的查询
视图设计器	创建和修改视图
表单设计器	创建和修改表单
报表设计器	创建和修改报表，并可显示和打印其中的数据
标签设计器	创建和修改标签
数据库设计器	创建和修改数据库，查看和创建数据库表间的关系
数据环境设计器	建立和修改本地表单、表单集、报表的数据环境
连接设计器	为远程视图创建和修改连接
菜单设计器	创建和修改菜单、菜单项、子菜单、快捷菜单等
类设计器	创建和修改类

　　2）设计器的启动

　　在打开某个文件时，将自动启动相应的设计器。如打开一个数据库文件，就会自动出现"数据库设计器"，如果关闭了某个设计器，可以通过菜单中的"显示"→"工具栏"菜单命令将其重新显示。

3．Visual FoxPro 6.0 生成器

　　生成器主要用于表单控件的属性设置和表达式设置等。生成器简化了创建、修改用户界面程序的设计过程，提高了用 Visual FoxPro 6.0 进行软件开发的质量和效率。每个生成器包含若干个选项卡，允许用户访问并设置所选择对象的相关属性。用户可将生成器生成的用户界面直接转换成程序编码，从而从逐条编写程序代码、反复调试程序的复杂劳动中解放出来。

　　Visual FoxPro 6.0 提供的生成器及功能如表 1-4 所示。常用的生成器有组合框生成器、命令组生成器、表达式生成器、列表框生成器等。不同生成器的使用方法各不相同，在后续章节中具体介绍各种生成器的启动和使用。

表 1-4　生成器及其功能

生成器名称	生成器功能
自动格式化生成器	用于设置一组控件的格式
组合框生成器	用于设置组合框控件的属性
命令组生成器	用于设置命令组控件的属性
表达式生成器	用于建立和编辑表达式

续表

生成器名称	生成器功能
表单生成器	用于建立包含控件的表单
表格生成器	用于设置表格控件的属性
选项组生成器	用于设置选项组控件的属性
文本框生成器	用于设置文本框控件的属性
参照完整性生成器	用于建立参照完整性规则和规则生效的触发器
编辑框生成器	用于设置编辑框控件的属性
列表框生成器	用于设置列表框控件的属性

1.3.4　Visual FoxPro 6.0 的项目管理器

在 Visual FoxPro 6.0 中开发的应用程序,通常会包含多个文件,这些文件有着不同的格式,例如数据库文件、查询文件、表单文件、报表文件和命令文件等。这些文件彼此独立,可以存放在不同的文件夹中,因此难以管理又不便于维护。为了解决这个问题,Visual FoxPro 6.0 提供了项目管理器。项目管理器可以将应用程序的所有文件集合成一个有机的整体,形成一个以 pjx 为扩展名的项目文件。

用户在开发一个应用系统时,通常先从创建项目文件开始,利用项目管理器来组织和管理项目中的各类数据和对象。需要说明的是:项目文件中保存的并非是它所包含的文件,而只是对这些文件的引用。因此,对于项目中的任何文件,既可以通过项目管理器修改,也可以单独修改。

项目管理器将文件根据其文件类型放置在不同的选项卡中,并采用图示和树形结构的方式组织和显示这些文件,针对不同类型的文件提供不同的操作。在项目管理器中可以建立数据库、表、查询、表单、报表等文件,或在项目中添加或移去文件、创建新文件或修改已有文件,以及定制项目管理器等。

1. 创建项目

1)用菜单方式创建项目文件

具体操作步骤如下:

(1) 执行"文件"→"新建"菜单命令或者单击"常用"工具栏上的"新建"按钮,弹出"新建"对话框,如图 1-5 所示。

(2) 在"新建"对话框的"文件类型"选项组中选择"项目"单选按钮,单击右侧的"新建文件"按钮,弹出"创建"对话框。

(3) 在"创建"对话框中输入项目文件的名称,然后单击"保存"按钮,弹出"项目管理器"对话框。

(4) 保存项目文件。

【例 1-1】　用菜单方式在指定的目录"D:\教学管理"下创建一个指定的项目文件"教学管理"。

具体操作步骤如下:

(1) 执行"文件"→"新建"菜单命令或者单击"常用"工具栏上的"新建"按钮,弹出"新建"对话框,如图 1-5 所示。

图 1-5　"新建"对话框

（2）在"新建"对话框的"文件类型"选项组中选择"项目"单选按钮，单击右侧的"新建文件"按钮，弹出"创建"对话框，如图 1-6 所示。

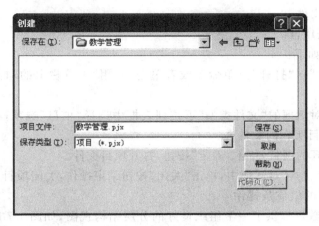

图 1-6　"创建"对话框

（3）在"创建"对话框中输入项目文件名"教学管理"，然后单击"保存"按钮，弹出"项目管理器"对话框，如图 1-7 所示。

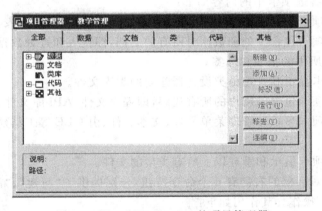

图 1-7　Visual FoxPro 6.0 的项目管理器

（4）保存"教学管理"，结束项目文件的建立。

2）用 CREATE PROJECT 或 MODIFY PROJECT 命令创建"项目"文件

CREATE PROJECT 命令格式：

CREATE PROJECT <项目名>

功能：创建一个以<项目名>为名的项目文件。

MODIFY PROJECT 命令格式：

MODIFY PROJECT <项目名>

功能：创建或打开一个以<项目名>为名的项目文件。

下面用命令方式创建项目文件。具体操作步骤如下：

(1) 打开"命令"窗口。

(2) 在"命令"窗口中输入创建文件的命令,进入"项目管理器"对话框。

(3) 保存项目文件。

2. 打开和关闭项目

具体操作步骤如下:

(1) 执行"文件"→"打开"菜单命令或者单击"常用"工具栏上的"打开"按钮,弹出"打开"对话框。

(2) 在"打开"对话框的"文件类型"下拉列表框中选择"项目"选项,在"搜索"下拉列表框中选择要打开项目所在的文件夹。

(3) 选择要打开的项目,单击"确定"按钮,打开项目文件。

(4) 在"项目管理器"对话框中,单击"关闭"按钮结束操作,关闭项目。

3. 项目管理器的组成及操作

项目管理器为数据提供了一个组织良好的分层结构视图,如图 1-7 所示。项目管理器用不同的选项卡分类显示项目中的各种文件,包含"全部"、"数据"、"文档"、"类"、"代码"和"其他"6 个选项卡,分别对应不同类型的文件。项目管理器中的选项以树形结构组织,可以将其展开或折叠,以便查看不同层次中的详细内容。当选择不同的对象时,右侧会动态出现相应的命令按钮。各选项卡中的内容如下:

(1) "数据"选项卡包含了一个项目中的所有数据,即数据库、自由表、查询和视图。

(2) "文档"选项卡包含了处理数据时所有的文档,即输入和查看数据所用的表单,以及打印表和查询结果所用的报表和标签。

(3) "类"选项卡显示和管理由类设计器建立的类库文件。

(4) "代码"选项卡包含了用户的所有代码,即程序文件、API 库文件、应用程序等。

(5) "其他"选项卡显示和管理菜单文件、文本文件、由 OLE 等工具建立的其他文件,如图形、图像文件。

(6) "全部"选项卡显示和管理以上所有类型的文件。

"项目管理器"对话框的右侧有 6 个命令按钮,分别提供了"新建"、"添加"、"修改"、"运行"、"移去"、"连编"操作。其作用如下:

(1) 新建:选定要创建的文件类型,单击"新建"按钮。

(2) 添加:选择要添加的文件类型,单击"添加"按钮。

(3) 移去:在项目中选定要移去的文件或对象,然后单击"移去"按钮,根据需要决定是将该文件仅从项目中移出,还是将该文件从磁盘上删除。

(4) 修改:选定一个已有的文件,单击"修改"按钮,即可对文件进行编辑。

(5) 连编:一般来说,每一个项目必须指定一个主文件,且只能有一个主文件。主文件是应用程序执行的起始点。菜单、表单、查询或源程序等文件均可设置为应用程序的主文件。

(6) 运行:选定一个查询、表单或程序文件,单击"运行"按钮即可运行该文件。

连编应用程序指把项目编译成应用程序文件(.app)或可执行文件(.exe),并检查项目的完整性。

文件在项目管理器中以两种状态存在:包含和排除。所谓"包含"文件,就是连编项目后,文件不能再被用户修改。项目中所有设置为"包含"的文件都以只读方式被编译进应用程序文件或可执行文件中。所谓"排除"文件,就是连编项目后,其文件仍允许用户修改,并且"排除"文件不编译进应用程序中。

4. 定制项目管理器

用户可以根据需要定制项目管理器窗口,改变其外观。

1)改变项目管理器的位置和大小

(1)改变位置:将鼠标指针指向项目管理器的标题栏,将其拖到屏幕上其他位置。

(2)改变大小:将鼠标指针指向项目管理器的顶端、底端、两边或角上,拖动鼠标即可扩大或缩小它的尺寸。

2)折叠和还原项目管理器

单击项目管理器右上角的折叠(↑)按钮,即可折叠项目管理器为一个"横条",以节省屏幕空间,如图 1-8 所示。再次单击右上角的折叠(↓)按钮,将还原项目管理器。

图 1-8　折叠后的项目管理器

3)拆分项目管理器

折叠项目管理器后,可将每个选择卡从项目管理器中分离出来,成为浮动状态。其操作步骤为:折叠项目管理器,选定一个选项卡,将它拖离项目管理器。当选项卡处于浮动状态时,通过在选项卡中单击鼠标右键可以访问"项目"菜单中的选项,如图 1-9 所示。单击选项卡上的图钉图标,可以使该选项卡始终显示在屏幕的最顶层,不会被其他窗口遮住;再次单击图钉图标,可取消这种"顶层显示"设置。若要还原拆分的选项卡,可以单击选项卡上的"关闭"按钮,或者直接将选项卡拖回项目管理器。

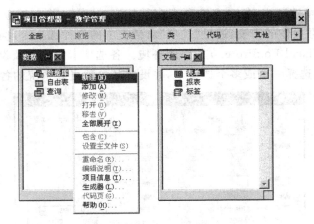

图 1-9　拆分后的选项卡

4)停放项目管理器

项目管理器还可以附加或停放到 VFP 的主窗口中,成为工具栏的一部分,此时它不能展开,但可以单击某个选项卡进行操作。将项目管理器拖动到工具栏中即成为工具栏的一部分,如图 1-10 所示;也可以将其从工具栏中拖开,使其成为一个对话框。

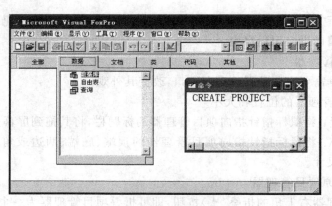

图 1-10　停放在工具栏上的项目管理器

1.4　Visual FoxPro 6.0 的系统环境设置

　　Visual FoxPro 6.0 系统安装和启动后，系统自动用一些默认值来设置环境，也允许用户根据自己的实际需要设置系统环境，如设置主窗口标题、默认目录（路径）、项目、编辑器、调试器、表单工具选项、临时文件存储、拖放操作对应的控件和其他选项设置等。这些设置决定了 Visual FoxPro 6.0 系统的操作环境和工作方式，即外观和行为。例如，可以建立 Visual FoxPro 6.0 所用文件的默认路径，指定如何在编辑窗口中显示源代码，指定日期与时间格式等。通常使用"选项"对话框或 SET 命令来设置系统环境。

1. 使用"选项"对话框实现系统环境设置

　　执行"工具"→"选项"菜单命令，弹出"选项"对话框，如图 1-11 所示。在该对话框中有 12 个不同类别的环境选项卡，每一个选项卡有其特定的环境，并有相应的设置信息的对话窗口。用户可以根据操作的需要，通过"选项"对话框中的各种选项卡，确定或修改设置每一个参数，从而确定 Visual FoxPro 6.0 的系统环境。各选项卡的名称及设置功能如表 1-5 所示，用户可根据需要选择一个或多个选项卡，并设置其参数得到系统的各种配置。

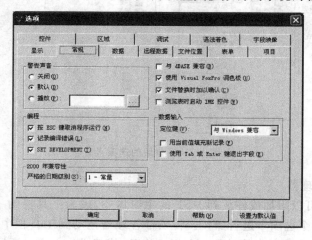

图 1-11　"选项"对话框

表 1-5　"选项"对话框中的选项卡及设置功能

选　项　卡	设　置　功　能
显示	设置界面,如是否显示状态栏、时钟、命令结果或系统信息等
常规	设置数据输入和编程选项,如设置警告声音、是否记录编译错误、使用调色板等
数据	对数据库进行设置,如是否使用 Rushmore 优化等
远程数据	设置对远程数据的访问,如连接超时限定值,一次拾取记录数目,以及如何使用 SQL 更新
文件位置	设置文件的默认位置,如默认路径、帮助文件及辅助文件的存储位置等
表单	设置表单设计器,如网格间距、所用度量单位、最大设计区域,以及使用何种模板
项目	设置项目管理器在创建管理时的一些初始值和默认值,如是否使用向导等
控件	设置"表单控件"工具栏中的"查看类"按钮所提供的可视类库和 ActiveX 控件
区域	设置日期、世界区域、货币及数字格式
调试	设置调试器显示及跟踪选项,如使用什么字体和颜色
语法着色	设置程序元素使用的字体和颜色,如注释、关键字的字体和颜色
字段映像	从数据环境设计器、数据库设计器或项目管理器中向表单拖动表或字段时创建何种控件

2. 保存环境设置

对 Visual FoxPro 6.0 系统环境的设置可以是临时性的,即仅在当前工作期内有效。在"选项"对话框中根据需要设置各参数后,单击"确定"按钮,关闭"选项"对话框。这样,可以将设置保存为仅在当前工作期内有效,直到退出 Visual FoxPro 6.0 或再次更改为止。

Visual FoxPro 6.0 系统环境可以是永久性的,即使之成为下次启动 Visual FoxPro 6.0 的默认环境。在"选项"对话框中根据需要设置完各参数后,单击"设置为默认值"按钮,然后单击"确定"按钮,关闭"选项"对话框。这样,可以将设置参数永久性地保存在 Windows 注册表中,直到使用同样的方法再次更改为止。

1.5　Visual FoxPro 6.0 的帮助系统

和所有 Windows 应用程序一样,Visual FoxPro 6.0 系统也提供了功能强大的在线帮助,在使用 Visual FoxPro 6.0 过程中,用户可以随时获得所需的帮助信息。

打开帮助窗口的方法有如下 3 种:

(1) 执行"帮助"→"Microsoft Visual FoxPro 6.0 帮助主题"菜单命令。

(2) 在 Visual FoxPro 6.0 主窗口环境下按 F1 键。

(3) 在"命令"窗口中输入 HELP 命令。

Visual FoxPro 6.0 帮助窗口主要由目录、索引、搜索、书签、若干命令按钮和一个水平菜单条构成。选择"索引"选项,在列表框中选择要查找的关键字,单击"显示"按钮,则右侧的列表框中将显示"索引"的具体内容。

1.6　Visual FoxPro 6.0 的文件类型

在 Visual FoxPro 6.0 系统中创建数据库应用系统时会产生许多种类的文件,如项目文件、表文件、数据库文件、表单文件等,它们以不同的文件扩展名加以区分。表 1-6 给出了

Visual FoxPro 6.0 常用的文件扩展名及其关联的文件类型。

表 1-6　Visual FoxPro 6.0 常用文件扩展名及其关联的文件类型

扩 展 名	文 件 类 型	扩 展 名	文 件 类 型
app	生成的应用程序	frx	报表
exe	可执行程序	frt	报表备注
pjx	项目	lbx	标签
pjt	项目备注	lbt	标签备注
dbc	数据库	prg	程序
dct	数据库备注	fxp	编译后的程序
dcx	数据库索引	err	编译错误
dbf	表	mnx	菜单
fpt	表备注	mnt	菜单备注
cdx	复合索引	mpr	生成的菜单程序
idx	单索引	mpx	编译后的菜单程序
qpr	生成的查询程序	vcx	可视类库
qpx	编译后的查询程序	vct	可视类库备注
scx	表单	txt	文本
sct	表单备注	bak	备份文件

习　题

1. 选择题

(1) 数据库系统的核心是(　　　)。

　　A. 数据模型　　　　　　　　　　　B. 数据库管理系统

　　C. 软件工具　　　　　　　　　　　D. 数据库

(2) 下列关于数据库系统的叙述正确的是(　　　)。

　　A. 数据库系统减少了数据冗余

　　B. 数据库系统避免了一切冗余

　　C. 在数据库系统中,数据的一致性是指数据类型的一致

　　D. 数据库系统比文件系统能管理更多的数据

(3) 关系表中的每一行称为一个(　　　)。

　　A. 记录　　　　　　B. 字段　　　　　　C. 属性　　　　　　D. 码

(4) 在数据管理技术的发展过程中,经历了人工管理阶段、文件系统阶段和数据库系统阶段,其中,数据独立性最好的阶段是(　　　)。

　　A. 数据库系统　　　B. 文件系统　　　　C. 人工管理　　　D. 数据项管理

(5) 用树形结构来表示实体之间联系的模型称为(　　　)。

　　A. 关系模型　　　　B. 层次模型　　　　C. 网状模型　　　D. 数据模型

(6) 在关系数据库中,用来表示实体之间联系的是(　　　)。

　　A. 树结构　　　　　B. 网结构　　　　　C. 线性表　　　　D. 二维表

（7）数据库(DB)、数据库系统(DBS)、数据库管理系统(DBMS)三者之间的关系是（　　）。

    A. DBS 包括 DB 和 DBMS   B. DBMS 包括 DB 和 DBS

    C. DB 包括 DBS 和 DBMS   D. DBS 就是 DB，也就是 DBMS

（8）在安装一个软件之前，不必了解它的（　　）。

    A. 硬件环境   B. 用户   C. 升迁环境   D. 软件环境

（9）不能退出 Visual FoxPro 系统的按键是（　　）。

    A. End   B. Quit

    C. Alt＋F4   D. Ctrl＋Alt＋Del

（10）在不同的操作环境下，菜单选项的个数会随着操作环境的变化（　　）。

    A. 增加   B. 减少   C. 不变   D. 增减

（11）不能启动 Visual FoxPro 的方法是（　　）。

    A. 从"开始"菜单中   B. 从 Microsoft Office 中

    C. 从"运行"对话框中   D. 从资源管理器中

（12）要设置日期和时间的显示格式，应当选择"选项"对话框的（　　）进行设置。

    A. "表单"选项卡   B. "区域"选项卡

    C. "控件"选项卡   D. "文件位置"选项卡

（13）在用项目管理器对资源文件进行管理时，不能实现的操作是（　　）。

    A. 复制   B. 新建   C. 移去   D. 修改

（14）项目管理器不能管理的资源文件是（　　）。

    A. 数据库   B. 表单

    C. 数据库管理系统软件   D. 菜单

（15）在"项目管理器"对话框中，不能改变的是（　　）。

    A. 对话框的位置   B. 对话框的大小

    C. 对话框的显示方式   D. 对话框选项卡的个数

2. 填空题

（1）信息是人们对客观事物属性的_____。

（2）数据是反映客观事物的可识别的_____，是信息的_____。

（3）数据库是以一定的组织方式将相关的数据组织在一起、长期存放在计算机内、可为多个用户共享、与应用程序彼此独立、统一管理的_____。

（4）数据库系统包括硬件系统、_____、_____、数据库管理员和用户五大部分。

（5）Visual FoxPro 是一个_____位的数据库管理系统。

（6）Visual FoxPro 的用户界面由_____、_____、_____、_____、_____、_____和_____组成。

（7）在 Visual FoxPro 中，执行"工具"→"选项"菜单命令，将弹出"选项"对话框，在"选项"对话框中可以设置_____。

（8）使用_____命令，可以设置"默认目录"。

（9）在项目管理器中，有_____、_____、_____、_____、_____、_____6 个选项卡。

（10）项目管理器文件的扩展名是_____。

数据库系统基础

3. 简述题

（1）比较数据库、数据库管理系统、数据库系统的概念。

（2）数据库管理系统的主要功能有哪些？

（3）什么是关系数据库？其特点有哪些？

（4）简述 Visual FoxPro 6.0 的特点。

（5）Visual FoxPro 6.0 有几种工作方式？各有何特点？

4. 操作题

（1）启动 Visual FoxPro，熟悉 Visual FoxPro 的集成开发环境以及各种窗口的使用。

（2）利用"选项"对话框进行 Visual FoxPro 系统环境设置，更改系统默认目录为"D:\教学管理"，并设置系统时间和日期的格式。

（3）熟悉项目管理器，并练习如何定制项目管理器。

第2章 Visual FoxPro 6.0 语言基础

本章主要介绍 VFP 系统中各种数据类型及数据的存储、表示方式和运算方法等，其中变量的概念、命令的结构与规则、运算符和表达式、函数等都是计算机语言中非常重要的基础知识。

2.1 Visual FoxPro 的数据类型

数据是反映现实世界中客观事物属性的记录，它包括两个方面：数据内容与数据形式。数据内容就是数据的值，数据形式就是数据的存储形式和操作使用方式，也称为数据类型。

数据按其构造、处理方法、用途及基本属性，分为若干不同的类型。数据库操作的基本原则是，只有相同类型的数据之间才能进行操作，若同时对不同类型的数据进行操作，系统将判语法出错。因此，数据类型是一个非常重要的基本概念。VFP 数据类型有下列13 种。

1. 字符型

字符型(Character)是指用各种文字字符表示的数据，用字母 C 表示。由字母、数字、汉字、符号和空格等组成。长度为 0～254 字节，每个半角字符占 1 个字节。字符型数据可用来保存姓名、地址和不需要进行算术运算的数字(如电话号码、邮编)等。

2. 数值型

数值型(Numeric)是指可以进行算术运算的数据，用字母 N 表示。由数字 0～9、小数点、正负号和表示乘幂的字母 E 组成，长度为 1～20 位，通常用于表示实数。在内存中，占用8 个字节，取值范围在 $-0.999\,999\,999\,9\times10^{19}\sim0.999\,999\,999\,9\times10^{20}$ 之间，存储时需要转换成 ASCII 代码。

3. 货币型

货币型(Currency)采用表示货币量的数据来代替用数值型数据表示货币，用字母 Y 表示。占用 8 个字节，取值范围在 $-922\,337\,203\,685\,477.5808\sim922\,337\,203\,685\,477.5807$ 之间，小数位超过 4 位时将自动四舍五入到四位。

4. 逻辑型

逻辑型(Logic)是用来进行各种逻辑判断的数据，表示逻辑判断的结果，用字母 L 表示。逻辑型数据只有两个值：真(.T. 或 .Y.)和假(.F. 或 .N.)，长度固定为 1 个字节。一般需在表示逻辑值的字母前后加圆点符"."。

5. 日期型

日期型(Date)是用来表示日期的数据，用字母 D 表示。存储格式为 YYYYMMDD，其中 YYYY 代表年，MM 代表月，DD 代表日，长度固定为 8 个字节。

日期型数据的表示有多种格式，VFP 默认的是美国日期格式 MM/DD/YYYY，如 2011 年 9 月 20 日表示为 09/20/2011。可以通过 SET DATE、SET CENTURY 命令或"工具"→"选项"菜单命令，打开"选项"对话框，设置其他日期格式。

日期型数据的取值范围是：公元 0001 年 1 月 1 日～公元 9999 年 12 月 31 日。

6. 日期时间型

日期时间型（DateTime）是用来描述日期和时间的数据，用字母 T 表示。存储默认格式为 MM/DD/YYYY HH：MM：SS，其中 YYYY 代表年，前两个 MM 代表月，DD 代表日，HH 代表小时，后两个 MM 代表分钟，SS 代表秒，长度固定为 8 个字节。

日期时间型数据的日期部分也具有多种显示格式，可通过 SET DATE、SET CENTURY 命令进行设置；时间部分的显示格式可以通过 SET HOURS、SET SECONDS 等命令进行设置。

日期时间型数据的取值范围是：00：00：00～23：59：59。

以下数据类型只能用于数据表中的字段。

7. 整型

整型（Integer）是指不包含小数点部分的数值，用字母 I 表示。以二进制形式存储，长度固定为 4 个字节，取值范围在 $-2\,147\,483\,647$～$2\,147\,483\,646$ 之间。

8. 浮点型

浮点型（Float）是数值型数据的一种，用字母 F 表示。与数值型数据完全等价，但在存储形式上采取浮点格式，由尾数、阶数及字母 E 组成，占用 8 个字节。采用浮点型数据的主要目的是为了得到较高的计算精度。

9. 双精度

双精度（Double）是具有更高精度的数值型数据，用字母 B 表示。占用 8 个字节，取值范围在 $\pm 4.940\,656\,458\,412\,47\times 10^{-324}$～$\pm 1.797\,693\,413\,486\,232\times 10^{308}$ 之间。

10. 备注型

备注型（Memo）存储字符型数据块，用字母 M 表示。长度固定为 4 个字节，用来存储指向实际数据存放位置的地址指针，实际数据存放在与数据表文件同名的.fpt 文件中，其长度仅受磁盘空间的限制。

11. 通用型

通用型（General）存储 OLE 对象，用字母 G 表示。该字段包含了对 OLE 对象的引用，OLE 对象的实际内容由其他应用程序建立，可以是文档、图片、电子表格等对象。通用型数据固定长度固定为 4 个字节，用来存储指向.fpt 文件位置的地址指针。

12. 字符型（二进制）数据

字符型（二进制）数据用于存储任意不经过代码页修改而维护的字符型数据，长度为 1～254 字节。

13. 备注型（二进制）数据

备注型（二进制）数据用于存储任意不经过代码页修改而维护的备注型数据，长度固定为 4 个字节。

2.2 常量和变量

2.2.1 常量

常量是指在数据处理过程中其值保持不变的量。VFP 支持 6 种类型的常量,即数值型、浮点型、字符型、逻辑型、日期型和日期时间型。

1. 数值型常量

由正/负号、数字和小数点所组成的数字序列,即为数值型常量。例如 3.14、−12.567。要表示很大或很小的数值型常量,可采用科学计数法,如 1.34×10^{12} 用 1.34E＋12 表示,1.34×10^{-12} 用 1.34E−12 表示。

2. 浮点型常量

浮点型常量是数值型常量的浮点格式,如 1.34E＋12 表示 1.34×10^{12},1.34E−12 表示 1.34×10^{-12}。

3. 字符型常量

字符型常量是用定界符括起来的字符串。定界符包括西文单撇号、双撇号和方括号,字符串由汉字和 ASCII 代码中可打印的字符组成,如'boy'、"478"、[VFP 数据库]。

注意:字符型常量的定界符必须成对出现,不能交叉使用。当字符串本身包含一种定界符时,必须使用另一种定界符来表示该字符串常量,如"屈原曰:'尺有所短,寸有所长。'"。

4. 逻辑型常量

逻辑型常量用下圆点定界符括起来,只有真和假两个值,如.T.、.t.、.Y.、.y.表示逻辑真,.F.、.f.、.N.、.n.表示逻辑假。

5. 日期型常量

日期型常量用来表示一个确切的日期,定界符用花括号,默认为美国日期格式(MM/DD/YYYY)。日期型常量通常通过转换函数 CTOD(<字符表达式>)把日期格式的字符串转换成日期型数据,如 2011 年 3 月 20 日用 CTOD("03/20/2011")表示为日期型常量。通过 SET DATE、SET CENTURY 等命令可以改变默认的日期格式。

1) SET DATE 命令

格式:SET DATE TO AMERICAN | ANSI | BRITISH | FRENCH | GERMAN
     | ITALIAN | JAPAN | USA | MDY | DMY | YMD

功能:设置当前日期的格式,设置结果如表 2-1 所示。

说明:命令行中的竖杠分隔内容表示选择其中的一项。

表 2-1　常用日期格式及其设置

设　置	格　式	设　置	格　式
AMERICAN	MM/DD/YY	ANSI	YY. MM. DD
BRITISH	FRENCH	MM/DD/YY	GERMAN	DD. MM. YY
ITALIAN	DD-MM-YY	JAPAN	YY/MM/DD
USA	MM-DD-YY	MDY	MM/DD/YY
DMY	DD/MM/YY	YMD	YY/MM/DD

2) SET CENTURY 命令

格式：**SET CENTURY ON │ OFF**

功能：设置年份的位数，ON 指定年份为 4 位，OFF 指定年份为 2 位。

【例 2-1】 用不同的日期格式显示系统的当前日期。

在命令窗口中输入以下命令(从 && 开始的内容为注释部分，不必输入)，并分别按回车键执行。

注意：后面的例子中用到的命令都是在命令窗口中输入，按回车键执行。

```
?DATE()                 && 调用日期函数
SET DATE TO YMD         && 设置年月日格式
?DATE()
SET CENTURY ON          && 设置年份为 4 位数字
?DATE()
```

显示结果为：

```
01/09/12                && 按默认的美国日期格式显示
12/01/09                && 按年月日格式显示
2012/01/09              && 年份用 4 位数字显示
```

在 VFP 中，还有一种严格的日期格式，其格式为：{^YYYY-MM-DD}。(^)符号表明该格式是严格的日期格式，并按照 YMD 的格式解释。严格的日期格式可以在任何情况下使用，不受 SET DATE、SET CENTURY 等语句设置的影响。例如，2011 年 3 月 28 日用严格的日期格式可表示为{^2011-03-28}。

6. 日期时间型常量

日期时间型常量包括日期和时间两部分内容，例如 2011 年 03 月 28 日 11 时 45 分 30 秒表示为{^2011-03-28 11:45:30}。

2.2.2 变量

变量是指在数据处理过程中其值可以改变的量，包括字段变量和内存变量两种。

1. 变量的命名

每个变量都有一个名称，叫作变量名。变量名的命名规则是：

(1) 由汉字、字母、数字和下划线组成，而且必须以汉字、字母或下划线开头。

(2) 长度为 1～128 个字符，国标基本集上的一个汉字占 2 个字符位，扩充集上的一个汉字占 4 个字符位置。

(3) 不能使用 VFP 的保留字(命令名、函数名等各种系统预定义项的名称)进行命名，以免造成系统区分、识别的混乱。

2. 字段变量

字段变量存在于数据表文件中，每个数据表中都包含若干个字段变量，其值随着数据表中记录的变化而改变。

在数据表中，对字段变量必须先定义后赋值，然后才可以使用。对字段变量的定义是在定义数据表结构时完成的，主要给出变量名、变量类型、变量宽度以及数值型数据的小数位数等。与其他变量不同的是，字段变量是定义在表中的变量，随表的存取而存取，因而是永久性变量。字段名就是变量名,变量的数据类型为 VFP 中的任意数据类型,字段值就是变量值。

3. 内存变量

内存变量独立于数据表文件,存在于内存之中,是一种临时的工作单元,需要时可以临时定义,不需要时可以随时释放,常用来存储常数或程序运行的中间结果及最终结果。内存变量的类型取决于变量值的类型,可以把不同类型的数据赋给同一个变量。内存变量的数据类型有:字符型、数值型、货币型、逻辑型、日期型和日期时间型。

当内存变量名与数据表中的字段变量名相同时,要访问该内存变量,必须在变量名前加上前缀 M. 或 M->,否则系统将优先访问同名的字段变量。

1) 建立内存变量

在 VFP 中,简单内存变量不必事先定义,可以直接通过赋值语句建立。变量的赋值命令有以下两种格式。

格式 1:STORE <表达式> TO <内存变量名表>

功能:将<表达式>的值计算出来并赋值给指定内存变量表中的各个内存变量。内存变量表是多个两两间以逗号分隔的内存变量。

格式 2:<内存变量名> = <表达式>

功能:将<表达式>的值计算出来并赋值给指定的内存变量。

说明:

(1) 定义内存变量、赋值和确定变量的类型在同一个命令中完成。

(2) 语句中的<表达式>可以是一个具体的值,也可以是一个表达式。

(3) 格式 1 可以同时给多个变量赋相同的值,格式 2 一次只能给一个内存变量赋值。

(4) 可以通过对内存变量重新赋值来改变其值和类型。

【例 2-2】 给内存变量赋值。

```
X = 16                    && 定义变量 X,并把数值 16 赋给 X
STORE X + 10 TO Y         && 定义变量 Y,并将表达式 X + 10 的值赋给 Y
STORE "清华" TO A,B,C      && 定义变量 A、B、C 并赋给相同的字符数据
X = .F.                   && 重新定义变量 X,并赋给逻辑值
```

2) 内存变量值的显示输出

格式:? | ??<表达式表> [AT <列号>]

功能:计算<表达式表>中各表达式的值,并在屏幕上指定位置显示输出各式的值。

说明:

(1) ? 先执行一次回车换行,再输出各表达式的值。

(2) ?? 直接在当前光标所在位置处输出表达式的值。<表达式表>中多个以逗号两两分隔的表达式,各表达式的值输出时,以空格分隔。

(3) AT<列号>子句指定表达式值从指定列开始显示输出。AT 的定位只对它前面的一个表达式有效,多个表达式必须用多个 AT 子句分别定位输出,而且可反序定位。

【例 2-3】 输出内存变量的值,接例 2-2 的命令操作,继续在“命令”窗口中输入以下命令,按回车键执行。

```
?X
??A,B,C
```

```
?Y
?B AT 30, Y AT 10
```

显示结果：

```
.F.清华    清华    清华
      26
               26        清华
```

3）显示或打印内存变量

格式：**LIST ｜ DISPLAY MEMORY [LIKE <通配符>][TO PRINTER ｜ TO FILE <文件名>]**

功能：显示或打印内存变量的当前信息。

说明：

（1）命令行中方括号里的内容是可选的，尖括号里的内容由用户提供。

（2）TO FILE <文件名>表示将显示结果保存到一个文本文件(＊.txt)中。

（3）TO PRINTER 表示将显示的结果送打印机输出。

（4）LIST ｜ DISPLAY 用法相同，区别在于 LIST 连续显示，DISPLAY 分屏显示。信息显示满屏后暂停，用户按任意键继续显示。

（5）LIKE <通配符>表示显示或打印所有与通配符一致的内存变量，通配符包括"?"和 ＊。"?"表示任意一个字符，＊表示任意多个字符。

（6）无任何选项时，将显示当前内存中的下列信息：已定义的内存变量或数组变量，已定义的菜单系统，下拉菜单和窗口等用户定义信息，以及系统内存变量信息。

（7）显示信息的第 1 列为内存变量的名字，第 2 列为变量的作用域，第 3 列为变量的类型，第 4 列为变量的值，第 5 列为数值型内存变量的计算机内部表示。

【例 2-4】 显示内存变量。

```
M1 = "315 "
M2 = 8
M3 = .F.
LIST MEMORY LIKE M ＊        && 显示所有第 1 个字符为 M 的内存变量信息
```

显示结果：

```
M1  Pub  C  "315 "
M2  Pub  N  8   (        8.00000000)
M3  Pub  L  .F.
```

4）释放内存变量

释放内存变量就是将内存中的内存变量删除，释放出所占用的内存空间。

格式 1：**CLEAR MEMORY**

格式 2：**RELEASE <内存变量名表>**

格式 3：**RELEASE ALL [LIKE <通配符>｜ EXCEPT <通配符>]**

功能：释放所有内存变量或指定的内存变量。

说明：

（1）该命令只清除用户自定义的内存变量，而不清除系统内存变量。

（2）带 LIKE＜通配符＞的选项表示清除与通配符相匹配的内存变量，带 EXCEPT＜通配符＞的选项表示清除与通配符不相匹配的内存变量。

【例 2-5】 清除内存变量。

```
RELEASE M1                    && 释放内存变量 M1
RELEASE ALL LIKE M *          && 释放所有第 1 个字母为 M 的内存交量
RELEASE ALL                   && 释放所有内存变量,与 CLEAR MEMORY 命令相同
```

4. 系统内存交量

系统内存变量是指 VFP 系统定义的一些变量，通常以下划线"_"开头，如_PAGENO、_ALIGNMENT 等。

5. 数组

数组是内存中连续的一片存储区域，由一组变量组成。每个数组元素通过数组名及相应的下标被引用，相当于一个一般内存变量。通过赋值语句可以为各个元素分别赋值，且所赋值的数据类型可以不同。数组必须先定义后使用。

格式：DIMENSION ＜数组名 1＞(＜数值表达式 1＞[,＜数值表达式 2＞])[,＜(数组名 2＞(＜数值表达式 3＞[,＜数值表达式 4＞])] …

功能：定义一个或若干个一维或二维数组。

说明：

（1）DIMENSION 命令与 DECLEAR 命令等价，且可以同时定义多个数组。

（2）＜数值表达式＞为数组下标，当只选择＜数组名 1＞和＜数值表达式 1＞时，定义的是一维数组，如 DIMENSION A(5)，数组 A 中包含 5 个元素：A(1)、A(2)、A(3)、A(4)和 A(5)；当选择＜数组名 1＞、＜数值表达式 1＞和＜数值表达式 2＞时，定义的是二维数组，如 DIMENSION B(2,3)，数组 B 中包含 6 个元素：B(1,1)、B(1,2)、B(1,3)、B(2,1)、B(2,2)、B(2,3)。

注意：数组下标的引用从 1 开始。

（3）数组定义后，系统自动给每个元素赋以逻辑假值.F.。可以用有关命令给每个数组元素重新赋值。

（4）数组的下标可以用圆括号或方括号括起来，如 DIMENSION A(5)与 DIMENSION A[5]等价。

（5）在同一运行环境下，数组名不能与单个内存变量重名。

（6）数组的下标必须是非负数值，可以是常量、变量、函数或表达式，下标值会自动取整。

【例 2-6】 定义数组。

```
DIMENSION A(5), BB(2,3)       && 定义一个一维数组 A 和一个二维数组 BB
STORE 0 TO A                  && 将数值 0 赋给数组 A 中的所有元素
BB(1,1) = "abc"               && 将字符串 abc 赋给数组元素 BB(1,1)
BB(2,2) = 300                 && 将数值 300 赋给数组元素 BB(2,2)
BB(2,3) = .T.                 && 将逻辑真值.T.赋给数组元素 BB(2,3)
DISPLAY MEMORY                && 查看数组变量
```

2.3　命令结构与书写规则

2.3.1　命令结构

VFP 中的各种操作,既可以通过菜单或工具按钮方式完成,也可以通过命令方式完成。无论使用哪种操作,都可以执行 VFP 的相应命令。

VFP 的很多命令都具有类似的形式,称为命令的一般形式。VFP 命令的一般形式为:

命令动词[<范围>][<字段名列表>][FOR<条件>][WHILE<条件>]

其中,[<范围>]、[<字段名列表>]及其余各项均为命令短语,这些短语有统一的约定。

1. 命令动词

所有命令都以命令动词开头,它决定了该命令的性质。命令动词一般为一个英文动词,表示要执行的命令功能。

2. 子句

子句主要是用来修饰或限制命令的,通常用于对数据库中的数据操作,有以下 3 种形式。

(1) 范围子句。该子句指明在哪些记录范围内执行命令,其值可有如下 5 种选择。

ALL　　　　　表示数据库文件中的所有记录。

RECORD *n*　　表示数据库文件中第 *n* 个记录(*n* 可为具体的数值或表达式,下同)。

NEXT *n*　　　表示从当前记录开始的 *n* 个记录。

REST　　　　表示从当前记录开始直到数据库文件结束的所有记录。

省略　　　　若条件项同时省略,不同的命令有不同的含义,或等价于 ALL,或仅作用于当前记录。

(2) FIELDS 子句。该子句后面跟一个字段名列表(字段名之间用逗号隔开),指明对数据表中的哪些字段执行命令。若省略此子句,表示对记录中的所有字段执行命令。

(3) FOR|WHILE 子句。该子句后面跟一个逻辑表达式,表示仅对符合条件(即表达式的结果为.T.)的记录执行命令操作。这两个子句的区别是:FOR 子句将对范围内符合条件的所有记录进行操作;WHILE 子句则从当前记录开始按顺序比较条件,对符合条件的记录进行操作,一旦遇到不满足条件的记录就终止命令,不论后面是否还存在符合条件的记录。

WHILE 子句比 FOR 子句优先,当一条命令中既有 FOR 子句,又有 WHILE 子句时,在 WHILE 条件首次不满足前将对满足 FOR 条件的所有记录进行操作;一旦 WHILE 条件不满足,则停止操作。

【例 2-7】　用命令方式对学生数据表中的记录进行以下操作(设学生表中有学号、姓名、性别和出生日期等字段)。

(1) 显示所有男生的信息。

```
LIST ALL FOR 性别 = "男"
```

(2) 显示从当前记录开始的连续 4 条记录的内容。

```
LIST NEXT 4
```

若当前记录号为 3,则执行该命令后将显示记录号为 3、4、5 和 6 的 4 条记录内容。

(3) 显示所有男生的学号、姓名和出生日期。

LIST FIELDS 学号,姓名,出生日期 FOR 性别 = "男"

2.3.2　命令书写规则

使用 VFP 命令时,一般遵循如下规则:

(1) 必须以命令动词开头,命令中可以含有一个或多个子句,子句的顺序任意。

(2) 命令动词和各子句之间用空格分开(空格数任意)。

(3) 命令动词可以缩写为前 4 个字符,且不区分大小写。

(4) 一行只写一条命令。命令行的最大长度为 254 个字符,一行写不下时,要在行尾加续行符";"(西文分号)分行,并在下一行继续书写。

(5) 每条命令的结束标志是回车键,不能用其他标点符号做命令结束标志。

本书所给出的命令格式中,方括号([ ])表示可选项,尖括号(<>)表示必选项(具体内容由用户提供),竖杠分隔符(|)表示在其左右参量中任选一项,省略号(…)表示前面的内容可重复。VFP 中提供了大量的命令,在后续的章节中将具体介绍。

2.4　运算符和表达式

运算符是对相同类型的数据进行运算操作的符号。用运算符将常量、变量和函数等数据连接起来的式子称为表达式。表达式的类型由运算符的类型决定,每个表达式按照规定的运算规则都产生一个唯一的值。

2.4.1　数值运算符及数值表达式

数值表达式是由算术运算符将数值型常量、变量和函数等连接起来的式子,其结果仍是数值型数据。

VFP 提供的算术运算符如表 2-2 所示,它们的作用与数学中的算术运算符相同,运算优先级依次为"括号→乘方→乘/除/取模→加/减",其中乘、除和取模同级,加和减同级,分别从左到右进行计算。

表 2-2　算术运算符

运　算　符	功　　能	表达式举例	运算结果	优先级别
( )	圆括号	(5-2)*(2-3)	-3	最高
-	取相反数	-(2-8)	6	
** 或 ^	乘幂	2**4 或 2^4	16	
* 或 /	乘或除	2*15	30	
%	取余数	32%5	2	
+ 或 -	加或减	29-30	-1	最低

29

第2章

Visual FoxPro 6.0 语言基础

【例2-8】 计算数值表达式的值。

```
?2 * 20/4,77 % 5                      && 结果为   10   2
X = 4
Y = 5
Z = 6
?(X * Y - 5)/Z                        && 结果为   2.5000
```

2.4.2 字符串运算符及字符表达式

字符表达式是由字符串运算符将字符型常量、变量和函数等连接起来的式子,其结果仍然是字符型数据。字符串运算符有以下两种,它们的优先级相同。

(1) +:两个字符串首尾相连形成一个新的字符串。

(2) -:两个字符串相连,并将前一字符串尾部的空格移到合并后的新字符串的尾部。

【例2-9】 字符串运算。

```
?"清华   " + "大学" + "毕业"   && 结果为   清华   大学毕业
? "清华   " - "大学" + "毕业"  && 结果为   清华大学   毕业
```

2.4.3 日期运算符及日期表达式

日期表达式是由日期运算符将日期型常量、变量、函数等连接起来的式子,其结果为日期型数据或者数值型数据。日期型运算符只有加法(+)和减法(-)两种。

<日期型数据>+<数值型数据>:结果为日期型数据(指定日期若干天后的日期)。

<日期型数据>-<数值型数据>:结果为日期型数据(指定日期若干天前的日期)。

<日期型数据>-<日期型数据>:结果为数值型数据(两个日期相差的天数)。

【例2-10】 日期运算。

```
Set date to YMD                       && 设置日期格式为年月日的形式
?{^2015 - 03 - 10} + 4                 && 结果为日期   2015/03/14
?{^2015 - 03 - 10} - 4                 && 结果为日期   2015/03/06
?{^2015 - 03 - 10} - {^2015 - 03 - 07} && 结果为天数   3
```

注意:没有<日期型数据>+<日期型数据>的运算。

2.4.4 关系运算符及关系表达式

关系表达式是由关系运算符、数值表达式、字符表达式或者日期型表达式组合而成的式子,其结果为逻辑真值(.T.)或逻辑假值(.F.)。

关系运算符及其功能如表2-3所示。

表2-3 关系运算符

运　算　符	功　　能	表达式举例	结　　果
<	小于	15<4 * 6	.T.
>	大于	"A">"1"	.T.
=	等于	2+4=3 * 5	.F.
<>、#、! =	不等于	5<>-2	.T.

运　算　符	功　　能	表达式举例	结　　果
<=	小于或等于	"abc"<="ABC"	.F.
>=	大于或等于	{10−10−02}>={10/01/02}	.T.
==	字符串恒同	"abc"=="abcd"	.F.
$	字符串包含比较	"1234" $ "12345"	.T.

说明：

（1）关系运算符的优先级相同，从左到右依次进行比较。

（2）数值型数据按数值的大小比较，日期型数据依次按年月日的值比较。字符型数据按照其机内码顺序比较，对于西文字符，是 ASCII 代码的值；对于汉字，是汉字国标码的值。常用的一级汉字按照拼音顺序排列。两个字符串比较时，自左至右逐个字符进行比较。

（3）关系运算符的两边可以是字符表达式、数值表达式或者日期表达式，但两边的数据类型必须一致。

（4）字符串包含运算符 $ 用来检测左边的字符串是否被包含在右边的字符串中，若包含（即前者是后者的一个子字符串），结果为逻辑真；否则，结果为逻辑假。

（5）字符串精确比较运算符 == 用于精确匹配，即只有当两个字符串完全相同时，结果才为逻辑真；否则，结果为逻辑假。

（6）等号比较运算符 = 在比较两个字符串时，运算结果与系统的设置状态 SET EXACT ON|OFF 有关。当处于 OFF 状态时（这是系统的默认状态），进行的是不精确匹配，只要"="右边的字符串是左边字符串的前缀，结果就为真。当处于 ON 状态时，进行的是精确匹配，只有"="两边的字符串完全相同，结果才为真。

（7）无论 EXACT 为 ON 还是 OFF，字符串精确比较运算符 == 进行的都是精确匹配。

（8）EXACT 的状态设置可以用命令方式完成，也可以执行"工具"→"选项"菜单命令，打开"选项"对话框，在"数据"选项卡中进行设置。

2.4.5　逻辑运算符及逻辑表达式

逻辑表达式是由逻辑运算符将逻辑型常量、逻辑型内存变量、逻辑型数组、返回逻辑型数据的函数和关系表达式连接起来的式子，其结果仍然为逻辑值。

逻辑运算符及其含义如表 2-4 所示，逻辑运算规则如表 2-5 所示。

表 2-4　逻辑运算符

运　算　符	名　　称	说　　明
.AND.	与	参与运算的两个表达式的值均为真，结果才为真；否则为假
.OR.	或	参与运算的两个表达式只要有一个值为真，结果就为真；两个表达式的值均为假，结果才为假
.NOT. 或 !	非	取"反"操作，即原来为真值，运算结果变为假值；原来为假值，运算结果变为真值

31

第 2 章

表 2-5 逻辑运算规则

A	B	A . AND. B	A . OR. B	. NOT. A	. NOT. B
.T.	.T.	.T.	.T.	.F.	.F.
.T.	.F.	.F.	.T.	.F.	.T.
.F.	.T.	.F.	.T.	.T.	.F.
.F.	.F.	.F.	.F.	.T.	.T.

逻辑运算符的优先次序为：NOT→AND→OR,可以使用括号来改变逻辑运算的先后次序。注意：NOT、AND 和 OR 两边可以加点,也可以不加点。

在同一表达式中,如果使用了不同类型的运算符,则各种运算符的优先顺序由高到低为：括号→算术运算符→字符串运算符→关系运算符→逻辑运算符。

【例 2-11】 逻辑运算。

```
? 8 > 5 . AND. 7 < 3 , 9 > 7 . OR. 9 < 3        && 结果为  .F.  .T.
X1 = 3
Y1 = − 2
X2 = 8
Y2 = − 6
? X1 + Y1 > X2 + Y2 . AND. . NOT. (Y1 < Y2)     && 结果为 .F.
   ②    ④      ③     ⑥       ⑤      ①        ←左边为表达式的运算顺序
```

2.4.6 类与对象运算符

类与对象运算符专门用于面向对象程序设计,它有两种形式。

1. 点运算符(.)

主要用于确定对象与类的关系,以及属性、事件和方法与其对象的从属关系。例如,设计表单时,要将表单的 Caption(标题)属性设置为"输入记录",在程序中用命令表示为：
Thisform. caption＝"输入记录"

2. 作用域运算符(::)

用于在子类中调用父类的方法。例如,MyCommandButton::Click 表示 MyCommandButton 对象继承其父类的 Click 事件过程。

2.4.7 名称表达式

名称表达式是指能代替字符型变量或数组元素的值的一个引用。名称不是一个变量,也不是数组元素,但它可以替代字符变量或数组元素中的值。名称表达式为 VFP 的命令和函数提供了灵活性,将名称存放到内存变量或数组元素中,并用小括号括起该变量,就可以在命令或函数中用变量来代替该名称。

定义一个名称时,只能以字母、汉字或下划线开头,且名称中只能使用字母、汉字、数字和下划线字符,不能使用 VFP 的保留字,名称的长度为 1～128 个字符。一次可定义多个名称,名称之间用逗号分开。

在 VFP 中,可以使用的名称有：表(.dbf)文件名、表别名、表字段名、索引文件名、内存变量名、数组名、窗口名、菜单名、表单名、对象名、属性名等。

【例 2-12】 使用名称表达式打开一个名为"学生.dbf"的数据表文件。

```
STORE "D:\教学管理\学生.dbf" TO AB
USE (AB)                          &&USE 命令用于打开一个表文件(假设学生表已经建立)
```

2.5 函　　数

函数(Function)是一段程序代码,用来进行一些特定的运算或操作、支持和完善命令的功能、帮助用户完成各种操作与管理。使用函数需要若干参数(自变量),函数的运算结果称为函数值或返回值,函数调用的格式为:

函数名([参数 1][,参数 2][, …])

说明:

(1) 对于某些没有参数的函数,圆括号内为空,如系统日期函数 DATE( )。

(2) 当函数带有多个参数时,参数和参数之间用逗号分隔。

(3) 任何可以使用表达式的地方都可以使用函数,表达式将函数的返回值作为运算对象。例如,命令"? DATE( )＋25"显示从系统当前日期算起 25 天后的日期。

使用函数可以丰富命令的功能。在 VFP 中,函数有两种:一种是系统函数;另一种是用户自定义函数。系统函数是由 VFP 提供的内部函数,有 300 多个,可以随时调用;自定义函数则由用户根据需要自行编写。本节主要介绍常用的系统函数。

本节示例中使用的命令都是在 VFP 的"命令"窗口中输入,按回车键执行。

2.5.1 数值处理函数

1. 取绝对值函数

格式:**ABS(<数值表达式>)**

功能:求数值表达式的绝对值。

【例 2-13】

```
?ABS(31)     && 结果为      31
?ABS(－31)    && 结果为      31
```

2. 取整函数

格式:**INT(<数值表达式>)**

功能:返回数值表达式的整数部分。

【例 2-14】

```
?INT(5.67)                && 结果为 5
?INT(－5.67)              && 结果为 －5
?INT(12.3＋6.4)           && 结果为 18
```

3. 四舍五入函数

格式:**ROUND(<数值表达式 1 >,<数值表达式 2 >)**

功能:对<数值表达式 1 >的值进行四舍五入运算。

说明：

(1) <数值表达式 2>指定保留的小数位数。

(2) <数值表达式 2>大于或等于 0 时，<数值表达式 1>保留指定的小数位数。

(3) <数值表达式 2>小于 0 时，其绝对值表示整数部分四舍五入的位数。

【例 2-15】

```
?ROUND(123.789,2)      && 结果为      123.79
?ROUND(123.789,0)      && 结果为      124
?ROUND(123.789,-1)     && 结果为      120
```

4. 求最大值函数

格式：MAX(<数值表达式 1 >,<数值表达式 2 >[,<数值表达式 3 >…])

功能：返回几个数值表达式中最大的值。

【例 2-16】

```
?MAX( - 40, - 20)       && 结果为      - 20
?MAX( - 30, - 40,20)    && 结果为      20
```

5. 求最小值函数

格式：MIN<数值表达式 1 >,<数值表达式 2 >[,<数值表达式 3 >…])

功能：返回几个数值表达式中最小的值。

【例 2-17】

```
?MIN( - 30, - 20)       && 结果为      - 30
?MIN( - 30, - 40,20)    && 结果为      - 40
```

6. 求平方根函数

格式：SQRT(<数值表达式>)

功能：返回数值表达式的算术平方根的值。

【例 2-18】

```
?SQRT(25.46)            && 结果为      5.05
```

7. 求自然对数函数

格式：LOG(<数值表达式>)

功能：求数值表达式的自然对数值。

【例 2-19】

```
?LOG(32.78)            && 结果为      3.49
```

8. 幂函数

格式：EXP(<数值表达式>)

功能：求数值表达式对于 e 的幂的值。

【例 2-20】

```
?EXP(4.43)             && 结果为      83.93
```

9. 求余数函数

格式：MOD(<数值表达式 1>,<数值表达式 2>)

功能：求<数值表达式 1>除以<数值表达式 2>的余数，且<数值表达式 2>的值不能为 0。

说明：函数返回值的符号与<数值表达式 2>的符号相同。如果<数值表达式 1>与<数值表达式 2>同号，函数值即为两数相除的余数；如果<数值表达式 1>与<数值表达式 2>异号，则函数值为两数相除的余数再加上<数值表达式 2>的值。

【例 2-21】

?MOD(15,4),MOD(15,−4),MOD(−15,4),MOD(−15,−4)

结果为：

3   −1   1   −3

10. 符号函数

格式：SIGN(<数值表达式>)

功能：根据数值表达式的值为正、负或零，函数分别返回 1、−1 或 0 的值。

【例 2-22】

?SIGN(4.43)   && 结果为   1

2.5.2　字符处理函数

1. 宏替换函数

格式：&<字符型变量>[.]

功能：替换一个字符型变量的内容，即 & 的值是变量中的字符串。如果该函数与其后的字符无明确分界，则要用"."作为函数结束标识。宏替换可以嵌套使用。

说明：宏替换可以在任何能接受字符串的命令或函数中使用。

【例 2-23】

A = "B"
B = "清华大学"
?A,B,&A   && 结果为 B 清华大学 清华大学
? "&B.是一所著名的大学"   && 结果为 清华大学是一所著名的大学
X = "315"
?120 十 &X   && 结果为 435

2. 求字符串长度函数

格式：LEN(<字符表达式>)

功能：计算字符串中的字符个数，返回结果为数值型。

【例 2-24】

?LEN("abcdef"), LEN("清华大学")   && 结果为 6   8

3. 生成空格函数

格式：SPACE(<数值表达式>)

功能：产生由数值表达式指定数目的空格，返回结果为字符型。

【例 2-25】

```
? "清华" + SPACE(2) + "大学"        && 结果为 清华  大学
```

4. 字符串转换成小写字母函数

格式：**LOWER**(<字符表达式>)

功能：将字符表达式中的大写字母转换成小写字母。

【例 2-26】

```
?LOWER("Visual FoxPro")            && 结果为 visual foxpro
```

5. 字符串转换成大写字母函数

格式：**UPPER**(<字符表达式>)

功能：将字符表达式中的小写字母转换成大写字母。

【例 2-27】

```
?UPPER("Visual FoxPro")            && 结果为 VISUAL FOXPRO
```

6. 删除字符串尾部的空格函数

格式：**TRIM**(<字符表达式>)

功能：将字符串尾部的空格删除。

【例 2-28】

```
X = "清华大学 "
?LEN(X)                 && 结果为 10
Y = TRIM(X)
?LEN(Y)                 && 结果为 8
```

7. 删除字符串左边空格函数

格式：**LTRIM**(<字符表达式>)

功能：将字符串的前导空格删除。

【例 2-29】

```
X = " 清华大学"
?LEN(X)                 && 结果为 10
Y = LTRIM(X)
?LEN(Y)                 && 结果为 8
```

8. 删除字符串右边空格函数

格式：**RTRIM**(<字符表达式>)

功能：与 TRIM() 函数功能相同，删除字符串尾部空格。

9. 删除字符串最左边和最右边的所有空格函数

格式：**ALLTRIM**(<字符表达式>)

功能：删除字符串中最左边和最右边的所有空格。

【例 2-30】

```
X = " 清华大学 "
```

```
?LEN(X)                    && 结果为   12
?LEN(ALLTRIM(X))           && 结果为   8
```

10．取子字符串函数

格式：SUBSTR(<字符表达式>,<数值表达式1>[,<数值表达式2>])

功能：从指定的<字符表达式>中，截取一个子字符串。子字符串的起点位置由<数值表达式1>给出，截取子字符串的字符个数由<数值表达式2>给出。

说明：如果省略<数值表达式2>，截取的字符串将从<数值表达式1>给出的位置一直到该字符表达式的结尾。

【例 2-31】

```
A = "清华大学"
?SUBSTR(A,1,4)             && 结果为   清华
?SUBSTR(A,5)              && 结果为   大学
```

11．取左边子字符串函数

格式：LEFT(<字符表达式>,<数值表达式>)

功能：从指定的<字符表达式>的左边开始截取<数值表达式>指定个数的字符。

说明：如果<数值表达式>给出的值大于字符表达式中字符的个数，则返回整个<字符表达式>；如果<数值表达式>的值为0或负数，则返回结果为空串。

【例 2-32】

```
?LEFT("清华大学",4)        && 结果为   清华
```

12．取右边子字符串函数

格式：RIGHT(<字符表达式>,<数值表达式>)

功能：从指定的<字符表达式>的右边截取<数值表达式>指定个数的字符。

说明：如果<数值表达式>给出的值大于<字符表达式>中字符的个数，则返回整个字符表达式。如果<数值表达式>的值为0或负数，则返回结果为空串。

【例 2-33】

```
?RIGHT("清华大学",4)       && 结果为   大学
```

13．子字符串位置测试函数

格式：AT(<子字符串>,<主字符串>[,<数字>])

功能：求<子字符串>在<主字符串>中的起始位置，函数返回值为数值型。

说明：<数字>表示<子字符串>在<主字符串>中第几次出现，默认为第1次。如果<子字符串>不在<主字符串>中，返回值为零。

【例 2-34】

```
?AT("大学","清华大学是一所著名大学")    && 结果为   5
?AT("大学","清华大学是一所著名大学",2)  && 结果为   19
```

14．重复字符串函数

格式：REPLICATE(<字符表达式>,<数值表达式>)

功能：将<字符表达式>所确定的字符串重复若干次，重复次数由<数值表达式>决

定。返回的字符串长度最大可达 64 000 个字符。

说明：若<数值表达式>的结果为实数，仅取整数部分。

【例 2-35】

```
? REPLICATE ("Hello!",3)      && 结果为  Hello! Hello! Hello!
```

2.5.3 日期和时间处理函数

1. 系统当前日期函数

格式：**DATE()**

功能：返回当前系统日期值，函数值为日期型，其格式由 SET DATE、SET CENTURY 等设置状态决定。

【例 2-36】

```
?DATE()   && 结果为   10/23/11(计算机上的当前日期,假设系统的当前日期为 2011 年 10 月 23 日)
SET CENTURY ON
?DATE()   && 结果为   10/23/2011
```

2. 系统当前时间函数

格式：**TIME([<数值表达式>])**

功能：以 24 小时制的时、分、秒（HH:MM:SS）格式显示系统的当前时间，函数值为字符型。

说明：如果函数的参数中包含<数值表达式>，则返回的时间值包含百分之几秒，数值表达式可以是任意值。

【例 2-37】

```
?TIME()    && 结果为 18:13:43(计算机上的当前时间,假设系统的当前时间为 18:13:43.25)
?TIME(2)   && 结果为 18:13:43.25
```

3. 系统日期和时间函数

格式：**DATETIME()**

功能：返回当前系统的日期时间，函数值为日期时间型。

【例 2-38】

```
? DATETIME()                && 结果为 10/23/11 18:13:43
```

4. 日子函数

格式：**DAY(<日期型表达式>|<日期时间型表达式>)**

功能：返回日期型或日期时间型表达式中的日子值，函数返回值为数值型。

【例 2-39】

```
?DAY(DATE())               && 结果为 23
```

5. 月份函数

格式：**MONTH(<日期型表达式>|<日期时间型表达式>)**

功能：返回日期型、日期时间型表达式的月份值，函数返回值为数值型。

【例 2-40】

```
?MONTH(DATE())            && 结果为 10
```

6. 年份函数

格式：**YEAR**(<日期型表达式>|<日期时间型表达式>)

功能：返回日期型、日期时间型表达式的年份值,函数返回值为数值型。

【例 2-41】

```
?YEAR(DATE())            && 结果为 2011
```

7. DMY 函数

格式：**DMY**(<日期表达式>)

功能：将<日期表达式>转换成格式为"日月年"的字符串,以便在打印输出或屏幕显示时更易于读懂。

【例 2-42】

```
?DMY({11/10/26})         && 结果为 26 October 11
```

2.5.4 数据类型转换函数

1. 字符转换成 ASCII 码函数

格式：**ASC**(<字符表达式>)

功能：把<字符表达式>中的第一个字符转换成相应的 ASCII 代码值,函数返回值为数值型。

【例 2-43】

```
?ASC("Visual FoxPro")    && 结果为 86
```

2. ASCII 代码值转换成字符函数

格式：**CHR**(<数值表达式>)

功能：把<数值表达式>的值转化成相应的 ASCII 码字符,函数返回值为字符型。

说明：<数值表达式>的值必须是 0～255 之间的整数。

【例 2-44】

```
?CHR(86)                 && 结果为    V
```

3. 数值型转换为字符型函数

格式：**STR**(<数值表达式>[,<长度>[,<小数位数>]])

功能：将<数值表达式>的值转换成字符型数据。

说明：

(1) 转换时自动进行四舍五入,小数点和负号均计 1 个字符。

(2) 默认<小数位数>,按整数处理;默认<长度>和<小数位数>,结果将只取整数部分,且长度固定为 10 位。

(3) 如果<长度>值大于转换后的字符串长度,则自动在转换后的字符串前加前导空格以满足规定的<长度>要求。

39

第 2 章

（4）如果＜长度＞值小于＜数值表达式＞值的整数部分的位数（包括负号），则返回一串星号（＊），表示溢出。

【例 2-45】

```
X = 12345.6789
?STR(X,8,2)              && 结果为   12345.68
?STR(X)                  && 结果为   12346(带 5 个前导空格)
?STR(X,3)                && 结果为    * * *
```

4．字符型转换成数值型函数

格式：VAL(＜字符表达式＞)

功能：将由数字字符（包括正负号和小数点）组成的字符型数据转换为数值型数据。

说明：

（1）转换时，只要遇到非数字字符就结束转换。若字符串的首字符就不是数字字符，则返回值为 0。

（2）转换后的小数位数默认为 2 位。

【例 2-46】

```
?VAL("12345.678")       && 结果为   12345.68
?VAL("123A45.678")      && 结果为   123.00
?VAL("A12345.678")      && 结果为   0.00
```

5．字符型转换成日期型函数

格式：CTOD(＜字符表达式＞)

功能：将日期形式的字符串转换成日期型数据。

说明：＜字符表达式＞必须是一个有效的日期格式，并与 SET DATE 命令设置的格式一致。

【例 2-47】

```
SET DATE TO MDY
?CTOD ("08/16/11")      && 结果为 08/16/11
SET DATE TO YMD
SET CENTURY ON
?CTOD("2011/08/16")     && 结果为 2011/08/16
```

6．日期型转换成字符型函数

格式：DTOC(＜日期型表达式＞|＜日期时间型表达式＞[,1])

功能：返回对应一个日期或日期时间表达式的字符串。

说明：如果有[,1]选项，则按照年月日的格式输出。

【例 2-48】

```
X = CTOD("08/16/11")    && 假设当前日期格式为月日年形式
?DTOC(X)                && 结果为 08/16/11
?DTOC(X,1)              && 结果为 20110816
```

2.5.5　状态测试函数

1. 条件测试函数

格式：IIF(<逻辑表达式>,<表达式 1>,<表达式 2>)

功能：如果<逻辑表达式>的值为真,函数值为<表达式 1>的值,否则为<表达式 2>的值。

【例 2-49】

```
X = 40
Y = 15
?IIF(X > Y,50 - X,80 - Y)        && 结果为 10
```

2. 数据类型测试函数

格式：TYPE(<字符型表达式>)

功能：测试<字符型表达式>值的数据类型。

说明：函数返回一个大写字母,其含义如表 2-6 所示。

表 2-6　TYPE 函数的返回值及其含义

返回字符值	数 据 类 型	返回字符值	数 据 类 型
C	字符型	M	备注型
N	数值型	O	对象型
D	日期型	G	通用型
T	日期时间型	Y	货币型
L	逻辑型	U	未定义型

【例 2-50】

```
X = 15.25
Y = "清华大学"
Z = .F.
?TYPE ("X"),TYPE("Y"),TYPE("Z")        && 结果为 N C L
?TYPE ("XYZ")                          && 结果为 U
```

3. 表文件首测试函数

格式：BOF(<工作区号|表别名>)

功能：测试当前或指定工作区中表的记录指针是否位于文件首(即第一条记录之前)。若是,返回逻辑真值(.T.),否则返回逻辑假值(.F.)。

说明：

(1) 默认参数,默认测试当前工作区中的表文件。

(2) 如果指定工作区中没有打开表文件,函数返回逻辑假值;如果表文件中没有任何记录,函数返回逻辑真值。

有关记录指针的概念将在第 3 章中介绍。

【例2-51】

```
USE D:\教学管理\学生.dbf        && 打开名为"学生"的数据表
?BOF()                        && 结果为  .F.
SKIP - 1                      && 将记录指针指向当前记录的上一条记录
?BOF()                        && 结果为  .T.
```

4. 表文件尾测试函数

格式：**EOF([<工作区号|表别名>])**

功能：测试当前或指定工作区中表的记录指针是否位于文件尾(即最后一条记录之后)。若是,返回逻辑真值(.T.),否则返回逻辑假值(.F.)。

说明：如果指定工作区中没有打开表文件,函数返回逻辑假值;如果表文件中没有任何记录,函数返回逻辑真值。

【例2-52】

```
USE D:\教学管理\学生.dbf
?EOF()                        && 结果为  .F.
GO BOTTOM                     && 将记录指针指向最后一条记录
?EOF()                        && 结果为  .F.
SKIP                          && 将记录指针指向当前记录的下一条记录
?EOF()                        && 结果为  .T.
```

5. 记录号测试函数

格式：**RECNO([<工作区号|表别名>])**

功能：给出当前或指定工作区中表文件当前记录的记录号,函数返回值为数值型。

说明：如果指定工作区中没有打开表文件,函数值为0;如果记录指针指向文件尾,函数值为表中的记录数加1;如果记录指针指向文件首,函数值为表中第一条记录的记录号;如果表文件中没有任何记录,函数值为1。

【例2-53】

```
USE D:\教学管理\学生.dbf
?RECNO()                      && 结果为  1
GO 5
?RECNO()                      && 结果为  5
TO BOTTOM
?RECNO()                      && 结果为  10(假设表中有10条记录)
SKIP
?RECNO()                      && 结果为  11
```

6. 检索测试函数

格式：**FOUND([<工作区号|表别名>])**

功能：测试在当前或指定工作区中,用FIND、SEEK、LOCATE等命令对表文件或索引文件的检索是否成功。若成功,结果为逻辑真值,否则为逻辑假值。

7. 测试文件存在函数

格式：**FILE(<"文件名">)**

功能：测试指定的文件是否存在。若存在,返回逻辑真值,否则返回逻辑假值。

说明：文件名必须包括扩展名,且文件名两端要用撇号括起来;如果没有撇号,系统将默认为是变量名。

【**例 2-54**】 假设已在"D:\教学管理"文件夹中建立名为"学生.dbf"的表文件,测试该文件是否存在。

```
?FILE("D:\教学管理\学生.dbf")        && 结果为   .T.
```

8. 记录删除测试函数

格式:DELETED([<工作区号|表别名>])

功能:测试当前或指定工作区中的当前记录是否有删除标记。若有,则返回逻辑真值,否则返回逻辑假值。

9. 测试表文件名函数

格式:DBF([<工作区号|表别名>])

功能:返回当前或指定工作区中打开的数据表文件名,返回值为字符型。

说明:如果在指定工作区中没有打开的表文件,返回空串。

【**例 2-55**】

```
USE D:\教学管理\学生.dbf
?DBF()                            && 结果为        D:\教学管理\学生.dbf
```

10. 检测工作区号函数

格式:SELECT([0|1|表别名])

功能:返回当前工作区号或者返回未使用的工作区的最大编号。

说明:参数 0 指定 SELECT 返回当前工作区号;参数 1 指定 SELECT 返回未使用工作区的最大编号;参数"表别名"指定 SELECT 返回表文件别名所在的工作区编号。函数返回值为数值型。

11. 测试表文件是否打开函数

格式:USED([工作区|表别名])

功能:测试当前或指定的工作区中是否有表文件打开。若有,返回逻辑真值,否则返回逻辑假值。

【**例 2-56**】

```
USE D:\教学管理\学生.dbf
?USED()                           && 结果为   .T.
```

12. FoxPro 版本函数

格式:VERSION()

功能:返回正在使用的 FoxPro 版本号。

13. 屏幕行坐标函数

格式:ROW()

功能:返回屏幕上光标所处位置的行坐标。

14. 屏幕列坐标函数

格式:COL()

功能:返回屏幕上光标所处位置的列坐标。

Visual FoxPro 6.0 语言基础

2.5.6 其他函数

1. 系统函数

格式：**SYS(<数值表达式>)**

说明：VFP 提供了大量的系统函数 SYS()。根据<数值表达式>值的不同，系统将完成不同的功能。函数返回值为字符型。

例如，SYS()返回机器名和网络机器号，SYS(5)返回当前默认的驱动器名，SYS(2018)返回最近错误的出错原因信息。

2. 消息框函数

格式：**MessageBox(<字符串表达式 1>[,<数值表达式>[,<字符串表达式 2>]])**

功能：显示一个用户自定义对话框，不仅能给用户传递信息，还可以通过用户在对话框上选择接收用户的响应，作为继续执行程序的依据。

说明：

（1）<字符串表达式 1>用于指定对话框中要显示的信息。在字符串中可以含有回车符（CHR(13)）以实现多行显示。对话框的高度和宽度将随显示的文本信息的长度自动变化。

（2）<数值表达式>用于指定对话框的类型参数，对话框类型参数可控制显示在对话框上的按钮和图标的种类及数目以及焦点选项的按钮。对话框类型参数如表 2-7 所示。

表 2-7 对话框类型参数及选项

按钮类型值	按钮类型	图标类型值	图标类型	焦点选项值	焦点选项
0	确定	0	无图标	0	第一个按钮
1	确定、取消	6	Stop 图标	256	第二个按钮
2	终止、重试、忽略	32	疑问图标	512	第三个按钮
3	是、否、取消	48	惊叹号图标		
4	是、否	64	信息图标		
5	重试、取消				

对话框类型参数有三个部分组成：按钮类型、图标类型和焦点选项，每一部分只能选择一个值，将三个部分的值相加在一起就是对话框类型参数的值。如果省略该参数，则对话框内只显示一个默认的"确定"按钮，并将此按钮设置为焦点按钮，且不显示任何图标。

（3）<字符串表达式 2>用于指定对话框的标题内容。若省略该项，对话框标题将显示为"Microsoft Visual FoxPro"。

（4）当用户从对话框中选择并单击某一按钮后，函数返回一个值，表示某个按钮被选中，返回值与按钮的关系如表 2-8 所示。

表 2-8 MessageBox 函数返回值

返 回 值	说 明	返 回 值	说 明
1	选"确定"按钮	5	选"忽视"按钮
2	选"取消"按钮	6	选"是"按钮
3	选"终止"按钮	7	选"否"按钮
4	选"重试"按钮		

【例 2-57】

? MessageBox ("是否继续?", 3 + 32 + 0, "提示信息")

执行该命令后,将显示如图 2-1 所示的提示信息。

图 2-1　提示信息

习　　题

1. 选择题

(1) VFP 中的变量可以分为两类,它们分别是(　　)。

　　A. 内存变量和字段变量　　　　　　　　B. 局部变量和全局变量

　　C. 逻辑变量和日期变量　　　　　　　　D. 字符型变量和数值型变量

(2) 备注型字段的数据内容存放在扩展名为(　　)的文件中。

　　A. .mem　　　　　　B. .dbf　　　　　　C. .fpt　　　　　　D. .txt

(3) 在下列 VFP 表达式中,运算结果一定是逻辑值的是(　　)。

　　A. 字符表达式　　　B. 关系表达式　　　C. 数值表达式　　　D. 日期表达式

(4) 在下列表达式中,结果为真的是(　　)。

　　A. "BEI" $ "BEIJING"　　　　　　　　B. "BEI" $ "BEFORE"

　　C. "BEFORE" $ "E"　　　　　　　　　D. "BEIJING" $ "BEI"

(5) 函数 CHR(65)的结果是(　　)。

　　A. 65　　　　　　　B. 66　　　　　　　C. B　　　　　　　D. A

(6) 函数 SUBSTR("12345678",3,2)的结果是(　　)。

　　A. 23　　　　　　　B. 34　　　　　　　C. 12　　　　　　　D. 6

(7) 打开一个空表,BOF()函数的结果是(　　)。

　　A. 0　　　　　　　　B. .F.　　　　　　　C. .T.　　　　　　　D. 不确定

(8) 在 VFP 中,逻辑型、日期型和备注型字段的长度分别是(　　)。

　　A. 1,8,128　　　　　B. 1,8,10　　　　　C. 1,10,4　　　　　D. 1,8,4

(9) 函数 TYPE("10/20/11")的值是(　　)。

　　A. 10/20/11　　　　B. C　　　　　　　C. D　　　　　　　D. N

(10) 以下 4 个符号中,表示常量的是(　　)。

　　A. F　　　　　　　　B. BOTTOM　　　　C. .F.　　　　　　　D. TOP

2. 填空题

(1) 如果打开一个空数据表文件,用函数 RECNO()测试,其结果一定是_____。

(2) TIME()函数返回值的数据类型是_____。

(3) 命令动词和各个子句之间用_____分开。

Visual FoxPro 6.0 语言基础

（4）命令当中可选择的范围有_____、_____、_____ 和_____等。

（5）SET CENTURY _____命令是指定年份为 4 位。

（6）一个表达式中同时出现数值运算、逻辑运算、比较关系运算和字符串运算时,各类运算的优先级由高到低的次序是_____。

（7）函数 IIF((LEN(SPACE(3)))>2,1,-1)的值是_____。

（8）执行 DIMENSION X(3,4)命令之后,数组 X 中的元素个数是_____。

（9）假定已经执行了命令 M=[12+3],再执行命令？M,屏幕将显示_____。

（10）在 VFP 中,可以在同类数据之间进行减"-"运算的数据类型是_____、_____、和_____。

3. 简述题

（1）VFP 有几种数据类型？

（2）VFP 命令书写规则有哪些？

（3）什么是表达式？VFP 有哪几种类型的表达式？

（4）字段变量和内存变量有什么不同？

（5）什么是数组？如何定义？

4. 操作题

（1）完成本章所有的例题。

（2）完成实验教材第 2 章所有的实验。

第3章 Visual FoxPro 6.0 数据表及其操作

在 Visual FoxPro 6.0 中,数据表(Table)是收集和存储数据的基本单元,是处理数据和建立关系型数据库及应用程序的基础。数据表分为数据库表和自由表,本章主要学习自由表的建立、浏览、维护、排序、索引、统计以及多表操作等。

3.1 创建数据表

3.1.1 创建表结构

1. 数据表的分类

根据数据表是否属于数据库,可以把数据表分为数据库表和自由表。属于某一数据库的表称为"数据库表",不属于任何数据库而独立存在的表称为"自由表"。数据库表具有一些自由表所没有的属性,如长字段名、主关键字、触发器、默认值、表关系等。

数据库表和自由表可以相互转换,当把自由表添加到数据库中时就变成了数据库表,同时具有数据库表所具有的一些属性;反之,当数据库表从数据库中移出时就变成了自由表,数据库表所具有的一些属性也同时取消,在 Visual FoxPro 中,数据库表只能属于一个数据库。本节主要介绍自由表的创建。

在 Visual FoxPro 中,数据表在形式上是一个二维表结构,以 DBF 为文件扩展名存储在存储介质上,表中每一列称为字段,每一行称为一个记录,一个数据表由其结构和记录组成。

2. 数据表结构

表结构是指存储表记录的公共结构,也就是表中包含的字段以及每个字段的属性,包括字段名、类型、宽度、小数位数、是否为空等。

(1) 字段名:一个表由若干字段构成,每个字段必须有一个唯一的名字,可以通过字段名直接引用表中数据。字段名以字母或汉字开头,由字母、汉字、数字或下划线组成,不能包含空格。数据库表字段名最长为 128 个字符,自由表字段名最长为 10 个字符。

(2) 字段类型:字段的数据类型决定存储在字段中值的数据类型,共有 13 种,分别是字符型(C)、货币型(Y)、数值型(N)、浮点型(F)、日期型(D)、日期时间型(T)、双精度型(B)、整型(I)、逻辑型(L)、备注型(M)、通用型(G)、二进制字符型和二进制备注型。

(3) 字段宽度:字段宽度必须能够容纳存储数据的长度,字符型字段宽度不得大于 254 个字节,否则可用备注型字段存储,数值型(N)和浮点型(F)字段宽度为整数位与小数位的和再加 1 位小数点位,最多 20 位。

其他类型的字段宽度由系统规定:逻辑型字段宽度为 1 个字节,日期型、日期时间型、双精度型字段宽度为 8 个字节,整型、备注型、通用型、二进制备注型字段宽度为 4 个字节,二进制字符型字段宽度为 1~254 个字节。

(4) 小数位:若字段的类型是数值型(N)和浮点型(F)时,还需给出小数位数。小数位数不能大于 9,双精度型数据的小数位数不能大于 18。

(5) 空值:表示是否允许字段为空值(NULL)。空值不同于数值 0、空字符串或空白,而是一个不存在的值。当数据表中某个字段的值暂时无法确定时,可以先赋予 NULL,明确字段的值后再输入实际数据。一般作为关键字的字段不允许为空值。

下面以"学生"、"课程"和"成绩"3 个表为例介绍数据表的创建及其操作,表的结构和内容如表 3-1~表 3-6 所示。

表 3-1 "学生"表结构

字　　段	字　段　名	类　　型	宽　　度	小 数 位 数
1	学号	字符型	8	—
2	姓名	字符型	8	—
3	性别	字符型	2	—
4	出生日期	日期型	8	—
5	系别	字符型	10	—
6	贷款否	逻辑型	1	—
7	简历	备注型	4	—
8	照片	通用型	4	—

表 3-2 "课程"表结构

字　　段	字　段　名	类　　型	宽　　度	小 数 位 数
1	课程号	字符型	3	—
2	课程名	字符型	20	—
3	学时	数值型	3	—
4	学分	数值型	2	—

表 3-3 "成绩"表结构

字　　段	字　段　名	类　　型	宽　　度	小 数 位 数	NULL 值
1	学号	字符型	8	—	—
2	课程号	字符型	3	—	—
3	成绩	数值型	5	1	√

表 3-4 "学生"表

学　号	姓　名	性　别	出生日期	系　别	贷款否	简　历	照　片
12010203	马丽	女	07/12/92	中文	.F.	略	略
12010318	汪晴慧	女	10/20/91	中文	.F.	略	略
12020217	魏东鹏	男	08/15/92	计算机	.T.	略	略
12020304	钱悦	女	02/05/93	计算机	.F.	略	略
12030112	金娟娟	女	06/24/92	法律	.F.	略	略
12030308	张文星	男	06/18/92	法律	.T.	略	略

学　号	姓　名	性　别	出生日期	系　别	贷款否	简　历	照　片
12030421	孙杰智	男	09/15/91	法律	.T.	略	略
12040216	韦国兰	女	11/22/91	管理	.T.	略	略
12050206	王敏	女	01/26/93	旅游	.F.	略	略
12060114	张震	男	03/12/93	数学	.F.	略	略

表 3-5　"课程"表

课　程　号	课　程　名	学　时	学　分
101	英语	200	6
102	高等数学	120	5
103	大学语文	80	3
104	现代礼仪	42	2
105	软件工程	72	3
106	军事理论	42	2

表 3-6　"成绩"表

学　号	课程号	成　绩	学　号	课程号	成　绩
12010203	101	93.5	12020304	105	88.5
12010203	103	74.5	12030112	104	76.5
12010318	101	88.0	12030308	104	57.0
12010318	103	83.5	12030421	104	67.5
12020217	101	85.0	12040216	101	65.5
12020217	102	78.5	12040216	103	86.5
12020217	105	86.0	12050206	106	98.0
12020304	101	82.0	12050206	102	92.0
12020304	102	91.5	12060114	103	76.5

3．建立表结构

在 Visual FoxPro 中，通常使用表向导、表设计器两种可视化工具创建表结构，也可以利用 SQL 命令来创建表结构，本章主要介绍利用表设计器创建表结构的方法。打开表设计器的方式有以下几种。

1）菜单方式

（1）执行"文件"→"新建"菜单命令，或单击常用工具栏中的"新建"按钮，打开"新建"对话框，如图 3-1 所示。

（2）选择"表"单选按钮，单击"新建文件"按钮，打开"创建"对话框，如图 3-2 所示。

（3）在"创建"对话框中，选择保存位置，输入表文件名，然后单击"保存"按钮，打开表设计器，如图 3-3 所示，在"表设计器"对话框中，输入所需字段，然后单击"确定"按钮。

【例 3-1】　使用菜单方式打开表设计器，创建"学生"表结构。

操作步骤：

（1）按照上述方法中（1）、（2）步骤，打开"创建"对话框。

49

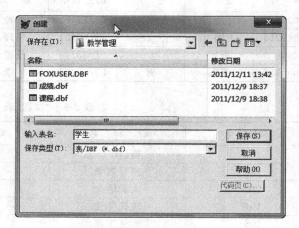

图 3-1　"新建"对话框　　　　　　　　　　图 3-2　"创建"对话框

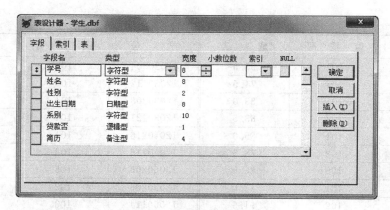

图 3-3　"表设计器"对话框

(2) 在"创建"对话框中,选择保存位置"D:\教学管理",输入表文件名"学生.dbf",然后单击"保存"按钮,打开表设计器。

(3) 在"表设计器"对话框中,按表 3-1"学生"表结构的要求逐个输入所需字段的字段名、类型、宽度、小数位数、是否为空等,然后单击图 3-3 中的"确定"按钮。

(4) 系统弹出如图 3-6 所示的提示框询问是否现在输入记录,单击"否"按钮,待以后再输入记录,也可单击"是"按钮,立即输入记录。

2) 命令方式

命令格式:**CREATE** [<表文件名>]

功能:打开表设计器,创建表结构。如果省略<表文件名>,则会弹出"创建"对话框要求输入数据表名称。

注意:(1) 表文件名可以由字母、数字或下划线组成,系统自动给出扩展名.dbf。

(2) 当表中有备注型或通用型字段时,系统会自动生成与表主名相同的备注文件,扩展名为.fpt。

【例 3-2】 使用 CREATE 命令按表 3-2 中"课程"表结构的要求创建课程表,如图 3-4 所示。可以使用以下 3 种方法之一:

```
CREATE                    && 打开"创建"对话框,以后步骤同例 3-1 中的(2)、(3)、(4)
CREATE 课程               && 在当前路径下创建"课程.dbf"的表结构
CREATE D:\教学管理\课程   && 在"D:\教学管理"文件夹中创建名为"课程"的表结构
```

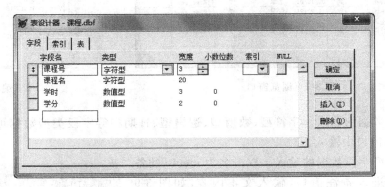

图 3-4 "课程"表结构

3) 项目管理器方式

在项目管理器"全部"选项卡中,选择"自由表"选项,单击"新建"按钮,创建一个属于项目的自由表,如图 3-5 所示。

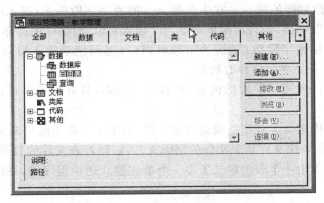

图 3-5 "项目管理器"窗口

3.1.2 输入记录

在如图 3-6 所示的提示框中,单击"是"按钮,立即进入数据输入窗口,向数据表中输入数据。

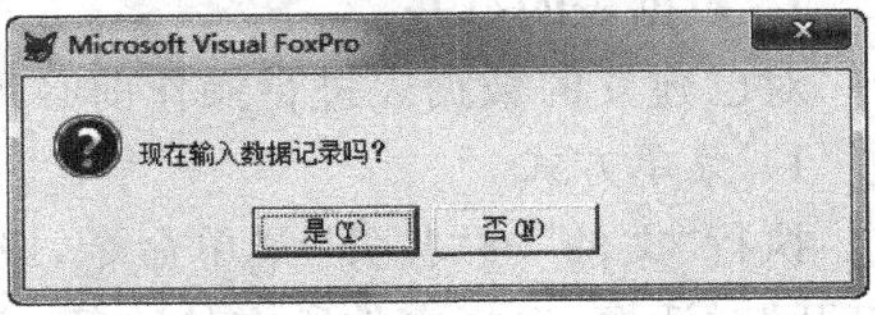

表记录有浏览和编辑两种窗口显示模式,浏览窗口一条记录占一行,编辑窗口一个字段占一行,如图 3-7 和图 3-8 所示。利用"显示"→"浏览"或"显示"→"编辑"菜单命令,进行"浏览"或"编辑"窗口的切换。

图 3-6 输入记录提示框

Visual FoxPro 6.0 数据表及其操作

图 3-7　浏览窗口　　　　　　　　　　　　　图 3-8　编辑窗口

（1）一般数据的输入。字符型、数值型、逻辑型、日期型等字段类型数据可以直接在浏览窗口或编辑窗口中输入。

（2）备注型字段数据的输入。双击名为 memo 的备注字段标志，进入备注窗口，输入文本内容，如图 3-9 所示。

图 3-9　备注型字段输入窗口

输入编辑好备注型字段数据后，关闭备注编辑窗口，返回记录输入窗口，备注型字段中的 memo 改变为 Memo，表示该字段已存有数据。

（3）通用型字段数据的输入。双击名为 gen 的通用字段标志，进入通用型字段输入编辑窗口，执行"编辑"→"插入对象"菜单命令，在"插入对象"对话框中选择插入 OLE 对象。

输入编辑好通用型字段数据后，关闭编辑窗口，返回记录输入窗口，通用型字段中的 gen 改变为 Gen，表示该字段已存有数据。

要删除备注字段或通用字段的内容，可双击字段名，打开编辑窗口，执行"编辑"→"清除"菜单命令。

如果在数据表中定义了备注型或通用型字段，系统会自动生成与表文件名相同、扩展名为 fpt 的备注文件。备注文件是表文件的辅助文件，它随着表文件的打开而打开，随着表文件的关闭而关闭。无论一个表中定义了多少个备注型或通用型字段，系统只生成一个备注文件。

3.2　数据表的浏览

3.2.1　数据表的打开与关闭

1. 数据表的打开
对已建立的数据表进行操作前必须先打开表，打开表文件有菜单和命令两种方式。

1）菜单方式

执行"文件"→"打开"菜单命令，或单击工具栏上的"打开"按钮，出现如图 3-10 所示的"打开"对话框，选择文件所在的路径、文件类型(.dbf)和文件名，单击"确定"按钮。例如打开学生表后，状态栏会显示学生表部分信息。

图 3-10 "打开"对话框

2) 命令方式

命令格式：USE <表文件名> [EXCLUSIVE | SHARED]

功能：打开指定的表文件。

说明：

（1）<表文件名>可以省略扩展名.dbf。

（2）[EXCLUSIVE | SHARED]为可选项，EXCLUSIVE 表示以独占方式打开表文件，SHARED 表示以共享方式打开表文件。Visual FoxPro 6.0 在默认状态下以独占方式打开。当要修改表结构或物理删除表中记录时，必须以独占方式打开表文件。

（3）一个工作区一次只能打开一个表文件。若已有一个表文件被打开，则打开另一个表文件时会自动关闭已打开的前一个表文件。

例如：

USE D:\教学管理\学生
USE D:\教学管理\课程 SHARED　　&& 以共享方式打开课程表

2. 数据表的关闭

1) 菜单方式

选择"文件"→"关闭"菜单命令不能关闭表文件，只能关闭当前活动窗口。关闭表文件的操作方法是：选择"窗口"→"数据工作期"菜单命令，在弹出的"数据工作期"窗口中单击"关闭"按钮关闭表文件，如图 3-11 所示。

2) 命令方式

命令格式 1：USE

功能：关闭当前表文件及其索引文件。

命令格式 2：CLOSE [ALL|DATABASE]

功能：关闭各种类型文件。其中，CLOSE ALL 表示关闭所有工作区中的所有文件，并选择工作区 1 为当前工作区。它不能关闭下列窗口：Command、Debug、Desk Accessories；CLOSE DATABASE 表示关闭打开的所有表文件、索引文件、备注文件、格式文件并选择工作区 1 为当前工作区。

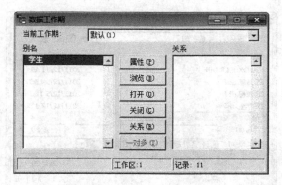

图 3-11　"数据工作期"窗口

3.2.2　数据表的浏览

1. 浏览与显示表结构

1）浏览表结构

对已建立的表可通过打开"表设计器"查看其结构，可以使用下列两种操作方法。

（1）菜单操作方式。执行"文件"→"打开"菜单命令，打开要浏览的表，执行"显示"→"表设计器"菜单命令，打开表设计器。

（2）项目管理器方式。打开项目管理器，选择"数据"选项卡，展开至表项，选定要浏览的表，单击"修改"按钮或双击该表，打开相应的表设计器。

2）显示表结构

使用 LIST 或 DISPLAY 命令可以在主窗口中显示当前数据表的结构。

命令格式：**LIST|DISPLAY STRUCTURE**

功能：显示当前表文件的结构。

说明：LIST 命令用于连续显示，DISPLAY 命令用于分页显示。执行该命令后，将显示文件名、记录个数、更新日期，以及各个字段的名称、类型、宽度、小数位数等内容。

【例 3-3】　用命令方式打开"学生"表文件，并显示表结构，然后关闭文件。

```
USE D:\教学管理\学生.dbf
LIST STRUCTURE
USE
```

显示结果如图 3-12 所示。

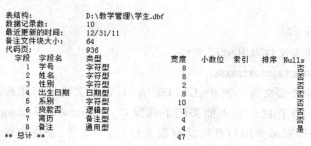

图 3-12　LIST STRUCTURE 命令显示结果

2. 浏览与显示记录

1）在浏览窗口中浏览记录

（1）菜单方式。执行"文件"→"打开"菜单命令，打开要浏览的表。然后选择"显示"→"浏览"菜单命令，出现如图 3-7 所示的窗口，即可浏览表文件中的记录。

对于备注型字段或通用型字段内容，可以在浏览窗口中双击相应的字段标志 Memo 或 Gen，打开编辑窗口浏览。

（2）项目管理器。打开项目管理器，选择"数据"选项卡，展开至表项，选定要浏览的表，单击"浏览"按钮，打开浏览窗口。

（3）命令方式

命令格式：**BROWSE**

功能：打开浏览窗口，显示当前数据表中的记录。

说明：使用 BROWSE 命令时，数据表必须处于打开状态。

【例 3-4】 用命令方式打开"学生"表，在浏览窗口中浏览表记录，并关闭表文件。

```
USE D:\教学管理\学生.dbf
BROWSE
USE
```

2）在浏览窗口中有选择地浏览记录

（1）菜单方式。打开浏览窗口，执行"表"→"属性"菜单命令，在"工作区属性"对话框的"数据过滤器"文本框中输入筛选条件，如图 3-13 所示，可以只显示满足筛选条件的记录。删除筛选表达式，可恢复显示所有记录。

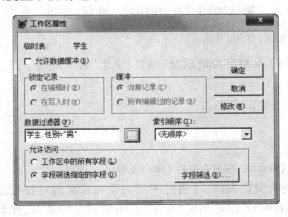

图 3-13 "工作区属性"对话框

【例 3-5】 按图 3-13 设置筛选条件，浏览"学生"表中所有男生的记录，然后恢复显示所有记录。

在"工作区属性"对话框中，选择"字段筛选指定的字段"单选按钮，单击"字段筛选"按钮，在"字段选择器"对话框中选择要显示内容的字段；选择"工作区中的所有字段"单选按钮，可取消对字段访问的限制，恢复显示所有字段。

【例 3-6】 按图 3-14 在"字段选择器"对话框中选择字段，显示"学生"表中所有男生的学号、姓名和系别，然后恢复显示所有字段。

Visual FoxPro 6.0 数据表及其操作

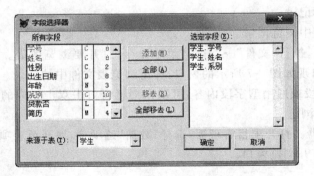

图 3-14 "字段选择器"对话框

(2) 命令方式 1

设置数据过滤器：**SET FILTER TO** [<条件表达式>]

设置字段过滤器：**SET FIELDS TO ALL** | <字段名表>

【例 3-7】 用命令方式浏览"学生"表中所有男生的记录。

```
SET FILTER TO 性别 = "男"
BROWSE
```

【例 3-8】 取消例 3-7 中的记录筛选，浏览所有学生的记录。

```
SET FILTER TO
BROWSE
```

【例 3-9】 用命令方式浏览"学生"表中的学号、姓名、性别和系别。

```
SET FIELDS TO 学号,姓名,性别,系别
```

【例 3-10】 取消例 3-9 对字段的限制，浏览"学生"表中所有字段。

```
SET FIELDS TO ALL
BROWSE
USE
```

(3) 命令方式 2

命令格式：**BROWSE** [**FIELDS** <字段名表>] [**FOR** <条件>]

功能：用来打开表的浏览窗口，可通过不同的子句来实现对特定记录的浏览。

【例 3-11】 用 BROWSE 命令浏览"学生"表中男同学的学号、姓名和出生日期。

```
USE D:\教学管理\学生.dbf
BROW FIELDS 学号,姓名,出生日期 FOR 性别 = "男"
USE
```

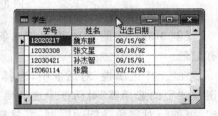

显示结果如图 3-15 所示。

3) 显示记录

使用 LIST 或 DISPLAY 命令可以在主窗口中显示记录内容。

图 3-15 例 3-11 显示结果

命令格式：**DISPLAY|LIST [OFF] [<范围>] [FIELDS <字段名表>] [WHILE <条件>] [FOR <条件>] [TO PRINT|TO FILE <文件名>]**

功能：显示当前表文件中指定范围满足条件记录的指定字段的内容。

说明：

（1）范围子句指明在哪些记录范围内执行命令，可选值包括：

RECORD < N >　　　　　　表示指定第 N 个记录。

NEXT < N >　　　　　　　表示从当前记录开始的 N 个记录。

REST　　　　　　　　　　从当前记录开始到文件末尾的所有记录。

ALL　　　　　　　　　　　全部记录。

（2）FIELDS<字段名表>指明对数据表中执行命令的字段，字段名之间用逗号分隔。如省略该子句，表示对记录中的所有字段执行命令。

（3）[FOR 条件] [WHILE<条件>]子句表示仅对符合条件的记录执行命令操作，WHILE 子句遇到第一个不符合条件的记录时结束命令的执行，WHILE 子句优先于 FOR 子句。条件子句缺省时表示对所有记录执行命令操作。

（4）LIST 以滚动方式输出，在范围省略时默认显示所有记录；DISPLAY 以分屏方式输出，在范围省略时默认显示当前记录。

（5）选择 OFF 选项，将不显示记录号，否则显示记录号。

【例 3-12】 显示"学生"表中当前记录的信息。

```
USE D:\教学管理\学生.dbf
DISPLAY
USE
```

显示结果如图 3-16 所示。

【例 3-13】 显示"学生"表中所有计算机系学生的学号、姓名、系别和贷款否信息。

```
USE D:\教学管理\学生.dbf
LIST FIELDS 学号,姓名,系别,贷款否 FOR 系别 = "计算机"
USE
```

显示结果如图 3-17 所示。

记录号	学号	姓名	性别	出生日期	系别	贷款否	简历	备注
1	12010203	马丽	女	07/12/92	中文	.F.	Memo	gen

图 3-16　DISPLAY 命令显示结果

记录号	学号	姓名	系别	贷款否
3	12020217	魏东鹏	计算机	.T.
4	12020304	钱悦	计算机	.F.

图 3-17　LIST 命令显示结果

3.2.3　表记录指针的定位

1. 记录指针

记录指针用来存放数据表中记录的记录号，被记录指针指向的记录为当前记录。打开数据表时，记录指针总是指向首记录，通过移动记录指针可以指定当前要操作的记录。

当前记录指针所指记录号通过函数 RECNO() 测出。若记录指针指向文件头，此时，函数 RECNO() 的值仍为 1，函数 BOF() 的值为 .T.；若记录指针指向文件尾，此时，函数

Visual FoxPro 6.0 数据表及其操作

RECNO()的值为最大记录号加 1,函数 EOF()的值为. T. 。

2. 移动记录指针

1) 绝对定位

命令格式：**GO [TO] [RECORD] <数值表达式>|TOP|BOTTOM**

功能：将当前表文件的记录指针定位到指定记录号的记录上。

说明：<数值表达式>选项代表所要定位记录的记录号；TOP 选项表示将当前表文件的记录指针定位到第一个记录；BOTTOM 选项表示将当前表文件的记录指针定位到最后一个记录。

【例 3-14】 用命令方式定位并显示"学生"表的指定记录。

```
USE D:\教学管理\学生
DISPLAY
GO 5
DISPLAY
GO BOTTOM
DISPLAY
GO TOP
DISPLAY
USE
```

显示结果如图 3-18 所示。

记录号	学号	姓名	性别	出生日期	系别	贷款否	简历	备注
1	12010203	马丽	女	07/12/92	中文	.F.	Memo	gen
记录号	学号	姓名	性别	出生日期	系别	贷款否	简历	备注
5	12030112	金娟娟	女	06/24/92	法律	.F.	Memo	gen
记录号	学号	姓名	性别	出生日期	系别	贷款否	简历	备注
10	12060114	张震	男	03/12/93	数学	.F.	Memo	gen
记录号	学号	姓名	性别	出生日期	系别	贷款否	简历	备注
1	12010203	马丽	女	07/12/92	中文	.F.	Memo	gen

图 3-18 绝对定位记录指针显示结果

2) 相对定位

命令格式：**SKIP [<数值表达式>]**

功能：将记录指针从当前位置向前或向后移动若干条记录位置。

说明：数值表达式为正值则向后移动,为负值则向前移动,缺省则向后移动 1 个位置。

【例 3-15】 使用 SKIP 命令移动"学生"表的记录指针。

```
USE D:\教学管理\学生
SKIP 6
DISPLAY
SKIP - 2
DISPLAY
USE
```

显示结果如图 3-19 所示。

3) 条件定位

命令格式：**LOCATE FOR <条件> [范围]**

功能：在当前数据表的指定范围内查找满足条件的第一条记录。

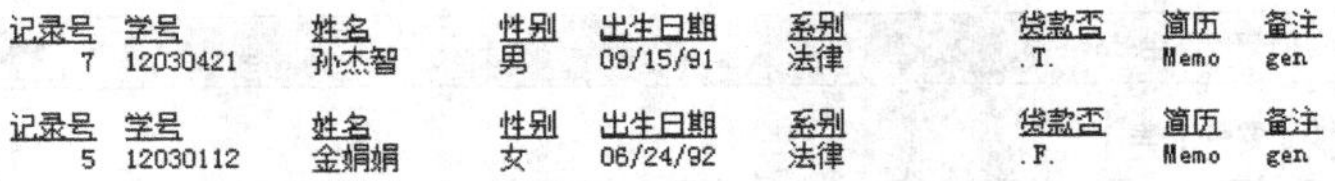

记录号	学号	姓名	性别	出生日期	系别	贷款否	简历	备注
7	12030421	孙杰智	男	09/15/91	法律	.T.	Memo	gen

记录号	学号	姓名	性别	出生日期	系别	贷款否	简历	备注
5	12030112	金娟娟	女	06/24/92	法律	.F.	Memo	gen

图 3-19　相对定位记录指针显示结果

说明：

（1）如果找到满足指定条件的记录，则记录指针指向该记录。如果没有查找到，则记录指针指向表文件的结束位置。可以使用 FOUND（）函数测试是否找到满足条件的记录。

（2）FOR＜条件＞是必选项，如果要使指针指向下一个满足条件的记录，可以使用命令CONTINUE。

【例 3-16】　打开"学生"表，执行下列命令。

```
USE D:\教学管理\学生
LOCATE FOR 系别 = "法律"
DISPLAY FIELDS 学号,姓名,性别,系别
CONTINUE                  && 继续查找下一个满足条件的记录
?FOUND()                  && 测试是否找到系别是"法律"的记录
DISPLAY FIELDS 学号,姓名,性别,系别
USE
```

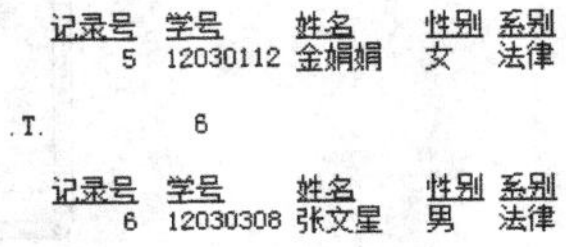

显示结果如图 3-20 所示。

4）菜单操作定位记录

操作方法：打开数据表浏览窗口，选择"表"→"转到记录"菜单命令定位记录指针。

记录号	学号	姓名	性别	系别
5	12030112	金娟娟	女	法律

.T.　　　6

记录号	学号	姓名	性别	系别
6	12030308	张文星	男	法律

图 3-20　条件定位记录指针显示结果

3.3　数据表的维护

3.3.1　修改表结构

修改表结构包括增加或删除字段，修改字段名、类型、宽度、小数位数、是否为空，增加、删除或修改索引等，可以利用表设计器修改表结构。有菜单和命令两种操作方式。

1. 用菜单方式修改表结构

打开要修改结构的表文件，选择"显示"→"表设计器"菜单命令，在"表设计器"对话框中对字段进行修改。

【例 3-17】　为"学生"表添加一个"年龄"字段，字段名为年龄，字段类型为数值型，字段宽度为 2。

操作步骤如下：

（1）打开"学生"表文件，选择"显示"菜单中的"表设计器"命令，打开"表设计器"对话框，如图 3-21 所示。

（2）选择"系别"字段，单击"插入"按钮，在"系别"字段前插入一个新字段，在新字段处输入字段名、字段类型、字段宽度，单击"确定"按钮。

Visual FoxPro 6.0数据表及其操作

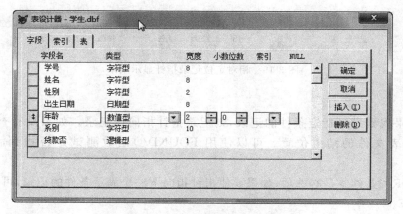

图 3-21　在"表设计器"中增加年龄字段

（3）在弹出的如图 3-22 所示提示框中单击"是"按钮。添加了"年龄"字段后的"学生"表如图 3-23 所示。

图 3-22　结构更改消息框

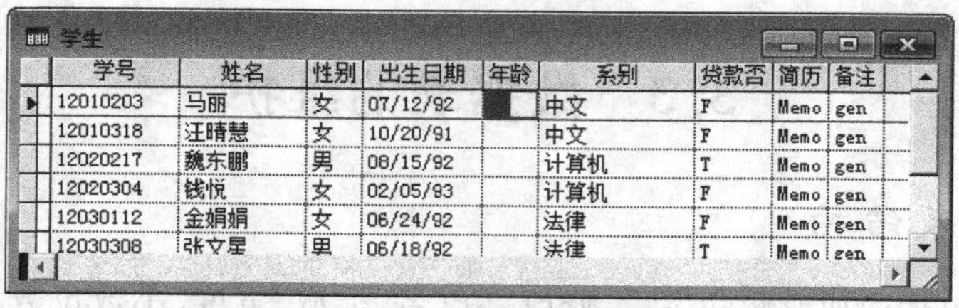

图 3-23　添加"年龄"字段后的"学生"表

2. 用命令方式修改表结构

命令格式：`MODIFY STRUCTURE`

功能：打开当前表的表设计器修改表结构。

【例 3-18】　用 MODIFY 命令修改"学生"表结构，增加"成绩"字段。字段名为成绩，字段类型为数值型，字段宽度为 4。

命令如下：

```
USE D:\教学管理\学生
MODIFY STRUCTURE
USE
```

执行 MODIFY STRUCTURE 后,在弹出的"表设计器"对话框中添加"成绩"字段,如图 3-24 所示。

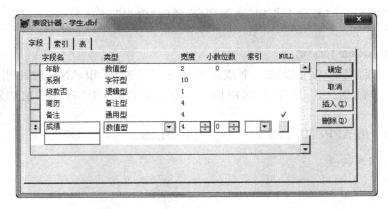

图 3-24 增加"成绩"字段

3.3.2 添加记录

1. 在浏览窗口中追加记录

如果设计好表结构后没有立即输入数据,则可以用追加方式添加记录。

1)菜单方式

打开浏览窗口,选择"显示"→"追加方式"菜单命令,可以在原有记录的后面追加多条新记录;选择"表"→"追加新记录"菜单命令,每次只能添加一条新记录。菜单命令如图 3-25 所示。

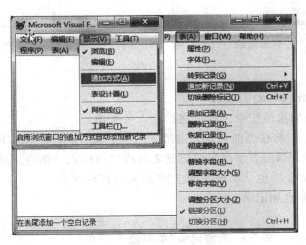

图 3-25 追加记录菜单命令

【例 3-19】 用菜单方式为"课程"表追加记录。

操作步骤如下:

(1)选择"文件"→"打开"菜单命令,打开"D:\教学管理\课程.dbf"。

（2）选择"显示"→"浏览"菜单命令，打开浏览窗口，单击"显示"→"追加方式"菜单命令，在"浏览"窗口中输入所需记录，如图3-26所示。

（3）选择"窗口"→"数据工作期"菜单命令，关闭"课程"表。

2）命令方式

命令格式：`APPEND [BLANK]`

功能：在当前表的末尾添加一个或多个新记录。没有 BLANK 时相当于"显示"→"追加方式"菜单命令。有 BLANK 时添加一个空记录，相当于"表"→"追加新记录"菜单命令。

【例3-20】 用 APPEND 命令为"学生"表追加记录。

```
USE D:\教学管理\学生
APPEND
USE
```

执行 APPEND 后出现如图3-27所示的编辑窗口。

图3-26 追加记录

图3-27 APPEND命令追加窗口

2. 插入记录

命令格式：`INSERT [BLANK] [BEFORE]`

功能：在数据表的当前记录之前或之后插入一条记录。

说明：BEFORE 表示在当前记录之前插入一条记录，没有 BEFORE 表示在当前记录之后插入一条记录。BLANK 表示在当前记录之前或之后插入一条空记录。

执行 INSERT 命令后也会出现如图3-27所示的编辑窗口。

3. 从其他文件中追加记录

1）菜单方式

打开浏览窗口，选择"表"→"追加记录"菜单命令。

【例3-21】 在"D:\教学管理"文件夹中新建"学生1"表的结构，用菜单命令将"学生"表中的系别为计算机的记录追加到"学生1"表中。

操作步骤如下：

（1）按表3-1的要求在"D:\教学管理"文件夹中建立"学生1"表的结构。

（2）选择"显示"→"浏览"菜单命令，打开浏览窗口。

（3）选择"表"→"追加记录"菜单命令，出现"追加来源"对话框，选择源文件的类型，输入或选择源文件的路径和文件名"D:\教学管理\学生.dbf"，如图3-28所示。

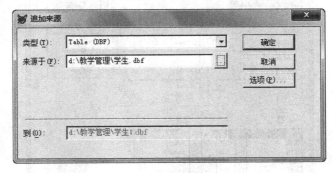

图3-28　"追加来源"对话框

（4）单击对话框中的"选项"按钮，打开如图3-29所示的"追加来源选项"对话框，单击"字段"按钮，在弹出的"字段选择器"对话框中选择需要添加的字段，如图3-30所示。

图3-29　"追加来源选项"对话框

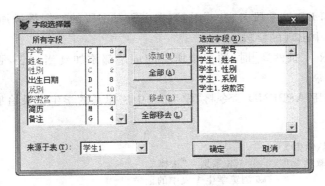

图3-30　"字段选择器"对话框

（5）单击"追加来源选项"对话框中的For按钮，在打开的"表达式生成器"对话框中输入条件表达式：系别="计算机"，如图3-31所示。返回如图3-28所示的对话框，单击"确定"按钮。浏览结果如图3-32所示。

（6）选择"窗口"→"数据工作期"菜单命令，关闭"学生1"表。

2）命令方式

命令格式：**APPEND FROM** <源表文件名> [**FIELDS** <字段名表>] [**FOR** <条件>]

功能：将满足条件的记录按指定的字段从源表文件中追加到当前数据表的末尾。

Visual FoxPro 6.0数据表及其操作

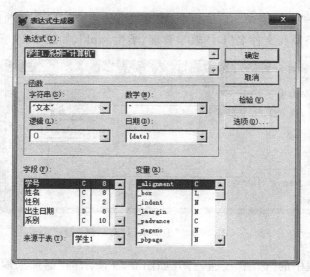

图 3-31 “表达式生成器”对话框

学号	姓名	性别	出生日期	系别	贷款否	简历	备注
12020217	魏东鹏	男	08/15/92	计算机	T	Memo	gen
12020304	钱悦	女	02/05/93	计算机	F	Memo	gen

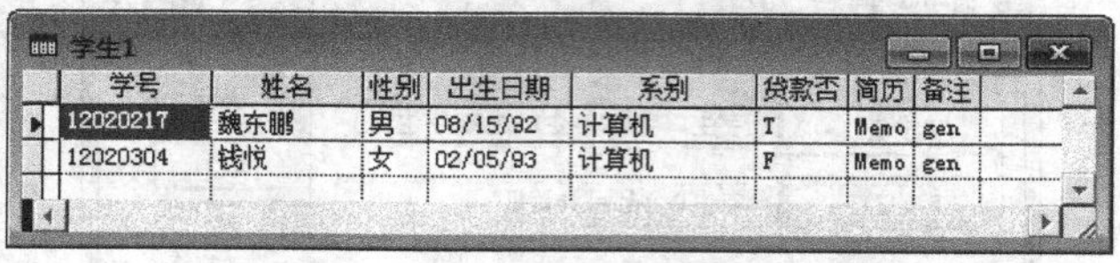

图 3-32 追加记录后的学生 1 表

说明：

(1) 不选[FIELDS ＜字段名表＞]时，源表中所有字段的数据都添加到当前表，否则只添加＜字段名表＞中出现的字段。

(2) 不选[FOR ＜条件＞]时，源表中所有的记录都添加到当前表，否则只添加源表中满足＜条件＞的记录。

【例 3-22】 使用 APPEND 命令将“学生”表中法律系的学生记录追加到“学生 1”表中。

命令如下：

```
USE D:\教学管理\学生 1
APPEND FROM D:\教学管理\学生 FOR 系别 = "法律"
BROWSE 学生 1                   && 浏览学生 1 表中的记录
```

追加后“学生 1”表信息如图 3-33 所示。

学号	姓名	性别	出生日期	系别	贷款否	简历	备注
12020217	魏东鹏	男	08/15/92	计算机	T	Memo	gen
12020304	钱悦	女	02/05/93	计算机	F	Memo	gen
12030112	金娟娟	女	06/24/92	法律	F	Memo	gen
12030308	张文星	男	06/18/92	法律	F	Memo	gen
12030421	孙杰智	男	09/15/91	法律	F	Memo	gen

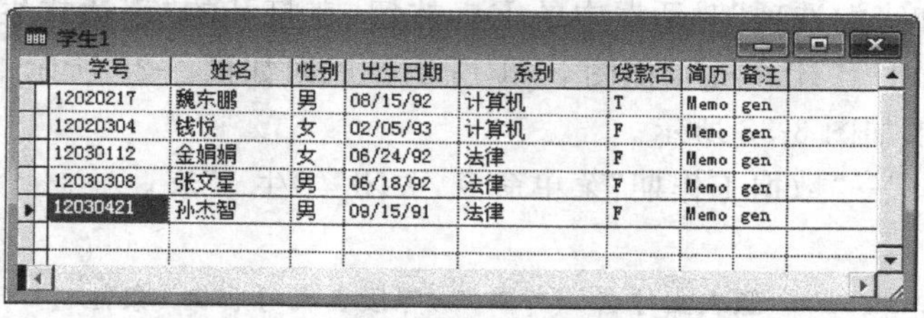

图 3-33 例 3-22 的追加结果

3.3.3 编辑记录

1. 在浏览或编辑窗口中编辑记录

1) 菜单方式

打开表文件,选择"显示"→"浏览"或"编辑"菜单命令,打开浏览或编辑窗口,直接修改字段值,关闭窗口,所做的修改将自动保存在表文件中。备注型或通用型字段的内容,可以双击相应的字段标志"Memo"或"Gen",打开编辑窗口进行编辑或修改。

2) 命令方式

命令格式 1:BROWSE [FIELDS <字段名表>] [FREEZE <字段名>]
        [NOAPPEND] [NOMODIFY] [FOR <条件>]

功能:打开浏览窗口,修改当前表给定范围内满足条件记录的指定字段值。

说明:

(1) FIELDS <字段名表>指明在浏览窗口中出现的字段。如省略该选项,表示可以显示编辑所有字段。

(2) FOR <条件>使浏览窗口中仅显示符合条件的记录,省略时表示对所有记录执行命令操作。

(3) FREEZE 使光标冻结在指定字段,以便只能修改该字段而不能修改其他字段的值。

(4) NOAPPEND 表示禁止向表中追加记录。

(5) NOMODIFY 表示禁止修改或删除表中的记录。

命令格式 2:EDIT|CHANGE [<范围>][FIELDS <字段名表>][FOR <条件>]

功能:在编辑窗口中修改当前表给定范围内满足条件记录的指定字段值。

【例 3-23】 用 BROWSE、EDIT、CHANGE 命令打开浏览或编辑窗口修改"学生"表中所有记录的学号、姓名和出生日期字段的值。

```
USE D:\教学管理\学生
BROWS FIELDS 学号,姓名,出生日期
```



```
EDIT FIELDS 学号,姓名,出生日期
```



```
CHANGE FIELDS 学号,姓名,出生日期
USE
```

2. 批量修改记录

1) 菜单方式

选择"表"→"替换字段"菜单命令,在"替换字段"对话框中选择待替换的字段并给出替换表达式及替换条件,然后进行替换。

【例 3-24】 将"学生"表中所有系别为"计算机"的记录系别名替换为"计算机应用"。

操作步骤如下:

(1) 打开学生表,选择"显示"→"浏览"菜单命令,打开浏览窗口。

(2) 选择"表"→"替换字段"菜单命令,在"替换字段"对话框中进行如图 3-34 所示的设

置。替换后的效果如图 3-35 所示。

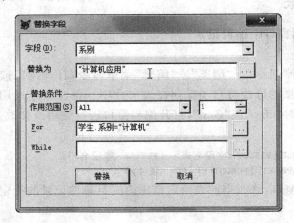

图 3-34　在"替换字段"对话框替换字段和条件

学生

学号	姓名	性别	出生日期	系别	贷款否	简历	备注
12010203	马丽	女	07/12/92	中文	F	Memo	gen
12010318	汪晴慧	女	10/20/91	中文	F	Memo	gen
12020217	魏东鹏	男	08/15/92	计算机应用	T	Memo	gen
12020304	钱悦	女	02/05/93	计算机应用	F	Memo	gen
12030112	金娟娟	女	06/24/92	法律	F	Memo	gen
12030308	张文星	男	06/18/92	法律	T	Memo	gen
12030421	孙杰智	男	09/15/91	法律	T	Memo	gen
12040216	韦国兰	女	11/22/91	管理	T	Memo	gen
12050206	王敏	女	01/26/93	旅游	F	Memo	gen
12060114	张震	男	03/12/93	数学	F	Memo	gen

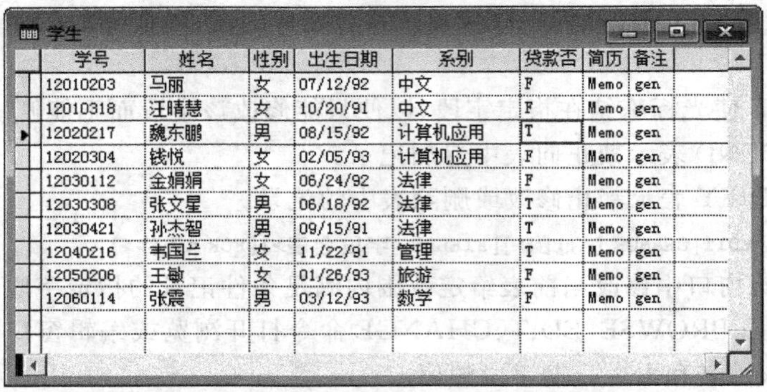

图 3-35　替换后的效果

2) 命令方式

命令格式：**REPLACE 字段名 1 [范围] WITH 表达式 1 [ADDITIVE][,字段名 2 WITH 表达式 2 [ADDITIVE]…] [FOR <条件>]**

功能：对当前表中指定范围内满足条件的记录进行批量修改。

说明：

(1) REPLACE 命令可以同时修改多个字段的值。

(2) ADDITIVE 选项只适用于修改备注型字段，表示将表达式的值添加在原备注内容的后面。

(3) 若省略[FOR＜条件＞]时，则对指定范围记录进行修改；若省略[范围]选项时，则对表中所有满足条件的记录进行替换；若同时缺省[FOR＜条件＞]和[范围]时，则仅对当前记录进行修改。

【例 3-25】 用 REPLACE 命令将"学生"表中所有系别为"管理"的记录系别名替换为"经济管理"。

```
USE D:\教学管理\学生
```

```
REPLACE ALL 系别 WITH "经济管理" FOR 系别 = "管理"
DISPLAY ALL
```

【例 3-26】 计算"学生"表中所有记录的年龄字段的值。

```
USE D:\教学管理\学生
REPLACE ALL 年龄 WITH YEAR(DATE()) - YEAR(出生日期)
DISPLAY ALL
USE
```

计算后的结果如图 3-36 所示。

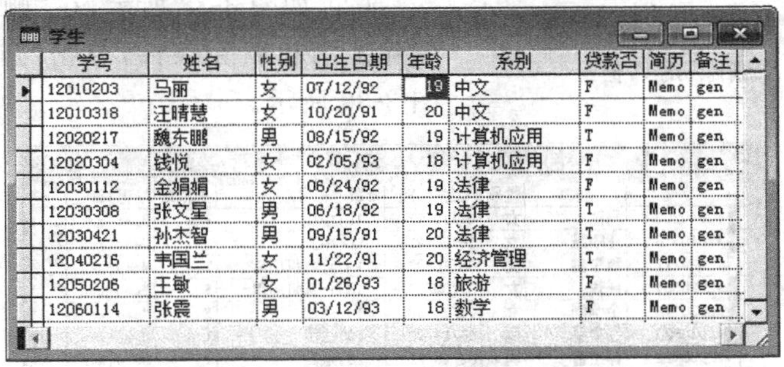

图 3-36 REPLACE 命令的结果

3.3.4 删除记录

在 VFP 中,删除记录包括逻辑删除和物理删除两种。逻辑删除只给记录加上删除标记,并没有从表中将其清除,需要时还可以恢复,而物理删除则是从表文件中清除记录,不可以再恢复。

1. 逻辑删除记录

逻辑删除记录有以下三种方法。

1) 鼠标操作

打开表文件,在浏览窗口中,单击要逻辑删除的记录第一个字段左侧的白色方框使之变黑,表示此记录已被逻辑删除了,如图 3-37 所示。

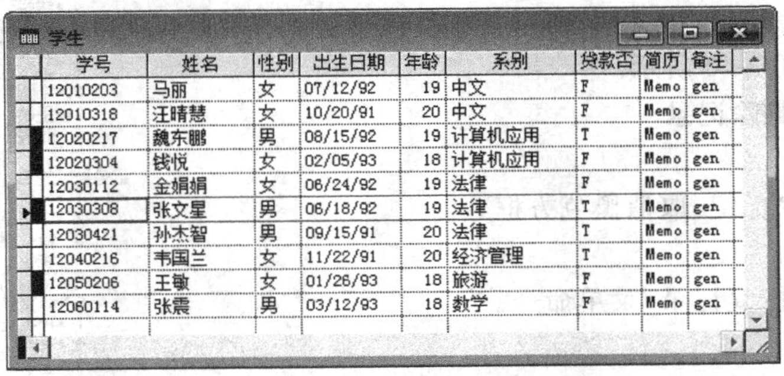

图 3-37 用鼠标操作逻辑删除记录

Visual FoxPro 6.0 数据表及其操作

2) 菜单方式

打开浏览窗口,选择"表"→"删除记录"菜单命令,在"删除"对话框中选择删除范围和删除条件,单击"删除"按钮,即进行了逻辑删除。

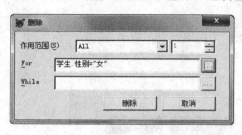

图 3-38 "删除"对话框

【例 3-27】 逻辑删除"学生"表中女同学的记录。

操作步骤如下:

(1) 打开"学生"表,显示浏览窗口,选择"表"→"删除记录"菜单命令。

(2) 如图 3-38 所示,在"删除"对话框中设置删除范围和删除条件,单击"删除"按钮,结果如图 3-39 所示。

学号	姓名	性别	出生日期	年龄	系别	货款否	简历	备注
12010203	马丽	女	07/12/92	19	中文	F	Memo	gen
12010318	汪晴慧	女	10/20/91	20	中文	F	Memo	gen
12020217	魏东鹏	男	08/15/92	19	计算机应用	T	Memo	gen
12020304	钱悦	女	02/05/93	19	计算机应用	F	Memo	gen
12030112	金娟娟	女	06/24/92	19	法律	F	Memo	gen
12030308	张文星	男	06/18/92	19	法律	F	Memo	gen
12030421	孙杰智	男	09/15/91	20	法律	T	Memo	gen
12040216	韦国兰	女	11/22/91	20	经济管理	T	Memo	gen
12050206	王敏	女	01/26/93	18	旅游	F	Memo	gen
12060114	张震	男	03/12/93	18	数学	F	Memo	gen

图 3-39 逻辑删除结果

3) 命令方式

命令格式 1:DELETE [范围] [FOR 条件]

功能:对当前表中指定范围内满足条件的记录加上删除标记,默认范围是当前记录。

【例 3-28】 用 DELETE 逻辑删除"学生"表中法律专业的记录。

```
USE D:\教学管理\学生
LIST 姓名,性别,出生日期,系别
DELETE ALL FOR 系别 = "法律"
LIST 姓名,性别,出生日期,系别
USE
```

显示结果如图 3-40 所示。

2. 恢复逻辑删除记录

1) 鼠标操作

单击逻辑删除标记,取消黑色方框。

2) 菜单方式

选择"表"→"恢复记录"菜单命令。

3) 命令方式

命令格式:RECALL [<范围>] [FOR <条件>]

功能:取消当前表中指定记录上的删除标记,默认范围是当前记录。

记录号	姓名	性别	出生日期	系别
1	*马丽	女	07/12/92	中文
2	*汪晴慧	女	10/20/91	中文
3	魏东鹏	男	08/15/92	计算机
4	*钱悦	女	02/05/93	计算机
5	*金娟娟	女	06/24/92	法律
6	张文星	男	06/18/92	法律
7	孙杰智	男	09/15/91	法律
8	*韦国兰	女	11/22/91	经济
9	*王敏	女	01/26/93	旅游
10	张震	男	03/12/93	数学

记录号	姓名	性别	出生日期	系别
1	*马丽	女	07/12/92	中文
2	*汪晴慧	女	10/20/91	中文
3	魏东鹏	男	08/15/92	计算机
4	*钱悦	女	02/05/93	计算机
5	*金娟娟	女	06/24/92	法律
6	*张文星	男	06/18/92	法律
7	*孙杰智	男	09/15/91	法律
8	*韦国兰	女	11/22/91	经济
9	*王敏	女	01/26/93	旅游
10	张震	男	03/12/93	数学

图 3-40 DELETE 逻辑删除结果

【例 3-29】 用 RECALL 恢复例 3-27 和例 3-28 中逻辑删除的记录。

```
USE D:\教学管理\学生
RECALL ALL FOR 系别 = "法律" OR 性别 = "女"
LIST 姓名,性别,出生日期,系别
USE
```

记录号	姓名	性别	出生日期	系别
1	马丽	女	07/12/92	中文
2	汪晴慧	女	10/20/91	中文
3	魏东鹏	男	08/15/92	计算机
4	钱悦	女	02/05/93	计算机
5	金娟娟	女	06/24/92	法律
6	张文星	男	06/18/92	法律
7	孙杰智	男	09/15/91	法律
8	韦国兰	女	11/22/91	管理
9	王敏	女	01/26/93	旅游
10	张震	男	03/12/93	数学

图 3-41   RECALL 恢复逻
辑删除结果

显示结果如图 3-41 所示。

3. 物理删除记录

1) 菜单方式

选择"表"→"彻底删除"菜单命令,在提示框中单击"是"按钮,彻底删除加了逻辑删除标记的记录。

2) 命令方式

命令格式 1: `PACK [MEMO][DBF]`

功能:将所有带删除标记的记录从表中抹去,使其不能再恢复。

说明:DBF 不影响备注文件,MEMO 从备注文件中删除未使用空间。

命令格式 2: `ZAP`

功能:删除当前表中所有记录,只留下表的结构。相当于 DELETE ALL 与 PACK 连用,一旦执行,无法恢复,使用时一定要谨慎。

【例 3-30】 使用 APPEND 命令将"学生"表中所有记录追加到"学生 1"表中,物理删除"学生 1"表中的所有女学生记录。

命令如下:

```
USE D:\教学管理\学生 1
APPEND FROM D:\教学管理\学生
BROWSE
DELETE ALL FOR 性别 = "女"        && 标记要删除的记录
PACK                             && 彻底删除
USE
```

【例 3-31】 物理删除"学生 1"表中所有记录。

```
USE D:\教学管理\学生 1
DELETE ALL
PACK
```

或

```
ZAP
BROWSE
USE
```

3.3.5　复制数据表

1. 复制表文件

1) 菜单方式

打开要复制的文件,利用"文件"→"导出"菜单命令进行复制。

【例 3-32】 将"学生"表中所有男同学的学号、姓名、性别、出生日期、系别字段复制到 "D:\教学管理\学生备份.dbf"中。

操作步骤如下：

(1) 选择"文件"→"导出"菜单命令，打开"导出"对话框，如图 3-42 所示。

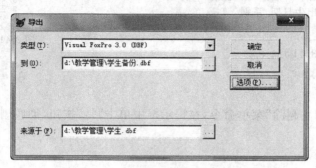

图 3-42 "导出"对话框

(2) 单击"来源于"后的浏览按钮，选择"D:\教学管理\学生.dbf"，然后单击"到"后的浏览按钮，选择"D:\教学管理\学生备份.dbf"。

(3) 单击"选项"按钮，在弹出的"导出选项"对话框中设置参数如图 3-43 所示。

(4) 单击"确定"按钮，则当前表文件和指定的记录和字段内容就被复制到目标位置。打开"D:\教学管理\学生备份.dbf"，浏览结果如图 3-44 所示。

图 3-43 "导出选项"对话框

图 3-44 复制结果

注意：用"导出"命令对数据表进行复制时，Visual FoxPro 系统会自动将表的备注文件(.fpt)一起复制。而在 Windows 的资源管理器中进行复制操作时，如果只复制表文件，忽略了表的备注文件，则复制以后的表文件不能打开，Visual FoxPro 系统会提示用户"缺少备注文件"。

2) 命令操作方式

命令格式：

COPY TO <文件名> [<范围>] [**FIELDS** <字段列表>] [**FOR** <条件>] [**WHILE** <条件>]

功能：将当前表中满足条件的记录和指定字段复制生成一个新的文件。

【例 3-33】 将"学生"表中所有中文系的学号、姓名、性别和系别复制到新的文件"中文系学生.dbf"中。

命令如下：

```
USE D:\教学管理\学生
COPY TO 中文系学生 FOR 系别 = "中文" FIELDS 学号,姓名,性别,系别
USE 中文系学生
LIST
USE
```

记录号	学号	姓名	性别	系别
1	12010203	马丽	女	中文
2	12010318	汪晴慧	女	中文

显示结果如图 3-45 所示。

图 3-45　中文系"学生"表的显示结果

2. 复制表的结构

命令格式：

COPY STRUCTURE TO <文件名> [FIELDS <字段列表>]

功能：将当前表的结构复制到新文件中。

【例 3-34】　利用"学生"表的结构,建立一个新的"学生贷款情况"表结构,其中包括学号、姓名、性别、系别、贷款否 5 个字段。

命令如下：

```
USE D:\教学管理\学生
COPY STRUCTURE TO D:\教学管理\学生贷款情况 FIELDS 学号,姓名,性别,系别,贷款否
USE D:\教学管理\学生贷款情况
LIST STRUCTURE
USE
```

3.3.6　数据表与数组之间数据的交换

1. 将表的当前记录复制到数组

命令格式：**SCATTER [FIELDS <字段名表>] [MEMO] TO <数组名>|MEMVAR**

功能：将数据表的当前记录按字段顺序复制到数组或内存变量中。MEMO 表示包括备注型字段的内容；MEMVAR 表示传递到一组内存变量中。

【例 3-35】　SCATTER 命令的应用。

```
USE D:\教学管理\学生
* 将第 1 条记录的姓名、性别和系别 3 个字段复制到数组 AA 中
SCATTER TO AA MEMO
GO 3
* 将第 3 条记录复制到数组 BB 中,包括备注型字段的内容
SCATTER FIELDS 姓名,性别,系别 TO BB
GO 5
* 将第 5 条记录复制到内存变量
SCATTER MEMVAR
DISPLAY MEMORY
USE
```

```
AA             (   1)    Pub    A        C        "马丽"
               (   2)                    C        "女"
               (   3)                    C        "中文"
BB             (   1)    Pub    A        C        "12020217"
               (   2)                    C        "魏东鹏"
               (   3)                    C        "男"
               (   4)                    D        08/15/92
               (   5)                    C        "计算机"
               (   6)                    L        .F.
学号                     Pub    C        C        "12030112"
姓名                     Pub    C        C        "金娟娟"
性别                     Pub    C        C        "女"
出生日期                 Pub    D        D        06/24/92
系别                     Pub    C        C        "法律"
贷款否                   Pub    L        L        .F.

已定义      8个变量,        占用了153个字节
1018个变量可用
```

图 3-46　SCATTER 命令的
执行结果

显示结果如图 3-46 所示。

2. 将数组复制到表的当前记录

命令格式：**GATHER FROM <数组名>|MEMVAR [FIELDS <字段名表>][MEMO]**

功能：将数组元素或同名内存变量的值顺序复制到当前记录的指定字段中。

Visual FoxPro 6.0数据表及其操作

说明：

（1）MEMVAR 表示将与指定字段同名的内存变量值复制到当前记录的指定字段，若无同名的内存变量，则该字段内容将不被复制。

（2）带 MEMO 选项表示可以将数组或内存变量的值复制到备注型字段，否则不对备注型字段复制。

（3）数组必须已经定义过，并且各元素类型与相应的字段类型相同。

【例 3-36】 GATHER 命令的应用。

```
USE D:\教学管理\学生
APPEND BLANK
* 将数组 AA 中的元素值复制到表的当前记录
GATHER FROM AA FIELDS 姓名,性别,系别
DISPLAY
APPEND BLANK
* 将与字段名同名的内存变量的值复制到当前记录
GATHER MEMVAR
DISPLAY
USE
```

显示结果如图 3-47 所示。

记录号	学号	姓名	性别	出生日期	系别	贷款否	简历	备注
11		马丽	女	/ /	中文	.F.	memo	gen

记录号	学号	姓名	性别	出生日期	系别	贷款否	简历	备注
12	12030112	金娟娟	女	06/24/92	法律	.F.	memo	gen

图 3-47　GATHER 命令的执行结果

3.4　数据表的排序与索引

数据表中记录的顺序一般都是以输入时的顺序排列的，Visual FoxPro 用记录号来标识。但很多情况下，用户都希望数据表的记录能够按照某种需要的顺序来显示或处理，如按照年龄的大小、成绩的高低等来排列记录。Visual FoxPro 中的排序和索引功能，可以重新组织数据表的记录顺序，使之与用户需要的顺序一致，以便快速进行检索。

3.4.1　数据表的排序

排序就是把数据表中的记录按照某个字段值的大小顺序重新排列，生成一个新数据表文件。用于排序依据的字段叫关键字，数据表排序用 SORT 命令来实现。

命令格式：**SORT ON <字段 1 >[/A|/D][/C][,<字段 2 >[/A|/D][/C] …] TO <新文件名>**
　　　　　　　　[FIELDS <字段名表>] [<范围>] [FOR <条件>] [WHILE <条件>]

功能：对当前工作区中打开的数据表文件按指定的关键字段排序，并将排序后的数据存放在指定<新文件名>中，此文件是数据表文件（.dbf）。

说明：

（1）ON 后所使用的排序字段只可以是字符型、数值型或日期型字段。

（2）本命令只能按字段值进行排序，不能按表达式的值进行排序。可进行多重排序，字

段 1 为主要排序关键字,字段 2 为次要关键字,以此类推。

(3)选项/A 表示升序排列,可省略;/D 表示降序排列;/C 表示按指定的字符型字段排序时,不区分字母的大小写。/C 可与/A 或/D 合用。

(4)范围省略默认为 ALL。

(5)最终结果产生一个新的数据表文件,源表文件记录顺序和数据内容不变。

【例 3-37】 将"学生"表中男生记录按出生日期升序排列,生成新的数据表文件"男生.dbf",存放在"D:\教学管理\"文件夹中。

```
USE D:\教学管理\学生
SORT TO D:\教学管理\男生 ON 出生日期/A FOR 性别 = "男"
USE D:\教学管理\男生
LIST ALL
USE
```

显示结果如图 3-48 所示。

图 3-48 "贷款学生"表中记录

3.4.2 数据表的索引

排序可以实现数据记录的有序排列,但由于排序结果表文件中的数据与源表数据有许多重复,造成数据大量冗余,并且随着记录的增加、删除和修改,使得数据又变为无序,需要重新排列。此外,经过一段时间后,排序结果表文件中的记录与源表记录可能不一致。使用索引可以解决上述问题。

1. 索引的概念

1)索引

索引是指按表文件中某个关键字或表达式建立记录的逻辑顺序,它借助于索引文件来实现。索引文件由指向表记录的指针构成,这些指针逻辑上按照索引关键字的值进行排序。索引文件和表文件分别存储,并且不改变表中记录的物理顺序。表文件中的记录被修改或删除时,索引文件可自动更新。

2)索引文件类型

Visual FoxPro 支持 3 种类型的索引文件。

(1)单索引文件。单索引文件(Index)的扩展名为.idx,它只包含一个索引;如果一个数据库文件需要多种索引顺序时,就得建立多个索引文件。

(2)结构复合索引文件。结构复合索引文件使用和表文件名相同的文件主名,文件的扩展名为.cdx,它可包含多个索引,每个索引都有一个索引标识,代表一种记录的逻辑顺序,可以看成表结构的一部分。在创建索引标识时自动创建,随数据表文件的打开而自动打开,在添加、更改或删除记录时自动维护。

(3)非结构复合索引文件。

非结构复合索引文件使用和表名不同的文件主名,文件的扩展名为.cdx。它不能随数

Visual FoxPro 6.0 数据表及其操作

据表文件的打开而打开，需要使用单独的打开命令。

3）索引关键字

索引关键字（索引表达式）是用来建立索引的一个字段或字段表达式。Visual FoxPro 中的索引关键字类型分为主索引、候选索引、唯一索引和普通索引 4 种。

（1）主索引。组成主索引关键字的字段或表达式，在表的所有记录中不能有重复的值。主索引只适用于数据库表的结构复合索引中。自由表中不可以建立主索引，数据库中的每个表可以且只能建立一个主索引。如果在任何已含有重复数据的字段中建立主索引，Visual FoxPro 将产生错误信息，如果一定要在这样的字段上建立主索引，则必须首先删除重复的字段值。

（2）候选索引。和主索引具有相同的特性，在指定的关键字段或表达式中不允许有重复值的索引。在数据库表和自由表中均可为每个表建立多个候选索引。

（3）普通索引。决定记录的处理顺序，它不仅允许字段中出现重复值，而且也允许索引项中出现重复值。在数据库表和自由表中均可为每个表建立多个普通索引。

（4）唯一索引。索引项的唯一，而不是字段值的唯一。它以指定字段的首次出现值为基础，选定一组记录，并对记录进行排序。参加索引的关键字段或表达式在表中可以有重复值，但在索引对照表中，具有重复值的记录仅存储其中的第一个。在数据库表和自由表中均可为每个表建立多个唯一索引。

2. 建立索引文件

在各种索引文件中，结构复合索引文件是 VFP 中最常用的，本节主要介绍结构复合索引的建立和使用。

1）在表设计器中建立索引

打开表文件，单击"显示"→"表设计器"菜单命令，在"表设计器"对话框中单击"索引"选项卡建立索引。

索引名可以默认为字段名，也可以自己命名，最多不能超过 10 个字符。索引表达式可以由单字段建立，也可以由多字段建立。用多个字段建立索引表达式时，索引表达式通常用字符串运算符"＋"将几个字段连接起来，当类型不同时，必须使用函数进行类型转换，使其具有相同的数据类型。

【例 3-38】 为"学生"表建立以"学号"为索引表达式的候选索引。

操作步骤如下：

（1）打开"学生"表文件，单击"显示"→"表设计器"菜单命令，在"表设计器"对话框中单击"索引"选项卡，如图 3-49 所示。

（2）在"索引"选项卡中设置索引名为学号、索引类型为候选索引、索引表达式为学号并选择升序，然后单击"确定"按钮。

2）使用命令建立索引

命令格式：

```
INDEX ON <索引关键字段> TO <索引文件名>|TAG <索引标识> [FOR 条件]
         [ASCENDING|DESCENDING] [CANDIDATE|UNIQUE] [ADDITIVE]
```

功能：建立一个索引文件。

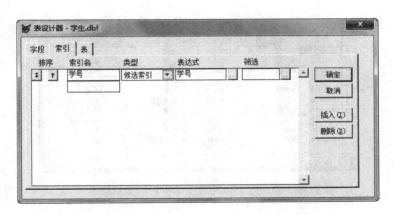

图 3-49　表设计器"索引"选项卡

说明：

（1）ON＜索引关键字段＞为索引表达式或索引关键字，它不能超过 100 个字符，表达式可以是除了备注型与通用型以外的任意类型，不同类型的数据要用函数将其转换为相同类型，通常是利用 STR() 函数将数值型转换为字符型，用 DTOC() 函数将日期型转换为字符型。

（2）TO＜索引文件名＞表示所建立的是单索引（.idx）文件，扩展名可省略。

（3）TAG＜索引标识＞表示所建立的是复合索引文件（.cdx）及索引标识，或为已建立的复合索引文件增加索引标识。索引标识由 TAG 定，每个标识有唯一的标识名。

（4）ASCENDING 选项表示升序（可省略），DESCENDING 选项表示降序。

（5）UNIQUE 表示建立唯一索引，CANDIDATE 表示建立候选索引。

（6）ADDITIVE 表示建立该索引文件时不关闭前面已打开的索引文件，若无此选项，用 INDEX 命令建立索引文件，将在此前打开的其他与数据表相关的索引文件关闭。

【例 3-39】　为"学生"表建立以"性别"为索引表达式的普通索引，升序排列，索引标识为 XB；以"系别"为索引表达式的唯一索引，升序排列，索引标识为 XIB。

```
USE D:\教学管理\学生
INDEX ON 性别 TAG XB
INDEX ON 系别 TAG XIB UNIQUE
USE
```

【例 3-40】　为"学生"表建立按"性别"的升序排列，若性别相同的按出生日期先后排列的普通索引，索引标识为 XB_SR。

```
USE D:\教学管理\学生
SET DATE TO YMD              && 将日期格式设置为 YMD
INDEX ON 性别 + DTOC(出生日期) TAG XB_SR
BROWSE
USE
```

显示结果如图 3-50 所示。

3. 按索引浏览记录

同一个复合索引文件也可能包含多个索引标识，但只有一个索引标识起作用。当前起作用的索引标识称为主控索引标识。确定主控索引标识主要有三种方式。

Visual FoxPro 6.0 数据表及其操作

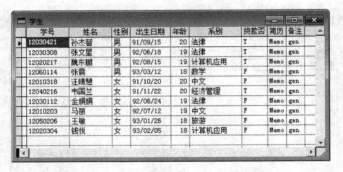

图 3-50 例 3-40 中建立索引后的显示结果

1）使用 INDEX

用 INDEX 建立索引文件的同时自动打开索引文件，并将该索引标识设为主控索引。

2）使用菜单方式

打开数据表后，选择"表"→"属性"菜单命令，在"工作区属性"对话框的"索引顺序"下拉列表框中进行选择，如图 3-51 所示。

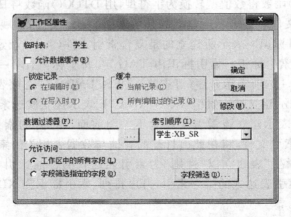

图 3-51 在"工作区属性"对话框选择索引顺序

3）使用命令方式

命令格式 1：`USE <数据表名> ORDER <索引标识名>`

功能：打开表的同时指定主控索引。

命令格式 2：`SET ORDER TO [TAG <索引标识名> ]`

功能：为打开的表确定主控索引。

说明：若无 TAG 选项，表示取消使用任何索引，表文件中的记录将按物理顺序输出。

【例 3-41】 打开"学生"表，同时指定 XB_SR 为当前索引，显示后取消索引，再显示"学生"表记录。

```
USE D:\教学管理\学生
SET ORDER TO TAG XB_SR
LIST ALL
SET ORDER TO
```

```
LIST ALL
USE
```

显示结果如图 3-52 所示。

记录号	学号	姓名	性别	出生日期	系别	贷款否	简历	备注
7	12030421	孙杰智	男	91/09/15	法律	.T.	Memo	gen
6	12030308	张文星	男	92/06/18	法律	.T.	Memo	gen
3	12020217	魏东鹏	男	92/08/15	计算机	.T.	Memo	gen
10	12060114	张震	男	93/03/12	数学	.F.	Memo	gen
2	12010318	汪晴慧	女	91/10/20	中文	.F.	Memo	gen
8	12040216	韦国兰	女	91/11/22	经济	.F.	Memo	gen
5	12030112	金娟娟	女	92/06/24	法律	.F.	Memo	gen
1	12010203	马丽	女	92/07/12	中文	.F.	Memo	gen
9	12050206	王敏	女	93/01/26	旅游	.F.	Memo	gen
4	12020304	钱悦	女	93/02/05	计算机	.F.	Memo	gen

记录号	学号	姓名	性别	出生日期	系别	贷款否	简历	备注
1	12010203	马丽	女	92/07/12	中文	.F.	Memo	gen
2	12010318	汪晴慧	女	91/10/20	中文	.F.	Memo	gen
3	12020217	魏东鹏	男	92/08/15	计算机	.T.	Memo	gen
4	12020304	钱悦	女	93/02/05	计算机	.F.	Memo	gen
5	12030112	金娟娟	女	92/06/24	法律	.F.	Memo	gen
6	12030308	张文星	男	92/06/18	法律	.T.	Memo	gen
7	12030421	孙杰智	男	91/09/15	法律	.T.	Memo	gen
8	12040216	韦国兰	女	91/11/22	经济	.F.	Memo	gen
9	12050206	王敏	女	93/01/26	旅游	.F.	Memo	gen
10	12060114	张震	男	93/03/12	数学	.F.	Memo	gen

图 3-52　SET ORDER TO 命令执行结果

只要数据表文件被关闭，其对应的索引文件也被关闭。在不关闭数据表文件的情况下，可以使用下列命令关闭索引文件：CLOSE INDEX 或 SET INDEX TO。

4. 索引的修改和删除

1）表设计器方式

打开表设计器，在"索引"选项卡中进行修改或删除。

2）命令操作方式

命令格式：**DELETE TAG ALL**│索引标识 1 [，索引标识 2] …

功能：删除不需要的索引标识，ALL 表示全部标识。若索引文件的所有标识都被删除了，则索引文件也被删除。

3.4.3　数据表的查询

检索是按照某些条件在数据表中查找所需的记录。建立索引文件的主要目的是实现对数据记录的快速检索。通过快速检索可以按索引关键字表达式的值检索出数据表中的相应记录，并定位于该记录上。Visual FoxPro 提供了 SEEK 和 FIND 两条命令进行快速索引检索，它们的格式不同，但查询结果相同。

1. FIND 命令

命令格式：**FIND <字符串│常数>**

功能：在当前表中按索引关键字表达式检索出与<字符串│常数>值匹配的第一个记录，并将记录指针定位于该记录上。

说明：

（1）FIND 命令只能查找字符串（字符串可以省略定界符）或常数。

（2）在使用该命令时，必须打开对应的索引文件，并使对应的索引项成为主索引。

（3）若找到指定的记录，则记录指针便指向该记录，且 FOUND()函数返回值为.T.；若没找到指定的记录，则记录指针指向文件尾，且 FOUND()函数返回值为.F.。可与 SKIP

及 DISPLAY 命令一起使用，把所有满足条件的记录检索出来。

（4）FIND 命令查找字符串时，若字符串没有前置或后置空格，则不需要定界符。当查找字符变量时格式为"& 字符变量"。

【例 3-42】 在"学生"表中，用 FIND 命令找出第一个姓张的学生信息。

```
USE D:\教学管理\学生
INDEX ON 姓名 TAG XM
XXM = "张"
FIND &XXM
DISPLAY
FIND 张
DISPLAY
USE
```

显示结果如图 3-53 所示。

记录号	学号	姓名	性别	出生日期	系别	贷款否	简历	备注
6	12030308	张文星	男	92/06/18	法律	.T.	Memo	gen

图 3-53   FIND 命令执行结果

2. SEEK 命令

命令格式：SEEK <表达式> [ORDER [TAG]<索引标识名>]

功能：在当前表文件中按索引关键字表达式检索与<表达式>匹配的第一个记录，并将记录指针定位于该记录上。

说明：

（1）SEEK 命令只能检索与<表达式>匹配的第一个记录，可与 SKIP 及 DISPLAY 命令一起使用，把所有满足条件的记录检索出来。

（2）在使用该命令时，必须打开对应的索引文件，并使对应的索引项成为主索引。

（3）通过 SEEK 命令可以查找常量、变量或者表达式的值。

（4）该命令可以查找除备注型和通用型以外的任何类型的数据。

（5）若找到指定的记录，则记录指针指向该记录，且 FOUND( )函数返回值为.T.，若没找到指定的记录，则记录指针指向文件尾，且 FOUND( )函数返回值为.F.。

（6）查找字符串时，应使用字符串定界符。

【例 3-43】 在"学生"表中，用 SEEK 命令查找法律系的学生信息。

```
USE D:\教学管理\学生
INDEX ON 系别 TAG XIB
SEEK "法律"
DISPLAY
SKIP
?FOUND( )
DISPLAY
USE
```

显示结果如图 3-54 所示。

记录号	学号	姓名	性别	出生日期	系别	贷款否	简历	备注
5	12030112	金娟娟	女	92/06/24	法律	.F.	Memo	gen

.T.

记录号	学号	姓名	性别	出生日期	系别	贷款否	简历	备注
6	12030308	张文星	男	92/06/18	法律	.T.	Memo	gen

图 3-54　SEEK 命令查找结果

3.4.4　数据表的统计与汇总

在 Visual FoxPro 中,不仅可以对数据表中的记录进行检索,还可以对表中相应记录进行统计与计算。

1. 计数命令

命令格式：**COUNT** [<范围>] [**TO** <内存变量>][**FOR** <条件>] [**WHILE** <条件>]

功能：统计当前表文件中指定范围内满足条件的记录个数。

说明：

(1) 如果全部选项省略<范围> 和<条件>,表示统计表中所有记录。

(2) TO <内存变量>用来指定内存变量,存放计数结果,若无此项,计数结果只显示不保存。

【例 3-44】　分别计算"学生"表中男女生人数及所占百分比并显示。

```
USE D:\教学管理\学生
COUNT TO NNUM FOR 性别 = "男"
COUNT TO WNUM FOR 性别 = "女"
COUNT TO NUM
?"男生人数：",NNUM
?"女生人数：",WNUM
?"男生所占百分比：",NNUM/NUM * 100," % "
?"女生所占百分比：",WNUM/NUM * 100," % "
USE
```

男生人数：	4
女生人数：	8
男生所占百分比：	33.3333 %
女生所占百分比：	66.6667 %

显示结果如图 3-55 所示。

图 3-55　COUNT 命令统计结果

2. 求和命令

命令格式：**SUM** [<数值型字段表达式表>] [<范围>] [**TO** <内存变量表>
　　　　　|**TO ARRAY** <数组>][**FOR** <条件>] [**WHILE** <条件>]

功能：计算当前表文件中给定范围内满足条件的指定<数值型字段表达式表>值的和。

说明：

(1) 省略范围表示所有记录。

(2) 没有<数值字段表达式表>时,表示对所有数值型字段求和。

(3) 有 TO<内存变量表>时,求和结果存入对应的内存变量中,内存变量的个数和顺序应与字段表达式表一致。

(4) 有 TO ARRAY<数组>时,求和结果存入指定的数组中。

3. 求平均命令

命令格式：**AVERAGE** [<数值型字段表达式表>] [<范围>][**TO** <内存变量表>
　　　　　|**TO ARRAY** <数组>][**FOR** <条件>] [**WHILE** <条件>]

功能：计算当前表文件中给定范围内满足条件的＜数值型字段表达式表＞值的平均值。

说明：各选项的功能与 SUM 命令相同。

【例 3-45】 分别计算"成绩"表中成绩的总和及平均值。

```
USE D:\教学管理\成绩
SUM 成绩 TO CJZH
AVERAGE 成绩 TO PJCJ
? "成绩总和是：",CJZH
? "成绩平均值是：",PJCJ
USE
```

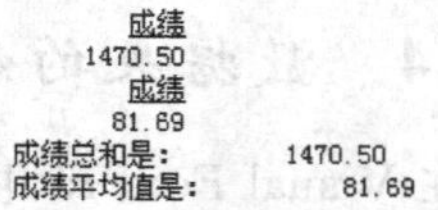

成绩
1470.50
成绩
81.69
成绩总和是： 1470.50
成绩平均值是： 81.69

图 3-56 SUM、AVERAG
命令计算结果

显示结果如图 3-56 所示。

4. 计算命令

命令格式：**CALCULATE** ＜表达式表＞ [**TO** ＜内存变量表＞ ｜ **TO ARRAY** ＜数组＞][＜范围＞] [**FOR** ＜条件＞]
[**WHILE** ＜条件＞]

功能：在当前表文件中分别计算给定范围内满足条件的＜表达式表＞的值,并将计算结果存入指定的内存变量或数组元素中。

说明：＜表达式表＞常用函数如表 3-7 所示。

表 3-7 表达式表中常用的函数

函　　数	功　　能	函　　数	功　　能
AVG(＜数值表达式＞)	计算数值表达式的平均值	MIN(＜表达式＞)	返回表达式的最小值
CNT()	返回数据库文件的记录数	SUM(＜数值表达式＞)	对数值表达式求和
MAX(＜表达式＞)	返回表达式的最大值		

【例 3-46】 计算"学生"表中男生的人数和平均年龄。

```
USE D:\教学管理\学生
CALCULATE CNT( ),AVG(YEAR(DATE( )) - YEAR(出生日期)) TO NNUM,PJNL;
FOR 性别 = "男"
?"男生人数：",NNUM
? "平均年龄：",PJNL
USE
```

显示结果如图 3-57 所示。

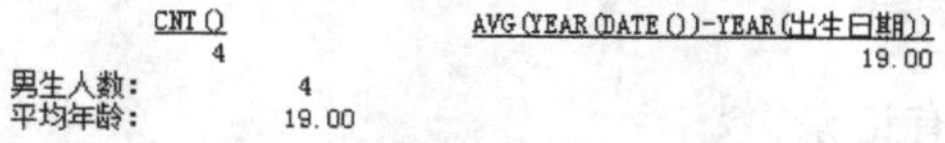

CNT( ) AVG (YEAR (DATE ( ))-YEAR (出生日期))
4 19.00
男生人数： 4
平均年龄： 19.00

图 3-57 CALCULATE 命令计算结果

5. 分类汇总命令

命令格式：**TOTAL ON** ＜关键字表达式＞ **TO** ＜表文件名＞[＜范围＞] [**FIELDS** ＜字段名表＞] [**FOR** ＜条件＞]
[**WHILE** ＜条件＞]

功能：对当前表文件中指定范围内满足条件的记录按关键字段名进行分类求和,并把分类统计结果存入指定的新建表文件中。

说明：

（1）在使用此命令之前，当前表文件必须按所给关键字段排序或索引。即先分类，后汇总。

（2）如果不指定范围、条件和 FIELDS 选项，表示所有数值型字段按关键字值进行分类求和。

（3）汇总统计后，当前表文件中汇总关键字相同的记录，在新表文件中只有一条记录，其数值型字段的值是同类记录之和，非数值型字段的值为此类记录中的第一条记录相应字段的值。

（4）如果带 FIELDS＜字段名表＞ 选项，则其他没有指定的数值型字段和其他类型的字段将是此类记录的第一条记录相应字段的值。

【例 3-47】 在"成绩"表中，按课程号统计每门课程的总成绩。

```
USE D:\教学管理\成绩
INDEX ON 课程号 TAG KCH
TOTAL ON 课程号 TO D:\教学管理\成绩统计 1
TOTAL ON 课程号 TO D:\教学管理\成绩统计 2 FIELDS 课程号
USE D:\教学管理\成绩统计 1
LIST ALL
USE D:\教学管理\成绩统计 2
LIST ALL
USE
```

记录号	学号	课程号	成绩
1	12010203	101	414.0
2	12020217	102	262.0
3	12010203	103	321.0
4	12030112	104	201.0
5	12020217	105	174.5
6	12050206	106	98.0

记录号	学号	课程号	成绩
1	12010203	101	93.5
2	12020217	102	78.5
3	12010203	103	74.5
4	12030112	104	76.5
5	12020217	105	86.0
6	12050206	106	98.0

图 3-58 TOTAL 命令汇总结果

显示结果如图 3-58 所示。

由显示结果可以看出，在分类汇总生成的新表中，学号字段已没有实际意义；"成绩统计 1"表中的成绩是每门课程的总成绩，而"成绩统计 2"表中的成绩没有实际意义。

3.5 多数据表的操作

前面介绍的所有操作是对一个数据表文件进行的，在实际工作中，常常需要同时使用多个数据表文件中的数据，为此 Visual FoxPro 提供了多数据表的操作。

3.5.1 工作区的选择

1. 基本概念

1）工作区

工作区是用来保存表及其相关信息的内存空间。Visual FoxPro 系统允许同时使用 32 767 个工作区打开和操作数据表，同一时刻一个工作区只能打开一个工作表，但可以同时打开与表相关的其他文件，如索引文件、查询文件等。如果需要同时使用多个数据表文件中的数据，则需要在不同的工作区分别打开。

在 VFP 中，每个工作区都有一个编号，称为工作区号。工作区号用 1、2、3、4 等表示，对于 1～10 号工作区，还可用 A～J 英文字母来表示。

2）别名

别名指在工作区中打开表时为该表所定义的名称。可以自定义别名，否则系统默认就以表名作为别名。若一张表在多个工作区中被打开，系统默认在表名后依次加_a、_b等等。

自定义别名的格式：

USE <数据表文件名> **ALIAS** <别名>

3）当前工作区

当前正在使用的工作区称为当前工作区。可以通过"数据工作期"对话框，或用SELECT命令把任何一个工作区设置为当前工作区。每个工作区分别为在其中打开的表文件设置一个记录指针，一般各个指针相互独立移动，互不干扰。

2. 选择工作区

命令格式：**SELECT** <工作区号>|<别名|0>

功能：选择需要使用的工作区。

说明：

（1）SELECT 0用来选定当前未使用的工作区号最小的工作区作为当前工作区。

（2）执行SELECT命令后，最后被选择的工作区为当前工作区。

（3）在工作区中打开表时为该表定义了别名，则可以使用用别名代表该工作区。

（4）启动Visual FoxPro后，系统默认为第一工作区为1号工作区，每个工作区只允许打开一个数据表文件，若在已有表文件的工作区打开新的数据表文件，以前打开的表文件就会自动关闭。

3. 工作区的互访

工作区互访是指在当前工作区中对其他工作区中数据表文件的字段变量进行的访问，访问时需要在被访问的数据表文件的字段变量名之前加上"<别名>->"或"<别名>."符号。

【例3-48】 在不同的工作区打开"学生"表、"课程"表及"成绩"表，然后进行工作区的互访。

命令序列1：

```
SELECT 1
USE D:\教学管理\学生
SELECT 2
USE D:\教学管理\课程
SELECT 3
USE D:\教学管理\成绩
SELECT 1
DISP 学号,姓名,B->课程号,B->课程名,C.学号,C.成绩
```

显示结果如图3-59所示。

记录号	学号	姓名	B->课程号	B->课程名	C->学号	C->成绩
1	12010203	马丽	101	英语	12010203	93.5

图3-59　多工作区中记录显示结果

显示结果为各表中第一条记录的相应字段的值。

命令序列 2：

SELECT 2
SKIP
SELECT 3
GO 5
SELECT 1
DISP 学号,姓名,B->课程号，B->课程名,C.学号,C.成绩

显示结果如图 3-60 所示。

记录号	学号	姓名	B->课程号	B->课程名	C->学号	C->成绩
1	12010203	马丽	102	高等数学	12020217	85.0

图 3-60   多工作区移动记录指针显示结果

显示结果为 1 号工作区第 1 条记录、2 号工作区第 2 条记录、3 号工作区第 5 条记录的相应字段的值。

3.5.2 数据表的关联

关联也称为逻辑连接,可以使两个数据表的记录指针同步移动。关联操作仅在两个表之间建立一种逻辑关系,不产生新的数据表。

建立关联的两个表,一个是建立关联的表,称为父表(或主表);另一个是被关联的表,称为子表(或从表)。

命令格式：**SET RELATION TO [<关键字表达式 1 > INTO <工作区>|<别名>**
　　　　　　[,<关键字表达式 2 > INTO <工作区>|<别名>…] [ADDITIVE]]

功能：当前工作区中的数据表文件与其他工作区中的数据表文件通过关键字建立关联。

说明：

（1）<关键字表达式>表示相关联的字段,一般是两表共有的字段,并且<别名>表文件必须已按此字段建立了索引并处于打开状态。

（2）INTO 表示被关联的工作区号或被关联工作区中数据表的别名。

（3）ADDITIVE 表示在建立新关联时保留原有的关联,无此选项时,建立新关联时将自动取消原有的关联。当建立多个关联时,必须使用 ADDITIVE 选项。

（4）两个数据表建立关联后,当父表的记录指针移动时,被关联的子表的记录指针也自动指向关键字值相同的记录。如果子表中没有找到匹配的记录,指针指向子表文件末尾,函数 EOF() 的值为.T.。

（5）若子表具有多个关键字值相同的记录时,指针只指向其中的第一条记录。若要找到关键字值相同的其他记录,可使用命令：

SET SKIP TO <别名 1 >[,<别名 2 >…]

（6）命令 SET RELATION TO 表示删除当前工作区所有的关联。

（7）如果需要切断父表与子表之间的关联,可使用命令：

SET RELATION OFF INTO <工作区号>|<别名>

【例 3-49】 以"学生"表和"成绩"表为例,通过建立关联,显示所有学生的学号、姓名、性别、系别、课程号和成绩。

```
SELECT 1
USE D:\教学管理\成绩
INDEX ON 学号 TAG XH
SELECT 2
USE D:\教学管理\学生
SET RELATION TO 学号 INTO A
LIST 学号,姓名,性别,系别,A->课程号,A->成绩
SET SKIP TO A
LIST 学号,姓名,性别,系别,A->课程号,A->成绩
CLOSE ALL
```

显示结果如图 3-61 所示。

记录号	学号	姓名	性别	系别	A->课程号	A->成绩
1	12010203	马丽	女	中文	101	93.5
2	12010318	汪晴慧	女	中文	101	88.0
3	12020217	巍东鹏	男	计算机应用	101	85.0
4	12020304	钱悦	女	计算机应用	101	82.0
5	12030112	金娟娟	女	法律	104	76.5
6	12030308	张文星	男	法律	104	57.0
7	12030421	孙杰智	男	法律	104	67.5
8	12040216	韦国兰	女	经济管理	101	65.5
9	12050206	王敏	女	旅游	106	98.0
10	12060114	张震	男	数学	103	76.5

记录号	学号	姓名	性别	系别	A->课程号	A->成绩
1	12010203	马丽	女	中文	101	93.5
1	12010203	马丽	女	中文	103	74.5
2	12010318	汪晴慧	女	中文	101	88.0
2	12010318	汪晴慧	女	中文	103	83.5
3	12020217	巍东鹏	男	计算机应用	101	85.0
3	12020217	巍东鹏	男	计算机应用	102	78.5
3	12020217	巍东鹏	男	计算机应用	105	86.0
4	12020304	钱悦	女	计算机应用	101	82.0
4	12020304	钱悦	女	计算机应用	102	91.5
4	12020304	钱悦	女	计算机应用	105	88.5
5	12030112	金娟娟	女	法律	104	76.5
6	12030308	张文星	男	法律	104	57.0
7	12030421	孙杰智	男	法律	104	67.5
8	12040216	韦国兰	女	经济管理	101	65.5
8	12040216	韦国兰	女	经济管理	103	86.5
9	12050206	王敏	女	旅游	106	98.0
9	12050206	王敏	女	旅游	102	92.0
10	12060114	张震	男	数学	103	76.5

图 3-61 "学生"表和"成绩"表建立关联后的显示结果

【例 3-50】 以"学生"表、"成绩"表和"课程"表为例,通过建立关联,显示所有学生的学号、姓名、性别、系别、课程号、课程名和成绩。

```
SELECT 1
USE D:\教学管理\学生.dbf
SELECT 2
USE D:\教学管理\成绩.dbf
INDEX ON 学号 TAG XH
SELECT 3
USE D:\教学管理\课程.dbf
INDEX ON 课程号 TAG KCH
SELECT 1
SET RELAT TO 学号 INTO B
SELECT 2
SET RELAT TO 课程号 INTO C
```

```
SELECT 1
LIST 学号,姓名,性别,系别,B->课程号,C->课程名,B->成绩
SET SKIP TO B
LIST 学号,姓名,性别,系别,B->课程号,C->课程名,B->成绩
CLOSE ALL
```

显示结果如图 3-62 所示。

记录号	学号	姓名	性别	系别	B->课程号	C->课程名	B->成绩
1	12010203	马丽	女	中文	101	英语	93.5
2	12010318	汪晴慧	女	中文	101	英语	88.0
3	12020217	魏东鹏	男	计算机应用	101	英语	85.0
4	12020304	钱悦	女	计算机应用	101	英语	82.0
5	12030112	金娟娟	女	法律	104		76.5
6	12030308	张文星	男	法律	104		57.0
7	12030421	孙木智	男	法律	104		67.5
8	12040216	韦国兰	女	经济管理	101	英语	65.5
9	12050206	王敏	女	旅游	106		98.0
10	12060114	张震	男	数学	103		76.5

记录号	学号	姓名	性别	系别	B->课程号	C->课程名	B->成绩
1	12010203	马丽	女	中文	101	英语	93.5
1	12010203	马丽	女	中文	103		74.5
2	12010318	汪晴慧	女	中文	101	英语	88.0
2	12010318	汪晴慧	女	中文	103		83.5
3	12020217	魏东鹏	男	计算机应用	101	英语	85.0
3	12020217	魏东鹏	男	计算机应用	102	高等数学	78.5
3	12020217	魏东鹏	男	计算机应用	105		86.0
4	12020304	钱悦	女	计算机应用	101	英语	82.0
4	12020304	钱悦	女	计算机应用	102	高等数学	91.5
4	12020304	钱悦	女	计算机应用	105		88.5
5	12030112	金娟娟	女	法律	104		76.5
6	12030308	张文星	男	法律	104		57.0
7	12030421	孙木智	男	法律	104		67.5
8	12040216	韦国兰	女	经济管理	101	英语	65.5
8	12040216	韦国兰	女	经济管理	103		86.5
9	12050206	王敏	女	旅游	106		98.0
9	12050206	王敏	女	旅游	102	高等数学	92.0
10	12060114	张震	男	数学	103		76.5

图 3-62 "学生"表、"课程"表和"成绩"表建立关联后的显示结果

3.5.3 数据表的物理连接

数据表文件的物理连接是将两个数据表文件按一定的条件连接形成一个新的数据表文件,新表文件中的字段从两个表中选取。

命令格式: JOIN WITH <别名> TO <新表文件名> FOR <条件>
[FIELDS <字段名表>|FIELDS LIKE <通配字段名>|FIELDS EXCEPT <通配字段名>]

功能:将两个工作区中已打开的表文件连接生成一个新的表文件。

说明:

(1) 当前工作区数据表的各条记录依次与别名所指数据表中所有记录按照<条件>比较,当满足条件时在新数据表中就产生一条新记录,这条新记录可包括两个数据表文件的全部或指定的部分字段。

(2) 命令中的连接条件 FOR <条件>是连接的必需条件,条件中应包含两个数据表的相应字段,其中别名所指数据表文件的字段名前要加上"别名->"。

(3) 选项 WITH<别名>用来指定与当前数据表文件建立连接的数据表的别名。

(4) 选项 TO <新表文件名>用来指定新生成的数据表文件名。

(5) 选项 FIELDS<字段名表>用来指定新生成的数据表文件的结构字段及其排列顺序。

注意: 别名所指工作区数据表文件的字段名前须加"别名->";若无字段名表时,新生成的数据表文件将按当前工作区数据表文件字段在前,别名数据表文件字段在后的顺序排

85

第3章

列；若存在相同的字段仅保留当前工作区数据表文件的字段。

【例 3-51】　利用"学生"表和"成绩"表连接生成"学生成绩"表，包括学号、姓名、性别、系别、课程号和成绩等字段。

```
SELECT 1
USE D:\教学管理\成绩
SELECT 2
USE D:\教学管理\学生
JOIN WITH A TO D:\教学管理\学生成绩 FOR 学号 = A－>学号 FIELDS 学号,姓名,性别,系别,A－>课程;
号,A－>成绩
SELECT 3
USE D:\教学管理\学生成绩
LIST
CLOSE ALL
```

显示结果如图 3-63 所示。

记录号	学号	姓名	性别	系别	课程号	成绩
1	12010203	马丽	女	中文	101	93.5
2	12010203	马丽	女	中文	103	74.5
3	12010318	汪晴慧	女	中文	101	88.0
4	12010318	汪晴慧	女	中文	103	83.5
5	12020217	魏东鹏	男	计算机	101	85.0
6	12020217	魏东鹏	男	计算机	102	78.5
7	12020217	魏东鹏	男	计算机	105	86.0
8	12020304	钱悦	女	计算机	101	82.0
9	12020304	钱悦	女	计算机	102	91.5
10	12020304	钱悦	女	计算机	105	88.5
11	12030112	金娟娟	女	法律	104	76.5
12	12030308	张文星	男	法律	104	57.0
13	12030421	孙杰智	男	法律	104	67.5
14	12040218	韦国兰	女	管理	101	65.5
15	12040218	韦国兰	女	管理	103	86.5
16	12050206	王敏	女	旅游	106	98.0
17	12050206	王敏	女	旅游	102	92.0
18	12060114	张震	男	数学	103	76.5
19	12030112	金娟娟	女	法律	104	76.5

图 3-63　JOIN 命令连接生成"学生成绩"表的信息

3.5.4　表文件的更新

利用表文件的更新命令，则不必进行关联或连接，而是直接利用一个表文件数据来修改另一个表文件数据。

命令格式：UPDATE ON <关键字段> FROM <别名> REPLACE <字段名 1 > WITH <表达式 1 >[,<字段名 2 > WITH <表达式 2 >…] [RANDOM]

功能：利用<别名>表的表达式值来更新当前表文件中记录的字段值。

说明：

（1）<关键字段>为两个表文件共有的。当前表的字段为被更新字段，<别名>表的字段为更新字段。

（2）选择 RANDOM，则只要求当前表按关键字段索引，否则要求两个表都必须按<关键字段>排序或索引。

（3）若<别名>指定的表文件中有多个记录具有相同的关键字段值，那么最后一条记录对当前表的更新有效；如果在当前表中有多个具有相同的关键字段的记录，则只更新第一条记录。

【例 3-52】　为"学生"表添加成绩字段，字段名为成绩、字段类型为数值型、字段宽度为 4；

在"成绩"表中按学号分类汇总成绩值,结果保存在"D:\教学管理\成绩统计.dbf"中;利用 UPDATE 命令用"成绩统计"表中成绩字段的值更新"学生"表中的成绩字段。

```
SELE 1
USE D:\教学管理\学生
MODI STRU
SELECT 2
USE D:\教学管理\成绩
INDEX ON 学号 TAG XH
TOTAL ON 学号 TO D:\教学管理\成绩统计.dbf FIELDS 成绩
SELECT 3
USE D:\教学管理\成绩统计
SELECT 1
INDEX ON 学号 TAG XH
UPDATE ON 学号 FROM C REPLACE 成绩 WITH C->成绩 RANDOM
LIST FIELDS 学号,姓名,性别,系别,成绩
CLOSE ALL
```

更新结果如图 3-64 所示。

记录号	学号	姓名	性别	系别	总分
1	12010203	马丽	女	中文	168
2	12010318	汪晴慧	女	中文	172
3	12020217	魏东鹏	男	计算机	250
4	12020304	钱悦	女	计算机	262
5	12030112	金娟娟	女	法律	77
6	12030308	张文星	男	法律	57
7	12030421	孙杰智	男	法律	68
8	12040216	韦国兰	女	管理	152
9	12050206	王敏	女	旅游	190
10	12060114	张震	男	数学	77

图 3-64　UPDATE 命令更新结果

习　　题

1. 选择题

(1) 在 Visual FoxPro 6.0 的表结构中,逻辑型、日期型和备注型字段的宽度分别为(　　)。

    A. 1、8、10　　　　　　B. 1、8、4　　　　　　C. 3、8、10　　　　　　D. 3、8、任意

(2) 在 Visual FoxPro 中,"学生"表中包含有备注型字段和通用型字段,表中备注型字段和通用型字段中的数据均存储到另一个文件中,该文件名为(　　)。

    A. 学生.doc　　　　　B. 学生.men　　　　　C. 学生.dbt　　　　　D. 学生.fpt

(3) 在以下命令序列中,总能实现插入一条空记录并使其成为第 8 条记录的是(　　)。

    A. SKIP 7

    B. GOTO 7
       INSERT BLANK

    C. LOCATE FOR RECNO()＝8

    D. GOTO 7
       INSERT BLANK BEFORE

(4) 在当前表中,查找第 2 个男同学的记录,应使用命令(　　)。

    A. LOCATE FOR 性别＝"男" NEXT 2

    B. LOCATE FOR 性别＝"男"

    C. 先 LOCATE FOR 性别＝"男",然后再执行 CONTINUE

    D. LIST FOR 性别＝"男" NEXT 2

(5) 在"命令"窗口中,显示当前成绩表中 C1 和 C2 课程成绩在 80 分以上的学生学号、课程号和成绩,应使用命令(　　)。

    A. LIST FIEL 学号,课程号,成绩 FOR 成绩＞＝80 AND 课程号＝"C1"AND 课程号＝"C2"

    B. LIST FIEL 学号,课程号,成绩 FOR 成绩＞＝80 OR 课程号＝"C1" OR 课程号＝"C2"

    C. LIST FOR 成绩＞＝80 AND (课程号＝"C1" OR 课程号＝"C2")

    D. LIST FOR 成绩＞＝80 OR (课程号＝"C1" AND 课程号＝"C2")

(6) 把"学生"表中的"学号"和"姓名"字段的数据复制到另一新表文件"学生名单"中,应使用命令(　　)。

    A. USE 学生

       COPY TO 学生名单 FIELDS 学号,姓名

    B. USE 学生名单

       COPY TO 学生 FIELDS 学号,姓名

    C. COPY 学生 TO 学生名单 FIELDS 学号,姓名

    D. COPY 学生名单 TO 学生 FIELDS 学号,姓名

(7) 在下列命令中,仅复制表文件结构的命令是(　　)。

    A. COPY TO

    B. COPY STRUCTURE TO

    C. COPY FILE TO

    D. COPY STRUCTURE TO EXETENDED

(8) 设表文件中有数学、英语、计算机和总分 4 个数值型字段,要将当前记录的 3 科成绩汇总后存入"总分"字段中,应使用命令(　　)。

    A. TOTAL 数学＋英语＋计算机 TO 总分

    B. REPLACE 总分 WITH 数学＋英语＋计算机

    C. SUM 数学＋英语＋计算机 TO 总分

    D. REPLACE ALL 数学＋英语＋计算机 WITH 总分

(9) 计算成绩表中 C1 课程的平均成绩,将结果赋予变量 PJ 中,应使用命令(　　)。

    A. AVERAGE 成绩 TO PJ FOR "C1" $ 课程号

    B. AVERAGE FIELDS 成绩 TO PJ FOR "C1" $ 课程号

    C. AVERAGE PJ TO 成绩 FOR 课程号＝"C1"

    D. AVERAGE 成绩 TO PJ FOR 课程号＝"C1"

(10) 主索引字段(　　)。

    A. 不能出现重复值或空值   B. 能出现重复值

    C. 能出现空值   D. 不能出现重复值,但能出现空值

(11) 在当前工作区已经打开"成绩"表,其中包括学号、课程号、成绩字段。不同的记录分别有重复的课程号或重复的学号。要使用 COUNT 命令计算学生选修的不同课程有多少,应在执行 COUNT 命令之前使用命令(　　)。

    A. INDEX ON 学号 TO GG

    B. INDEX ON 课程号 TO GG

    C. INDEX ON 学号 TO GG UNIQUE

    D. INDEX ON 课程号 TO GG UNIQUE

(12) 假设当前数据表中有"基本工资"和"奖金"两个数值型字段。若要建立索引文件,使"基本工资"高者在前,"基本工资"相同时"奖金"高者在前,应使用命令(　　)。

    A. INDEX ON 基本工资/D, 奖金/D TO GZJJ

    B. INDEX ON 10000－(基本工资＋奖金) TO GZJJ

    C. INDEX ON STR(－基本工资)＋ STR(10000－奖金) TO GZJJ

    D. INDEX ON STR(10000－基本工资)＋ STR(10000－奖金) TO GZJJ

(13) 在打开的表文件中有"工资"字段,如果把所有记录的工资增加 10％,应使用的命令是(　　)。

    A. SUM ALL 工资 ＊1.1 TO 工资

    B. 工资＝工资＊1.10

    C. REPLACE ALL 工资 WITH 工资＊1.1

    D. STOR 工资＊1.10 TO 工资

(14) 执行以下命令序列:

```
CLOSE ALL
SELECT B
USE TABLE1
SELECT 0
USE TABLE2
SELECT 0
USE TABLE3
```

TABLE3 表所在的工作区号为(　　)。

    A. 0   B. 1   C. 2   D. 3

(15) 设在 1、2 工作区中分别打开了两个数据表,内存变量 X 的内容为两个表的公共字段名,内存变量 Y 的内容为新数据表名,在工作区 1 执行连接的正确命令是(　　)。

    A. JION WITH B TO Y FOR ＆X ＝＆X

    B. JION WITH B TO Y FOR X ＝B－＞＆X

    C. JION WITH B TO ＆Y FOR ＆X ＝ B－＞X

    D. JION WITH B TO ＆Y FOR ＆X ＝ B－＞＆X

2. 填空题

(1) 数据表是由＿＿＿＿＿＿和＿＿＿＿＿＿两部分组成。

Visual FoxPro 6.0 数据表及其操作

(2) 在数据表中,图像数据应存储在_____字段中。

(3) 对数据表文件执行了 LIST 命令后,执行 EOF()命令的结果是_____。

(4) 显示所有在本月过生日同学的姓名和出生日期,应使用的命令是_____。

(5) 对表中记录逻辑删除的命令是_____,恢复表中所有被逻辑删除记录的命令是_____,将所有被逻辑删除的记录物理删除的命令是_____。

(6) 用_____命令可以将另一个具有相同结构的表文件"学生.dbf"中的所有记录追加到"学生 1.dbf"的末尾。

(7) 同一个表的多个索引可以创建在一个索引文件中,索引文件名与相关的表同名,索引文件的扩展名是_____,这种索引称为_____。

(8) 在"学生"表中,以"系别"和"出生日期"建立索引,应使用的命令是_____。

(9) 计算"学生"表中女生的人数和平均年龄,应使用的命令是_____。

(10) 命令"TOTAL ON 学号 TO XH"中的 XH 是_____。

3. 简述题

(1) 在 VFP 中有哪些检索记录的命令? 使用时有什么要求?

(2) 什么是索引? 索引和排序有什么区别?

(3) 索引关键字的类型有哪几种?

(4) 什么是结构复合索引? 它有哪些特点?

(5) 为什么要使用多工作区? 如何选择当前工作区?

4. 操作题

(1) 创建数据表。要求:

① 在 D:盘上建立工作目录"D:\教学管理"文件夹和"D:\教学管理\表"文件夹。

② 利用菜单方式在表设计器中建立如表 3-1 所示的"学生.dbf"的表结构,保存在"D:\教学管理\表"文件夹中,并输入记录,内容如表 3-3 所示。

③ 利用命令方式在表设计器中建立如表 3-2 所示的"课程.dbf"的表结构,保存在"D:\教学管理\表"文件夹中,并输入记录,内容如表 3-5 所示。

④ 利用命令方式在表设计器中建立如表 3-3 所示的"成绩.dbf"的表结构,保存在"D:\教学管理\表"文件夹中,暂不输入记录内容。

⑤ 用命令方式打开"成绩"表文件,用 APPEND 命令追加记录,输入如表 3-6 所示的数据,并关闭表文件。

(2) 数据表的浏览。要求:

① 用命令方式打开"成绩"表文件,并在主窗口中显示表结构,然后关闭文件。

② 用命令方式打开"学生"表文件,用 BROWSE 命令浏览男同学的学号、姓名和出生日期,并关闭表文件。

③ 用命令方式打开"学生"表文件,并显示"学生"表中当前记录的信息,并定位记录指针,分别显示第 5、6 条和最后一条记录。

④ 用 LIST 命令显示"学生"表中所有计算机系学生的学号、姓名、系别和贷款否信息。

(3) 数据表的维护。要求:

① 用 MODIFY STRUCTURE 命令修改表结构,为"学生"表添加一个"年龄"字段,字段名为年龄,字段类型为数值型,字段宽度为 2,然后再为"学生"表添加一个"成绩"字段,字

段名为成绩,字段类型为数值型,字段宽度为4。

② 用 REPLACE 命令计算"学生"表中"年龄"字段的值。

③ 打开浏览窗口,显示"学生"表记录,并在最后增加两条新记录,内容自己输入,逻辑删除新增的两条记录,再将其物理删除。

④ 利用"学生"、"成绩"表的结构,建立一个新的"学生成绩"表结构,其中包括学号、姓名、性别、系别、成绩 5 个字段。

⑤ 将"学生"表中所有学生的学号、姓名、性别、系别和贷款否字段复制到新的文件"学生贷款情况.dbf"中。

(4) 建立和使用索引。要求:

① 在"学生"表,建立以下 3 个索引项,学号(候选索引)、系别(唯一索引)、性别与出生日期降序(普通索引)。

② 在"课程"表,建立以下 2 个索引项,课程号(候选索引)、课程名(普通索引)。

③ 在"成绩"表,建立以下 2 个索引项,学号与成绩(普通索引)、课程号与成绩降序(普通索引)。

④ 分别用①、②和③中建立的索引项为主控索引浏览表记录。

⑤ 在"学生"表中,用 FIND 命令找出计算机系的学生信息;用 SEEK 命令找出第一个女同学的信息。

(5) 数据表的统计与汇总。要求:

① 统计"学生"表中计算机系的人数,并计算平均年龄。

② 分别计算"成绩"表中 C1 和 C2 课程的总成绩和平均值。

③ 在"成绩"表中,按学号统计每个学生的总成绩,结果保存到"D:\教学管理\表"文件夹下"成绩汇总.dbf"中。

(6) 多数据表的操作。要求:

① 利用"学生"表和"成绩汇总"表连接生成"学生成绩"表,其中包括学号、姓名、性别、系别和成绩字段。

② 以"学生"表、"课程"表和"成绩"表为例,通过建立关联,显示所有学生的学号、姓名、性别、课程号、课程名和成绩。

第4章 Visual FoxPro 6.0 数据库及其操作

在 Visual FoxPro 6.0 中,数据库是一个逻辑上的概念和手段,通过一组系统文件将相互联系的数据库表及其相关的数据库对象统一组织和管理。本章主要介绍数据库的建立和操作,包括建立和管理数据库、添加自由表、建立索引和永久联系、设置数据完整性等方面的内容。

4.1 数据库的建立

4.1.1 建立数据库文件

数据库与表是两个不同的概念:表是处理数据、建立关系数据库和应用程序的基本单元,用于存储信息。而数据库是表的集合,它存储了所包含的表与表之间的联系,以及依赖于表的视图、连接和存储过程等信息。它控制这些表协同工作,共同完成某项任务。

利用 Visual FoxPro 6.0 建立数据库文件可以采用项目管理器、菜单操作方式和命令操作方式 3 种方法。

1. 利用项目管理器创建数据库

打开"项目管理器",在"数据"选项卡中选择"数据库"选项,单击"新建"按钮,如图 4-1 所示。在弹出的"新建数据库"对话框中单击"新建数据库"按钮,然后按照提示输入数据库文件的名称并选择保存位置。例如,在"D:\教学管理"中建立"教学管理.dbc"文件,可选择相应路径并输入"教学管理",然后单击对话框上的"保存"按钮,完成数据库文件的建立,并打开"数据库设计器",如图 4-2 所示。

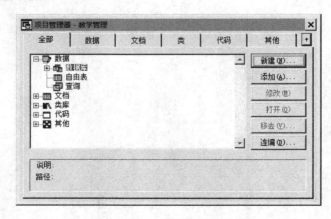

图 4-1 项目管理器

图 4-2 数据库设计器

在数据库设计器上有一个浮动的数据库设计器工具栏,可以利用该工具栏快速访问与数据库相关的选项。同时,可以在数据库设计器的空白处右击,在弹出的快捷菜单中选择数据库操作命令。

单击数据库设计器窗口上的"关闭"按钮,可以关闭数据库设计器。

建立 Visual FoxPro 数据库文件时,相应的数据库文件是扩展名为.dbc 的文件,还会自动建立与之相关一个扩展名为.dct 的数据库备注文件和一个扩展名为.dcx 的数据库索引文件。即建立数据库文件后,用户可以在磁盘上看到文件主名相同而扩展名分别为.dbc、.dct 和.dcx 的 3 个文件,这 3 个文件供 Visual FoxPro 数据库管理系统管理数据库使用,用户一般不能直接使用这些文件。

2. 菜单操作方式

单击工具栏上的"新建"按钮或者选择"文件"→"新建"菜单命令,在弹出的"新建"对话框中选择"数据库"选项,单击"新建文件"按钮,后面的操作和步骤与在项目管理器中建立数据库相同。

3. 命令操作方式

建立数据库也可以采用命令操作方式,其命令格式为:

CREATE DATABASE[数据库文件名 |?]

说明:数据库文件名给出了要建立的数据库文件名称,扩展名为.dbc。如果不指定数据库名称或使用"?"都会弹出"创建"对话框,要求用户输入数据库名称。

注意:与前两种建立数据库的方法不同,使用命令操作方式建立数据库不打开数据库设计器,只是数据库处于打开状态,不必再使用 OPEN DATABASE 命令来打开数据库。

刚建立的数据库只定义了一个空数据库,还没有数据,也不能输入数据,需要在建立数据库表和其他数据库对象后,才能输入数据和实施其他数据库操作。

使用以上 3 种方法都可以建立一个新的数据库,如果指定的数据库已经存在,很可能会覆盖掉已经存在的数据库。如果系统环境参数 SAFETY 被设置为 OFF,会直接覆盖,否则会出现警告对话框确认。因此,为了安全起见可以先执行命令 SET SAFETY ON。

4.1.2 自由表和数据库表的相互转换

1. 添加自由表成为数据库表

在 Visual FoxPro 中,表可以是自由表或数据库表,选择使用哪种表,取决于管理的数据之间是否存在关系以及关系的复杂程度。如果表与表之间的关系复杂,一般将自由表添加到数据库中,在数据库中建立表和表之间的关系。向数据库中添加自由表的方法有以下3种。

1）利用项目管理器添加自由表

打开项目管理器,选择要添加自由表的数据库,单击"添加表"按钮,或按下鼠标右键,在弹出的快捷菜单中选择"添加表"命令,然后选择要添加到当前数据库的表。这时,添加进来的表就由自由表变成了数据库表。

2）使用菜单命令

在数据库设计器中,选择"数据库"→"添加表"菜单命令,在弹出的"打开"对话框中选择要添加到当前数据库的自由表。

3）命令操作方式

可以用 ADD TABLE 命令将一个自由表添加到当前数据库中,命令格式为:

ADD TABLE <自由表表名>|?[长表名称]

说明:<自由表表名>给出要添加到当前数据库的自由表的名称,如果使用问号"?",则弹出"打开"对话框,从中选择要添加到数据库中的表;<长表名称>为表指定一个长名,最多可以有 128 个字符,使用长名可以提高程序的可读性。

运用以上 3 种方法可以把"学生"表、"成绩"表和"课程"表添加到"D:\教学管理\教学管理.dbc"数据库中,如图 4-3 所示。

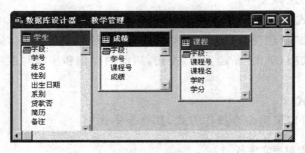

图 4-3 "教学管理"数据库设计器

注意:一个表只能属于一个数据库,当一个自由表添加到某个数据库后就不再是自由表了,所以不能把已经属于某个数据库的表添加到其他数据库,否则会有出错提示。

2. 移去数据库表成为自由表

在数据库中选择要移去的表,然后右击,在弹出的快捷菜单中选择"删除"命令,如图 4-4 所示。

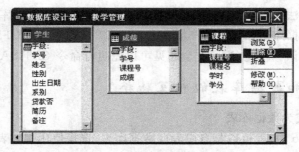

图 4-4 删除"课程"表操作

弹出如图4-5所示的提示框,如果单击"移去"按钮,则从数据库中移去该表。如果单击"删除"按钮,则不仅从数据库中移去该表,同时从磁盘上删除该表。

也可以利用命令方式,将"D:\教学管理\教学管理.dbc"数据库中的表移去,使其变成自由表。

图4-5　删除提示框

在"命令"窗口中输入以下命令可以将"课程"表移去:

```
OPEN DATA D:\教学管理\教学管理
REMOVE TABLE 课程
```

4.1.3　为数据库表建立索引

为数据库表建立索引的基本方法是:选择数据库表,单击"数据库设计器"工具栏的"修改表"按钮,在弹出的"表设计器"对话框中选择"索引"选项卡,在索引名、类型、表达式栏中依次输入相关内容。具体方法在第3章已经介绍,在此不再赘述。

4.1.4　建立表之间的永久联系

1. 永久性联系概述

永久联系是指数据库中表之间的一种制约关系,是基于索引建立的一种"联系",这种联系存储在数据库中,可以在"查询设计器"或"视图设计器"中自动作为默认联系条件保持数据库表之间的联系。永久联系在"数据库设计器"中显示为一个数据库中表索引间的连接线,通常包含多个存在着各种联系的数据表,因此各表中的数据应该保持相对一致,并存在一定的相互制约关系,从而保持数据的完整性。数据库中表之间的制约包括更新、插入、删除一个表中记录时,对其他表中数据的影响。这种建立在数据库中的表间的永久联系,将被作为数据库内容的一部分永久保存在数据库文件中。以后要创建查询或表单时,一旦将这些相互关联的数据表纳入到数据环境当中,它们之间的关系便会自动显示出来,可直接使用。

2. 永久性联系的建立与删除

1) 建立前的准备工作

建立永久联系的两个表必须是同一数据库中的两个表。将其中的一个表确定为主动表,又称为主表或父表;另一个表确定为被动表,又称为子表。要求这两个表各自必须至少包含一个内容及类型均一致的字段作为建立关系的纽带,其中,主表中的字段称为主关键字段,子表中的字段称为相关表关键字段,并分别对两表按该字段进行索引。主表索引必须为主索引或候选索引,即主关键字段值必须唯一;子表的索引类型任意。将哪个表确定为主表,应视数据处理的要求而定。

2) 永久性联系的建立

用鼠标将主表中的主索引拖到子表中的相匹配的索引上,松开鼠标左键,即可在两表之间出现一条连线,标志着两表之间的永久联系已经建立起来。

Visual FoxPro 6.0数据库及其操作

【例 4-1】 以"学生"表为主表,以"成绩"表为子表,建立两表之间的永久联系,如图 4-6 所示。

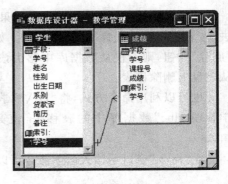

两表之间的永久联系有两种类型:"一对一"联系和"一对多"联系。联系类型取决于子表的索引类型。若子表的关键字索引是主索引或候选索引,则两表之间为"一对一"联系;若子表的关键字索引是普通索引,则为"一对多"联系。图 4-6 所示为两表之间的"一对多"联系。

图 4-6 建立两表之间的永久联系

3. 永久性联系的修改

修改永久性联系是指重新确定两表之间建立联系的关键字段,实现两表间以新的关键字段建立联系。修改永久联系的操作步骤如下:

(1) 选定关系。单击永久联系的连线,当连线成为粗线时,即表示关系被选中,然后选择"数据库"→"编辑关系"菜单命令,或右击关系连线,在快捷菜单中选择"编辑关系"命令,弹出如图 4-7 所示的"编辑关系"对话框。在"数据库设计器"区域内直接双击关系连线,同样可以打开"编辑关系"对话框。

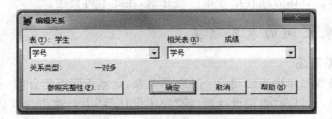

图 4-7 "编辑关系"对话框

(2) 若主表和相关表中含有多个索引关键字,可在相应的下拉列表框中重新选定建立永久关系的关键字,单击"确定"按钮实现关系的修改。

4. 永久性联系的删除

如果要将某个已存在的永久联系删除,可直接右击关系连线,在弹出的快捷菜单中选择"删除关系"命令,将该永久联系彻底删除,此时关系连线将同时消失。

4.1.5 设置参照完整性

两个表一旦建立永久关系,便建立了一种相互制约的机制。为了确保相关表之间数据的一致性,需要设置参照完整性规则。所谓参照完整性,就是指不允许在相关数据表中引用不存在的记录。参照完整性应满足如下 3 个规则:

(1) 在建立永久关系的数据表之间,子表中的每一个记录在对应的父表中都必须有一个父记录。

(2) 对子表做插入记录操作时,必须确保父表中存在一个相应的父记录。

(3) 对父表做删除记录操作时,其对应的子表中必须没有相应的子记录存在。

编辑关系的参照完整性,要先选中数据库中的某个关系,然后选择"数据库"菜单中的"编辑参照完整性"命令,或在关系连线的快捷菜单中选择"编辑参照完整性"命令,弹出"参照完整性生成器"对话框,如图 4-8 所示。在此对话框中可对更新规则、删除规则及插入规则进行重新设定。在建立参照完整性前,先打开数据库设计器,选择"数据库→清理数据库"菜单命令,再选择"数据库"→"编辑参照完整性"菜单命令,打开图 4-8。即先清理,后编辑。

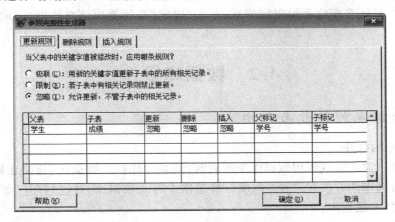

图 4-8 "参照完整性生成器"对话框

1. 更新规则

当主表中关键字段的值被修改时,按照子表中相应关键字段的值限定对主表的更新制约。"更新规则"选项卡中的 3 个单选按钮的含义如下。

(1) 级联。当更新主表中关键字值时,同时自动更新子表中相关记录的关键字段的值。

(2) 限制。对于主表中的某个记录,如果在子表中含有与之相匹配的关键字值的记录,则禁止更新它的关键字值。

(3) 忽略。对于主表中某个记录的关键字段值可以随意更新,而忽略子表中是否含有关键字段值与之相匹配的记录。

2. 删除规则

该规则制约的是当主表中的记录被删除时,对子表中关键字值相匹配记录的限定。"删除规则"选项卡中的 3 个单选按钮的含义如下。

(1) 级联。当删除主表中的某个记录时,将同时自动删除子表中与关键字段值相匹配的记录。

(2) 限制。对于主表中要删除的记录,如果在子表中含有与关键字段值相匹配的记录,则禁止删除。

(3) 忽略。对于主表中的记录可以随意删除,而忽略子表中是否含有与关键字段值相匹配的记录。

3. 插入规则

该规则确定的是当向子表中插入新记录时,两表之间的制约关系。"插入规则"选项卡中的两个单选按钮的含义如下。

(1) 限制。当向子表中插入新记录时,要求在主表中必须含有与关键字值相匹配的记录,否则禁止插入。

(2) 忽略。可以在子表中随意插入新记录,而忽略在主表中是否含有与关键字段值相匹配的记录。

Visual FoxPro 6.0 数据库及其操作

设置参照完整性的方法是：在"参照完整性生成器"对话框中，首先选择某一选项卡，然后单击表格某行左边的小按钮，选定相应的永久关系；再单击表格上面的某一单选按钮，此时表格中的对应值将随之变化，或者直接单击表格单元，在弹出的组合框内选值，这时表格上面的单选按钮随之变化。设置完毕后，单击"确定"按钮退出该对话框，完成参照完整性设置。

4.2 数据库操作

4.2.1 数据库的打开与关闭

1. 数据库的打开

在数据库中建立表或使用数据库中的表时，都必须先打开数据库，与建立数据库类似，常用的打开数据库的方法有三种：在项目管理器中打开数据库、通过"打开"菜单打开数据库、使用命令打开数据库。

1）在项目管理器中打开数据库

打开"教学管理"项目管理器，选择"数据"选项卡，然后选择"数据库"下的"教学管理"数据库，单击"修改"按钮，即可打开"教学管理"数据库。

2）通过"打开"菜单打开数据库

单击工具栏上的"打开"按钮或者选择"文件"→"打开"菜单命令，弹出"打开"对话框，在"文件类型"下拉列表框中选择"数据库（∗.dbc）"，然后在"文件名"文本框中输入数据库文件名，单击"确定"按钮打开数据库。在"打开"对话框中还有"以只读方式打开"和"独占"复选框可供选择。

3）使用命令打开数据库

打开数据库的命令是 OPEN DATABASE，具体语法格式如下：

OPEN DATABASE [<数据库文件名>|?] [EXCLUSIVE|SHARED] [NOUPDATE] [VALIDATE]

说明：

（1）<数据库文件名>表示要打开的数据库名，可以省略数据库文件扩展名.dbc。如果不指定数据库名或使用"?"，则弹出"打开"对话框。

（2）EXCLUSIVE 以独占方式打开数据库，与在"打开"对话框中选择"独占"复选框等效，即不允许其他用户在同一时刻使用该数据库。

（3）SHARED 以共享方式打开数据库，等效于在"打开"对话框中不选择"独占"复选框，即允许其他用户在同一时刻使用该数据库。默认的打开方式由 SET EXCLUSIVE ON|OFF 的值确定，系统默认设置为 ON。

（4）NOUPDATE 指定数据库按只读方式打开，等效于在"打开"对话框中选择"以只读方式打开"复选框，即不允许对数据库进行修改，默认的打开方式是读/写方式。

（5）VALIDATE 指定 Visual FoxPro 检查在数据库中引用的对象是否合法。例如，检查数据库中的表和索引是否可用，检查表的字段或索引的标记是否存在等。

使用该命令时，需要注意以下几点：

（1）NOUPDATE 选项实际并不起作用，为了使数据库中的表是只读的，需要在用

USE 命令打开表时使用 NOUPDATE。

（2）当数据库打开时,包含在数据库中的所有表都可以使用,但是这些表不会自动打开,使用时需要用 USE 命令打开。

（3）当用 USE 命令打开一个表时,Visual FoxPro 首先在当前数据库中查找该表,如果找不到,Visual FoxPro 会在数据库外继续查找并打开指定的表（只要该表在指定的目录或路径下存在）。

（4）Visual FoxPro 在同一时刻可以打开多个数据库,但在同一时刻只有一个当前数据库,即所有作用于数据库的命令或函数是对当前数据库而言的。指定当前数据库的命令是:

SET DATABASE TO [<数据库文件名>]

其中,参数<数据库文件名>指定一个已经打开的数据库成为当前数据库,如果不指定该参数,即执行命令 SET DATABASE TO,将使得所有打开的数据库都不是当前数据库（注意:所有的数据库都没有关闭,只是都不是当前数据库）。也可以通过"常用"工具栏上"数据库"下拉列表来选择、指定当前数据库,假设当前打开了 3 个数据库:数据 1、数据 2、数据 3,通过"数据库"下拉列表指定当前数据库的方式如图 4-9 所示。

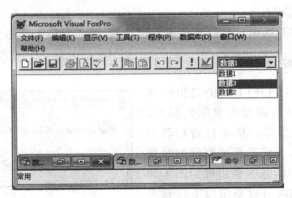

图 4-9　选择数据库

另外,在执行查询（Query）和表单（Form）时也可以自动打开和选择数据库。

2. 关闭数据库

1）通过项目管理器关闭

在项目管理器中选定需要关闭的数据库文件,然后单击"关闭"按钮。如果要关闭数据库设计器,只要单击"数据库设计器"窗口右上角的"关闭"按钮即可。

2）通过命令方式关闭

格式: **CLOSE DATABASE [ALL]**

说明:不带 ALL 选项,将只关闭当前数据库文件;带 ALL 选项,将关闭所有打开的数据库文件及其他所有类型的文件。

4.2.2　数据库的修改

Visual FoxPro 在建立数据库时建立了扩展名分别为 .dbc、.dct 和 .dcx 的 3 个文件,用户不能直接对这些文件进行修改。在 Visual FoxPro 中修改数据库,实际是打开数据库设计器,在数据库设计器中完成各种数据库对象的建立、修改和删除等操作。

数据库设计器是交互修改数据库对象的界面和工具,其中显示了数据库中包含的全部表、视图和联系。在"数据库设计器"窗口活动时,Visual FoxPro 显示"数据库"菜单和"数据库设计器"工具栏。打开数据库设计器的方法有 3 种:项目管理器方式、菜单操作方式和命令操作方式。

从项目管理器中打开数据库设计器,首先要展开数据库分支,然后选择要修改的数据库,最后单击"修改"按钮,在数据库设计器中修改相应的数据库。打开数据库设计器的命令是 MODIFY DATABASE,格式如下:

MODIFY DATABASE [<数据库文件名>|?] [**NOWAIT**] [**NOEDIT**]

说明:

(1) <数据库文件名>是要修改的数据库名,使用"?"或省略,会弹出"打开"对话框。

(2) NOWAIT 选项只在程序中使用,在交互使用的命令窗口中无效。其作用是在数据库设计器打开后程序继续执行,即继续执行 MODIFY DATABASE NOWAIT 之后的语句。如果不使用该选项,在打开数据库设计器后,应用程序会暂停,直到数据库设计器关闭后应用程序才会继续执行。

(3) 使用 NOEDIT 选项只是打开数据库设计器,禁止对数据库进行修改。

4.2.3 数据库的删除

如果一个数据库不再使用,随时可以将其删除,一般可以在项目管理器中删除数据库,也可以用命令删除数据库。从项目管理器中删除数据库比较简单,直接选择要删除的数据库,然后单击"移去"按钮,这时会出现如图 4-10 所示的提示对话框,这时可以单击以下任意一个按钮。

图 4-10　提示对话框

(1) 移去。从项目管理器中删除数据库,但并不从磁盘上删除相应的数据库文件。

(2) 删除。从项目管理器中删除数据库,并从磁盘上删除相应的数据库文件。

(3) 取消。取消当前的操作,即不进行删除数据库的操作。

注意:以上提到的数据库文件是.dbc 文件,而不是表.dbf 文件。

Visual FoxPro 的数据库文件并不真正含有数据库表或其他数据库对象,只是在数据库文件中登录了相关的条目信息,表、视图或其他数据库对象是独立存放在磁盘上的。所以不管是"移去"还是"删除"操作,都没有删除数据库中的表对象等,要在删除数据库时同时删除表对象等,需要使用命令方式删除数据库。删除数据库的命令是 DELETE DATABASE,具体命令格式如下:

DELETE DATABASE <数据库文件名>|?[**DELETETABLES**] [**RECYCLE**]

其中,各参数和选项的含义如下:

(1) <数据库文件名>是要从磁盘上删除的数据库文件名,此时要删除的数据库必须处于关闭状态;如果使用"?",则会弹出对话框请用户选择要删除的数据库文件。

（2）选择 DELETETABLES 选项，则在删除数据库文件的同时从磁盘上删除该数据库所含的表(.dbf)等。

（3）选择 RECYCLE 选项，则将删除的数据库文件和表文件等放入 Windows 的回收站中，如果需要的话，还可以还原它们。

注意：如果 SET SAFETY 设置值为 ON，则 Visual FoxPro 会提示是否要删除数据库，否则不出现提示，直接进行删除操作。

4.3 数据库表的建立与修改

4.3.1 在数据库中直接建立表

1. 利用菜单方式建立数据库表

在数据库中建立表的最简单方法就是使用数据库设计器。假设已经建立了"教学管理"数据库，初始的"数据库设计器"界面如图 4-2 所示，这时在菜单栏中会出现"数据库"菜单，在"数据库设计器"中任意空白区域右击，也会弹出"数据库"快捷菜单，从中选择"新建表"命令，则弹出如图 4-11 所示的对话框，然后单击"表向导"或"新建表"按钮建立新的表，也可以单击"取消"按钮暂时中断新建表的操作。

图 4-11 "新建表"对话框

在此单击"新建表"按钮，弹出"创建"对话框，首先选择存放表的目录，并在"输入表名"文本框中输入表名，如"表 1"，然后单击"保存"按钮，打开"表设计器"对话框，如图 4-12 所示。

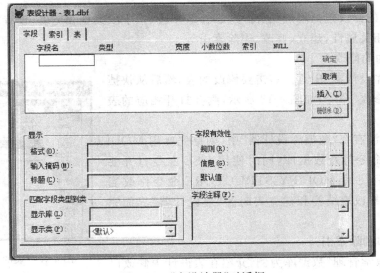

图 4-12 "表设计器"对话框

数据库表的"表设计器"对话框与自由表的"表设计器"对话框有所不同。在图 4-12 所示的数据库表的"表设计器"对话框的下方有"显示"、"字段有效性"、"匹配字段类型到类"、

"字段注释"4个输入/选择区域,而自由表的"表设计器"对话框中没有。这是因为数据库表具有一些自由表没有的特性。

(1) 数据库表可以使用长表名和长字段名。

(2) 可以为数据库表的字段指定标题、添加注释、指定默认值、输入掩码。

(3) 数据库表的字段可以有默认的控件类。

(4) 可以为数据库表规定字段级规则和记录级规则。

(5) 数据库表支持参照完整性的主关键字索引和表间关系。

(6) 数据库表支持 INSERT、UPDATE、DELETE 事件的触发器。

因此,建立数据库表时,不仅要确定字段名、类型、宽度、小数位数等内容,还要给字段和表定义属性。

2. 利用命令方式建立数据库表

可以使用下列命令方式在数据库中直接建立表:

(1) 使用 OPEN DATABASE 命令打开数据库。

(2) 使用 CREATE 命令建立表。

例如,在"教学管理"数据库中建立"学生"表,可以使用命令:

```
OPEN DATABASE D:\教学管理\教学管理
CREATE 学生
```

然后在弹出的"表设计器"对话框中完成表的建立。

注意:如果没有用 OPEN DATABASE 打开数据库,直接使用 CREATE 命令建立的表是自由表,而不是数据库表。

4.3.2 修改数据库中的表

数据库表的修改包括增加、删除字段,修改字段名、字段类型和宽度,设置字段的相关属性,设置表的相关属性,建立、修改、删除索引等。

1. 表结构的修改

在"数据库设计器"中直接右击要修改的表,然后从快捷菜单中选择"修改"命令,如图 4-13 所示,则会打开相应的表设计器。

如果当前没有在"数据库设计器"中,则首先要用 MODI DATABASE 命令打开数据库,同时使用 USE 命令打开要修改的表,然后使用 MODIFY STRUCTURE 命令修改当前表的结构。修改表结构和建立表时的"表设计器"界面完全一样。

图 4-13　表的快捷菜单

2. 修改和删除索引

下面以"教学管理"数据库为例,介绍在表设计中修改已建立索引的过程。

(1) 打开"教学管理"数据库。

(2) 在学生表上右击,在弹出的快捷菜单中选择"修改"命令,会弹出"表设计器"对话框,然后在表设计器对话框上选择"索引"选项卡,进行索引的修改和删除。

3. 修改数据库表中数据

首先在数据库中选定要修改的表,右击后在弹出的快捷菜单中选择"浏览"命令,打开"浏览窗口"或"编辑窗口",即可修改表中数据。

4. 字段相关属性的设置

1) 字段显示属性的设置

如图 4-14 所示,在数据库"表设计器"对话框的"字段"选项卡中的"显示"区域内有 3 个文本框,用于设定数据库表的显示属性。当用户利用数据库表在表单中创建字段控件或利用浏览窗口显示表中的数据时,设置在"表设计器"中的显示属性将自动验证数据的输入格式和显示方式。

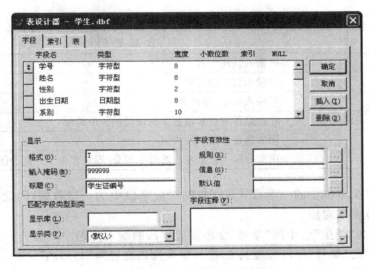

图 4-14　设置字段的显示属性

(1) 格式控制符。"格式"文本框用于输入格式控制符,确定当前字段在浏览窗口、表单或报表中显示时采用的大小写、字体大小和样式。选定某字段,在"格式"文本框中输入相应的格式代码,即可为该字段设置一种格式。常用格式代码及功能如表 4-1 所示。

表 4-1　常用格式代码列表

格 式 代 码	含 义 说 明
A	只允许输入、输出字母字符
D	使用当前系统设置的日期格式
L	在数值型数据前面显示前导 0,而非空格字符
T	删除字段中的前导空格和尾部空格
!	将字段中的小写字母转换成大写字母
^	使用科学计数法显示数值型字段的值
$	显示当前的货币符号,只用于数值型或货币型字段

在"格式"文本框中,输入的是一位格式代码,指定的是整个字段内每个字符的输入限制条件和显示格式。表中所列的不同的格式代码可以组合使用。

按照以下步骤可以给字段指定一种格式：

首先打开数据库表的"表设计器"对话框；然后选定需要指定格式的字段，在"格式"文本框中输入为字段选定的格式代码，单击"确定"按钮。

【例 4-2】 为"学生"表中的"学号"字段设置字段格式控制符。

首先打开"教学管理"数据库的"表设计器"对话框；然后选定"学号"字段；在"格式"文本框中输入 T，表示在该字段下显示的数据将删除前导空格和尾部空格，如图 4-14 所示；最后单击"确定"按钮，在弹出的对话框中单击"是"按钮完成设置。

（2）输入掩码。"输入掩码"文本框用于确定字段中字符的输入格式，防止数据的非法输入。首先选定某个字段，然后在"输入掩码"文本框中输入相应的掩码。掩码的具体含义如表 4-2 所示。

表 4-2 常用输入掩码及含义

格 式 代 码	含 义 说 明
X	可输入任何字符
9	可输入数字和正负号
#	可输入数字、空格和正负号
$	在指定位置显示当前系统设置的货币符号
.	用来指定小数点的位置
,	用来分隔小数点左边的整数部分，通常作为千分位分隔点

"输入掩码"文本框中的一个符号只能控制对应字段中的一位数据，因此输入掩码的个数应与字段的宽度相对应。

【例 4-3】 为"学生"表中的"学号"字段设置字段的输入掩码。

"学生"表中的"学号"字段宽度为 6，将其输入掩码设置为"999999"。

（3）字段标题。在"标题"文本框中可以为数据库表中的每个字段分别设置一个标题，该标题将作为浏览窗口中的列标题或表单控件的标题。但是应该注意，所设置的字段标题，在浏览窗口中只作为临时显示的列标题，并未改变表结构本身。该文本框中一般是对字段含义的直观描述或具体解释。

【例 4-4】 为"学生"表中的"学号"字段设置字段标题。

首先在该表的"表设计器"中选定"学号"字段，然后在"标题"文本框中输入"学生证编号"，单击"确定"按钮，在弹出的对话框中单击"是"按钮。设置完成后，打开浏览窗口，原来的"学号"字段名被替换为"学生证编号"。

2）字段有效性的设置

对输入到数据库表中的数据以字段为整体设置其验证规则，称为字段的有效性，又称为字段验证。当输入到表中的数据违反了字段有效性规则时，则系统会拒绝接收新数据，并显示出错的提示信息。字段有效性在上述格式码和输入掩码规则验证的基础上，进一步保证了数据的准确性。

（1）字段默认值。如果某个字段的值对于多数记录都是相同的，则可以为该字段设置一个默认值。每当在数据表中添加一个新记录时，系统便会自动地将默认值填入相应的字段中，从而简化数据的录入过程。设置字段默认值的步骤为：首先打开数据库表的"表设计器"对话框,选定要赋予默认值的字段;然后在"字段有效性"区域的"默认值"文本框中输入要显示在所有新记录中的字段内容(字符型字段要用引号括起来),或者单击该文本框右侧的"…"按钮,在弹出的"表达式生成器"对话框中构造字段的默认值内容。

【例 4-5】 为"学生"表中的"性别"字段设置字段的默认值。

在"学生"表的"表设计器"对话框中选定"性别"字段,在"字段有效性"区域的"默认值"文本框中输入"女",如图 4-15 所示。

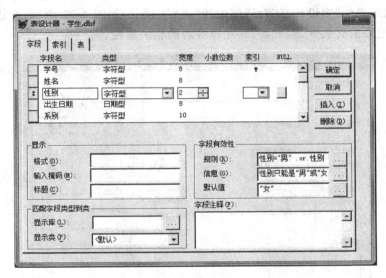

图 4-15　设置字段的有效性规则

(2) 字段有效性规则。设置对字段的验证规则。可在"规则"文本框中直接输入一个逻辑表达式,也可单击该文本框右侧的"…"按钮,在弹出的"表达式生成器"对话框中输入逻辑表达式。当向表中输入的数据使得表达式值为".T."时,则通过字段验证,否则系统拒绝接收新数据。

【例 4-6】 为"学生"表中的"性别"字段设置字段有效性规则。

在"学生"表的"表设计器"对话框中选定"性别"字段,在"字段有效性"区域的"规则"文本框中输入表达式:性别="男".or.性别="女",如图 4-15 所示。

这样在给"性别"字段输入数据时,只能输入"男"或"女"两个汉字,输入其他内容均为非法数据。

(3) 提示信息。对设置了有效性规则的字段,在向该字段输入数据时,对于不能通过字段验证的数据要给出提示信息,而在"信息"文本框中输入的字符串就是提示信息。这些字符串必须加字符型常量的定界符"""。当该项内容没有设置时,Visual FoxPro 系统默认提示信息为"违反了字段的验证规则"。

【例 4-7】 为"学生"表中的"性别"字段设置字段有效性提示信息。

在"学生"表的"表设计器"对话框中选定"性别"字段,在"字段有效性"区域的"信息"文本框中输入字符串:性别只能是"男"或者"女",如图 4-15 所示。

这样在输入性别值时,如果输入了除"男"或"女"两个汉字外的其他非法数据时,系统将给出"信息"文本框中的提示信息。

Visual FoxPro 6.0 数据库及其操作

3）字段注释的设置

对于数据库表,可以为某个字段加上一些注释信息,对该字段的含义进行较为详细的解释和说明,有利于用户对该字段的理解,并正确地使用该字段。

若要为某个字段添加注释信息,只需在"字段注释"编辑框中输入相关内容即可。注释信息在项目管理器中可以看到。

5. 设置表的相关属性

单击数据库表的"表设计器"对话框中的"表"选项卡,如图 4-16 所示,在该对话框中可以设置表名、记录的有效性、触发器、表注释等表的相关属性。

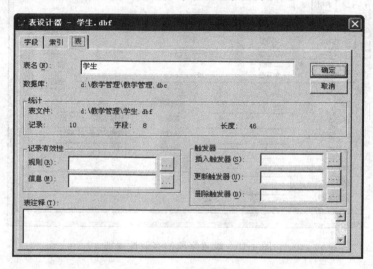

图 4-16　设置表的相关属性

1）表名

"表"选项卡中的"表名"文本框用于指定正在创建或修改的表的别名。Visual FoxPro 可以支持最长为 128 个字符的别名。但是此处指定的别名并不作为表的文件名。

2）记录有效性的设置

在数据库中不但可以设置表中字段的有效性规则,而且可以设置记录的有效性规则,用于验证输入到数据库表中记录的数据是否合法和有效,这一规则又称为记录级验证。当改变记录中某些字段的值并试图将记录指针移开该记录时,系统便会立即进行记录的有效性检查,即将记录中的数据与规则表达式相比较,只有匹配后才允许记录指针离开,否则将显示错误提示信息,并将记录指针重新指向该记录。

记录有效性规则的设置是在表设计器的"表"选项卡中的"记录有效性"区域内进行的,如图 4-16 所示。

（1）规则。规则由一个逻辑表达式构成,用来验证当前记录中某些字段的值是否满足条件。可以在"规则"文本框中输入逻辑表达式,也可以单击"…"按钮,在弹出的"表达式生成器"对话框中构造有效性验证规则的逻辑表达式。当表达式的值为".T."(真)时,通过记录验证。

（2）信息。在此文本框中输入当前记录中的数据未通过记录有效性验证时,要显示的提示内容,此提示信息为一个字符串,需要加上字符型常量的定界符""""。

【例4-8】 设置"学生"表的记录有效性规则。

若要保证记录的"姓名"和"学号"两个字段的内容不能同时为空,可在"规则"文本框内输入规则表达式:.NOT.EMPTY(姓名＋学号)。在"信息"文本框内输入如下信息:"姓名和学号字段不能同时为空",如图4-17所示。

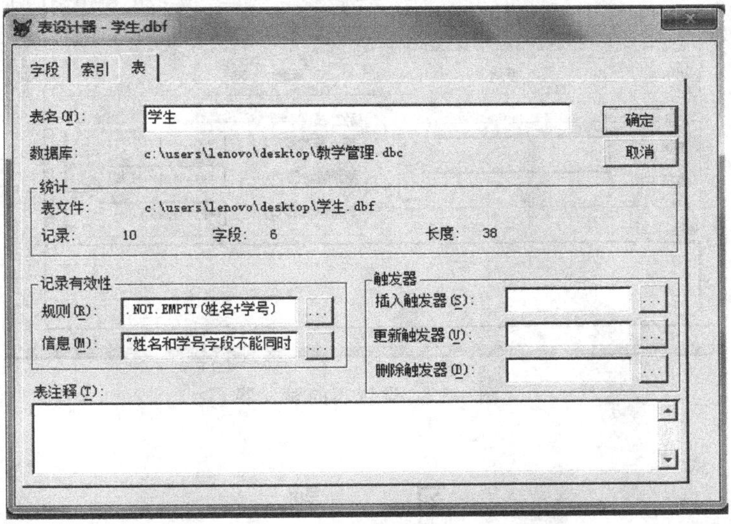

图4-17 "表设置器"的"表"选项卡

3) 触发器的设置

触发器是绑定在表中的表达式,当插入、删除或更新表中的记录时激活此触发器,作为对数据库表中已存在的数据进行插入、更新和删除操作时的数据验证规则,用于防止非法数据的输入。触发器是对表中数据进行有效性检查的机制之一,可以作为数据库表的一种属性而建立并存储在数据库中。如果某个数据库表从数据库中移去,则与此相关的触发器同时被删除。

数据库表的触发器有3种:插入触发器、更新触发器和删除触发器,如图4-18所示。

(1) 插入触发器。用于指定一个规则,每次在表中插入或追加记录时该规则被触发,据此检查插入的记录是否满足规则。

(2) 更新触发器。用于指定一个规则,每次在更新记录时触发该规则。

(3) 删除触发器。用于指定一个规则,每次在表中删除记录(逻辑删除)时触发该规则。

触发规则可以是一个表达式、一个过程或函数。当它们的返回值为".F."(假)时,显示"触发器失败"信息,以阻止插入、更新或删除操作。触发器是在进行了其他所有检查(如有效性规则、主关键字)之后才会被激活的。

【例4-9】 设置"学生"表的触发器。

若在"学生"表的设计器中设置的触发器规则如图4-18所示,则会在插入新记录时要求"学号"字段必须是非空的,在修改记录时要求"姓名"字段必须是非空的,而在删除记录时则要求"姓名"字段的值必须是空的才允许删除。

4) 表注释的添加

在"表设计器"的"表"选项卡的"表注释"编辑框中可以输入对表的注释。

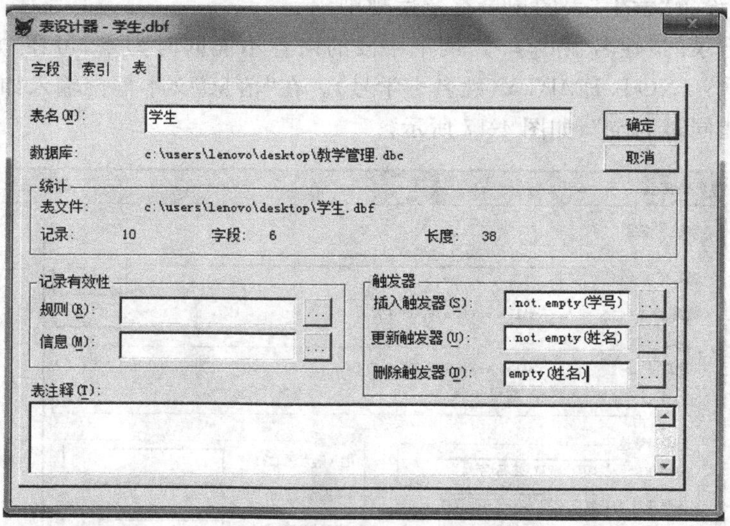

图 4-18   设置表的触发器

习   题

1. 选择题

（1）打开一个数据库的命令是（   ）。

    A. USE   B. USE DATABASE

    C. OPEN   D. OPEN DATABASE

（2）Visual FoxPro 数据库文件是（   ）。

    A. 存放用户数据的文件   B. 管理数据库对象的系统文件

    C. 存放用户数据和系统数据的文件   D. 前三种说法都对

（3）Visual FoxPro 参照完整性规则不包括（   ）。

    A. 更新规则   B. 删除规则   C. 查询规则   D. 插入规则

（4）以下叙述不正确的是（   ）。

    A. 删除一个数据库后，其中的数据表也一定被删除

    B. 任何一个数据表只能为一个数据库所有，不能同时添加到多个数据库中

    C. 只有建立了两个数据库表之间的某种关系，才能建立这两个数据表之间的"参照完整性"

    D. 触发器是指对数据库表中的记录进行插入、删除、更新时所启动的表达式

（5）要控制两个表中数据的完整性和一致性可以设置参照完整性，这两个表（   ）。

    A. 是同一数据库中的两个表   B. 是不同数据库中的两个表

    C. 是两个自由表   D. 一个是数据库表，一个是自由表

（6）要使"学生"表中不出现同名学生的记录，在数据库中需建立（   ）。

    A. 按姓名字段建立主索引或候选索引   B. 属性设置

    C. 建立有效性限制   D. 设置触发器

(7) 在 Visual FoxPro 中,以下叙述正确的是(　　)。

　　A. 自由表的字段可以设置有效性规则

　　B. 数据库表的字段可以设置有效性规则

　　C. 自由表和数据库表的字段均可以设置有效性规则

　　D. 自由表和数据库表的字段均不可以设置有效性规则

(8) 在 Visual FoxPro 中设置参照完整性,要想设置成:当更改父表中的主关键字段或候选关键字段时,自动更改所有相关子表记录中的对应值,应选择(　　)。

　　A. 限制　　　　　　B. 忽略　　　　　　C. 级联　　　　　　D. 级联或限制

(9) 在设置数据库中数据表之间的永久关系时,以下说法正确的是(　　)。

　　A. 父表必须建立主索引或候选索引,子表可以不建立索引

　　B. 父表必须建立主索引或候选索引,子表可以建立普通索引

　　C. 父表必须建立主索引或候选索引,子表必须建立候选索引

　　D. 父表、子表都必须建立主索引或候选索引

(10) 下述命令中(　　)能关闭数据库。

　　A. LISE　　　　　　　　　　　　B. CLOSE DATABASE

　　C. CLEAR　　　　　　　　　　　D. CLEAR ALL

2. 填空题

(1) Visual FoxPro 的主索引和候选索引可以保证数据的_____完整性。

(2) 数据库表之间的一对多联系通过主表的_____索引和子表的_____索引实现。

(3) 将一个自由表添加到当前数据库,可以用_____命令。

(4) 在定义字段有效性规则时,在"规则"文本框中输入的表达式类型是_____。

(5) 若要保证记录的"姓名"和"学号"两个字段的内容不能同时为空,应设置记录的有效性规则表达式为_____。

3. 操作题

(1) 建立一个"教学管理"数据库,要求如下:

① 数据库名为"教学管理"。

② 建立如下表:

学生(学号 C7,姓名 C8,年龄 I)

课程(课程号 C 6,课程名 C 14)

成绩(学号 C7,课程号 C6,成绩 I)

③ 建立如下索引:

为学生.学号和课程.课程号建立主索引;

为成绩.课程号和成绩.学号建立普通索引。

④ 建立学生和成绩之间的联系、课程和成绩之间的联系。

(2) 将以上建立的数据库表移出数据库使之成为自由表。

(3) 将以上自由表再添加到数据库中,并重新建立索引和表之间的联系。

(4) 定义学生表和成绩表之间的参照完整性规则,定义删除规则为"级联",更新规则和插入规则为"限制"。

Visual FoxPro 6.0 数据库及其操作

第 5 章 查询和视图

为方便、快速地使用数据库中的数据，Visual FoxPro 提供了两种基本手段，即查询和视图。查询和视图都是从指定的一个表或多个表中筛选出满足条件的数据。查询可以根据表或视图定义，它不依赖于数据库而独立存在，可以显示但不能更新检索到的数据；视图兼有表和查询的特点，还可以改变视图中记录的值，并把更新结果送回源表中，但不能独立存在，必须依赖于某个数据库。

5.1 查 询 设 计

查询是按照给定的条件在数据表中查找满足条件的记录，Visual FoxPro 中实现查询有两种途径：一是使用相关命令或查询工具；二是用 SQL 标准查询语言。本节主要介绍利用查询设计器来实现查询，SQL 查询命令将在第 6 章中做介绍。

5.1.1 查询设计器

1. 启动查询设计器

（1）选择"文件"→"新建"菜单命令，在弹出的"新建"对话框中选择"查询"单选按钮，然后单击"新建文件"按钮。

（2）执行 CREATE QUERY 命令。

（3）从"项目管理器"启动查询设计器。打开"教学管理"项目管理器，在"数据"选项卡下选择"查询"选项，单击"新建"按钮，如图 5-1 所示。

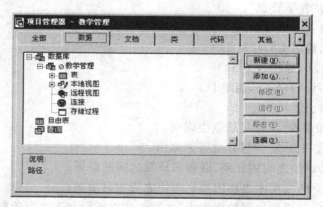

图 5-1　在"项目管理器"中创建查询

在弹出的"新建查询"对话框中单击"新建查询"按钮，如图 5-2 所示。

上述命令或操作执行后有以下两种情况：

（1）当前没有打开的数据库，则弹出图 5-3 所示的"打开"对话框，在对话框中选择基于查询的表或视图。

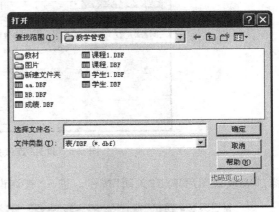

图 5-3 "打开"对话框

图 5-2 "新建查询"对话框

① 当选择的表为自由表，单击"确定"按钮后，弹出图 5-4 所示的"添加表或视图"对话框；如果选择单张表建立查询，单击"关闭"按钮即可；如果选择多个表进行查询时，单击"其他"按钮，再次在图 5-3 所示的"打开"对话框中选择查询需要的其他表。

② 当选择的表为数据库表时，单击"确定"按钮，弹出图 5-5 所示的"添加表或视图"对话框，当前表所在的数据库也被打开。如果选择单张表建立查询，单击"关闭"按钮即可；如果选择多个表进行查询时，则可在当前数据库中选择其他表或视图，单击"添加"按钮即可；如果需要的其他表或视图不在当前数据库中，则单击"其他"按钮，再次在图 5-3 所示的"打开"对话框中选择查询需要的其他表。

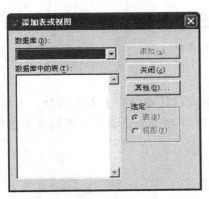

图 5-4 "添加表或视图"对话框（1）

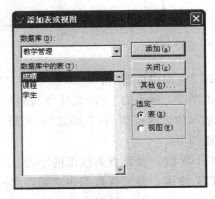

图 5-5 "添加表或视图"对话框（2）

（2）当前数据库处于打开状态，直接弹出图 5-5 所示的"添加表或视图"对话框，如果建立查询所需的表或视图在数据库中，直接在数据库中选择。否则单击"其他"按钮，在图 5-3 所示的"打开"对话框中选择查询需要的表。

当选择了多张表或视图建立查询时,用户需要指出这些表或视图间的连接条件,如图 5-6 所示。

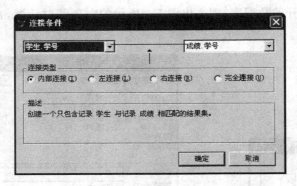

图 5-6　设置"连接条件"

添加表或视图后单击"关闭"按钮。进入"查询设计器"窗口,如图 5-7 所示。

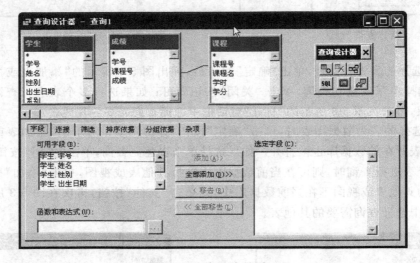

图 5-7　"查询设计器"窗口

2. "查询设计器"窗口

由图 5-7 所示的"查询设计器"窗口可以看出,查询设计器分为上下两部分。上半部分显示添加的表或视图,右上部是"查询设计器"工具栏;下半部分是设计查询的 6 个选项卡,其功能如下。

(1) 字段。设置查询输出的字段、函数和表达式。

(2) 连接。设置各数据表或视图之间的连接关系。

(3) 排序依据。设置查询输出中记录排列顺序。

(4) 筛选。设置查询满足的条件。

(5) 分组依据。用来将一组类似的记录压缩成一个结果记录,完成基于组的计算。

(6) 杂项。设置查询输出是否要重复记录及列在前面的记录个数或记录个数的百分比。

5.1.2 建立查询

1. 设置查询输出字段

根据建立查询的目的,选择查询结果中应包含的字段。在"查询设计器"中的"字段"选项卡中指定查询要输出的字段、函数值和表达式,如图 5-8 所示。

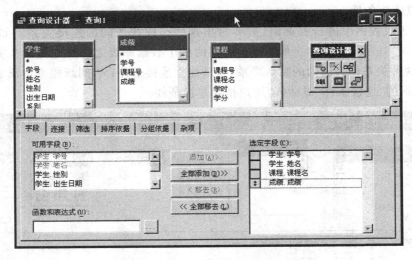

图 5-8 指定查询字段

在"可用字段"列表框中选取所需的字段,然后单击"添加"按钮或直接双击所选字段,该字段即被添加到"选定字段"列表框中,当需要将全部字段被选为"选定字段"时,直接单击"全部添加"按钮即可。如果查询输出的字段不是单个字段信息,而是由字段构成的表达式,则在"函数和表达式"列表框中输入表达式,或者单击 ⋯ 按钮,在弹出的图 5-9 所示"表达式"列表框中输入表达式。

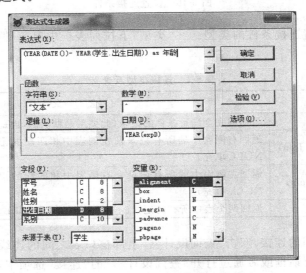

图 5-9 "表达式生成器"对话框

　　例如，添加年龄字段，表达式中输入"（YEAR（DATE（））－ YEAR（学生.出生日期））as 年龄"，通过"as"或"空格"给表达式一个别名"年龄"，在浏览时显示。单击"添加"按钮，该表达式添加到"选定字段"列表框中。通过单击"移去"按钮或"全部移去"按钮，将"选定字段"列表中选定的字段或全部字段退回到"可用字段"列表框中。当所有查询需要的字段都添加到"选定字段"列表框中，可拖动 ![icon] 来调整字段的输出顺序。

2．设置连接条件

　　在多个表或视图中进行查询时，需要指出这些表或视图间的连接关系。如图 5-10 所示，可在"连接"选项卡中指定。如果查询用到的多个数据库表之间建立过永久关系，"查询设计器"将这种关系作为表间的默认联系，自动建立连接条件；否则新建查询添加表时会弹出图 5-6 所示的"连接条件"对话框，用户指定连接条件。

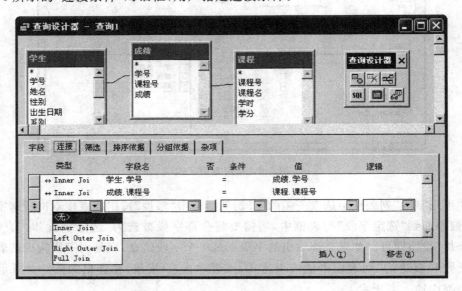

图 5-10　设置连接条件

　　（1）类型。设置连接条件的类型。在"类型"下拉列表框中有 4 种类型，其类型及含义如表 5-1 所示。

表 5-1　连接类型及含义

连接类型	含义
内部连接（Inner Join）	只返回完全满足条件的记录（此类型是默认的，也是最常用的）
右外连接（Right Outer Join）	返回右侧表中的所有记录及左侧表中相匹配的记录（不匹配的记录以 NULL 填充）
左外连接（Left Outer Join）	返回左侧表中的所有记录和右侧表中相匹配的记录（不匹配的记录以 NULL 填充）
完全连接（Full Join）	返回两个表中所有的记录（不匹配的记录以 NULL 填充）

　　如果修改各表间的连接，双击"查询设计器"上部窗口表之间的连线，系统将弹出图 5-6 所示的"连接条件"对话框或者通过打开"查询设计器"的"连接"选项卡，进行修改。一般不应该随便更改连接条件，否则会与实际数据间的关系不符。

（2）字段名。设置作为连接条件的父关联字段。

（3）否。设置.NOT.条件，排除与条件相符的记录。

（4）条件。设置一个运算符比较连接条件左右两边的值，如表 5-2 所示。

表 5-2　条件运算符及含义

运　算　符	含　　义
=	"字段名"栏中给出的字段值与"值"栏中的值相等
LIKE	"字段名"栏中给出的字段值包含"值"栏中给出的值相匹配的字符
==	"字段名"栏中给出的字段值与"值"栏中给出的值必须逐字完全匹配
>	"字段名"栏中给出的字段的值应大于"值"栏中给出的值
>=	"字段名"栏中给出的字段的值应大于或等于"值"栏中给出的值
<	"字段名"栏中给出的字段的值应小于"值"栏中给出的值
<=	"字段名"栏中给出的字段的值应小于或等于"值"栏中给出的值
ISNULL	指定字段必须包含 NULL(空)值
BETWEEN	输出字段的值应位于"值"栏中给出的两个值之间
IN	输出字段的值必须是"值"栏中给出的用逗号分隔的几个值中的一个

（5）值。指出一个被关联字段的值。

（6）逻辑。设置各连接条件之间的逻辑关系。

（7）插入和移去按钮。用于插入或移去连接条件。

3. 设置查询条件

在"查询设计器"的"筛选"选项卡中指定查询条件，如图 5-11 所示。

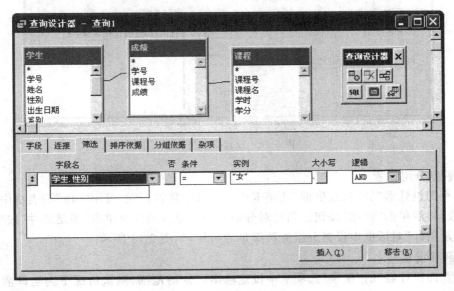

图 5-11　设置查询条件

（1）字段名。指定筛选条件的字段名。通过该下拉列表框选择字段名，当字段名为表达式时，则单击"表达式"，在弹出的图 5-9 所示的"表达式生成器"对话框中编辑表达式。

（2）否。与连接选项卡下的含义相同。

（3）条件。与连接选项卡下的含义相同。

（4）大小写。是否忽略要查询的字符或字符串的大小写。

（5）实例。用于指定查询条件的值。

（6）逻辑。用于指定一条或多条查询条件。

在设置筛选条件时，还应注意以下两点：

（1）备注型字段和通用型字段不能用于设置查询条件。

（2）逻辑值的前后必须使用点号，例如.T.。

4. 查询输出的设置

1）设置查询结果的输出顺序

在"查询设计器"的"排序依据"选项卡中指定数据排序依据。在"选定字段"列表框中选取排序字段，单击"添加"按钮，然后在"排序选项"选项组中单击"升序"或"降序"单选按钮。排序关键字可以有多个，查询结果的输出与"排序条件"列表框中字段的顺序相关，其顺序可以通过拖动 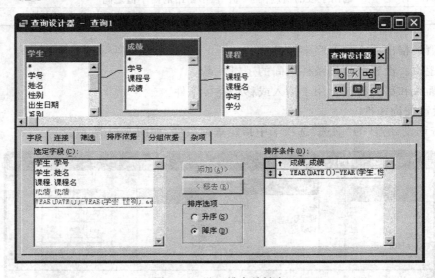 来调整，如图5-12所示。

图 5-12　设置排序关键字

2）数据分组设置

在"查询设计器"的"分组依据"选项卡中设置分组依据。在"可用字段"列表框中选取分组的字段，然后单击"添加"按钮。当要对分组的字段设置条件时单击"满足条件"按钮，在弹出的"满足条件"对话框中设置分组应该满足的条件，如图5-13所示。

3）杂项设置

在"查询设计器"的"杂项"选项卡中设定输出记录的范围，默认情况下为全部满足条件的所有记录，如图5-14所示。

（1）无重复记录。选中该复选框表示输出结果中不包括重复的记录；未选中则表示输出结果包括重复记录。

（2）全部。选中该复选框表示输出所有满足条件的记录，否则在记录个数中指定输出记录的个数或指定所占的百分比。

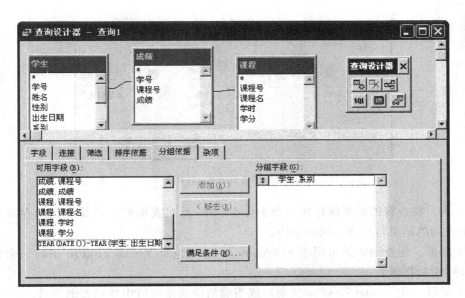

图 5-13　设置数据分组

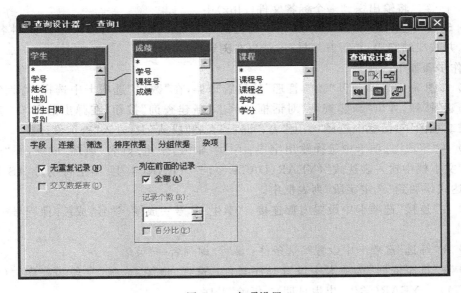

图 5-14　杂项设置

5. 设置查询去向

单击"查询设计器"工具栏中的 按钮或单击"查询"→"查询去向"菜单命令,在弹出的图 5-15 所示的"查询去向"对话框中设置查询结果的输出。

该对话框中的各按钮的含义如下:

(1) 浏览。在浏览窗口中显示查询结果,这是查询默认设置。

(2) 临时表。将查询结果存储在一个临时只读表中。多次查询的结果可放在不同的表中,该表可用于浏览数据、制作报表等,直到用户关闭它们。

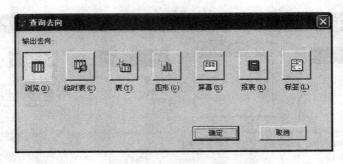

图 5-15 "查询去向"对话框

(3) 表。将查询的结果保存在一个表(.dbf)中,此时查询的结果被真正地存放到磁盘上,多次查询的结果可放在不同的表内。

(4) 图形。使查询结果可用于 Microsoft Graph(包含 Visual FoxPro 中的一个独立的应用程序)中制作图表。

(5) 屏幕。在 Visual FoxPro 主窗口或当前活动输出窗口中显示查询结果。

(6) 报表。将输出送到一个报表文件(.frx)中。

(7) 标签。将输出送到一个标签文件(.lbx)中。

【例 5-1】 建立名为"选课情况.qpr"的查询,要求输出选修了英语课的学号、姓名、年龄和成绩,并按成绩降序、年龄升序排列,结果在浏览窗口输出。

操作步骤如下:

(1) 如图 5-1 所示,打开"教学管理"项目管理器,在"数据"选项卡中选择"查询"选项,单击"新建"按钮,弹出"新建查询"对话框。单击"新建查询"按钮,在弹出的图 5-5 所示的"添加表或视图"对话框中选择"学生"表、"课程"表和"成绩"表,进入"查询设计器"。

(2) 在"字段"选项卡中选择输出字段:学生.学号,学生.姓名,成绩.成绩,在"函数和表达式"文本框中输入表达式"(YEAR(DATE())— YEAR(学生.出生日期)) AS 年龄",并将表达式添加到"选定字段"列表框中。

(3) 在"连接"选项卡中设置内部连接:"学生.学号=成绩.学号,成绩.课程号=课程.课程号"。

(4) 在"筛选"选项卡中设置筛选条件:课程.课程名="英语"。

(5) 在"排序依据"选项卡中设置排序条件:选择"成绩.成绩"字段为降序,"(YEAR(DATE())— YEAR(学生.出生日期))年龄"升序。

(6) 选择"查询"→"运行查询"菜单命令,运行结果如图 5-16 所示。

(7) 关闭查询设计器。

【例 5-2】 建立"选课人数.qpr"的查询,计算各门课程对应的选课人数,要求输出选课人数大于等于 3 的课程名和选课人数,结果在浏览窗口输出。

操作步骤如下:

图 5-16 查询结果

（1）在"命令"窗口输入"CREATE QUERY"，在弹出的图 5-3 所示的"打开"对话框中，选择"课程"表，然后单击"确定"按钮，在弹出的图 5-5 所示的"添加表或视图"对话框中选择"成绩"表，进入查询设计器。

（2）在"字段"选项卡中选择输出字段：课程.课程名，在"表达式生成器"对话框中输入表达式"COUNT（成绩.学号）AS 选课人数"，并将这个表达式添加到"选定字段"列表框中。

（3）在"连接"选项卡中设置内部连接：成绩.课程号＝课程.课程号。

（4）在"分组依据"选项卡中设置分组字段：选择"课程.课程号"，单击"满足条件"按钮，在弹出的对话框中设置"查询.选课人数＞＝3"。

（5）选择"查询"→"运行查询"菜单命令，运行结果如图 5-17 所示。

（6）关闭查询设计器。

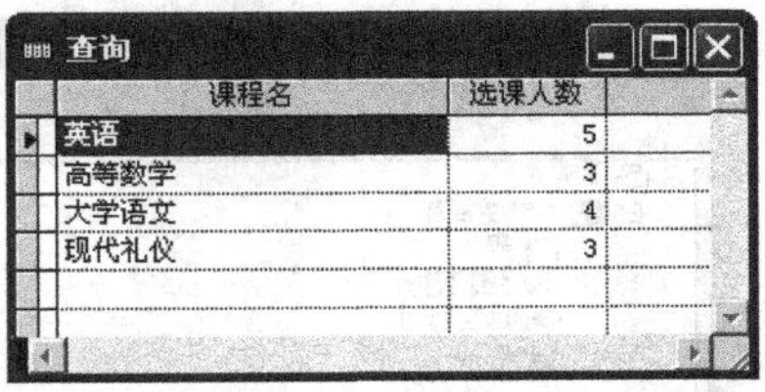

图 5-17　例 5-2 查询结果

5.1.3　查询的操作

1．查询的保存

选择"文件"→保存"菜单命令或单击"关闭"按钮，出现保存查询提示框，单击"是"按钮，在出现的"另存为"对话框中输入查询文件名，即可将查询结果保存到指定的文件中，查询的扩展名为.qpr。

2．查询的运行

（1）在"查询设计器"内右击，在弹出的快捷菜单中选择"运行查询"命令。

（2）在"项目管理器"中选定查询的名称，然后单击"运行"按钮。

（3）选择"查询"→"运行查询"菜单命令。

（4）在命令窗口中输入 DO ＜查询名＞.qpr。

（5）单击常用工具栏上的　按钮。

3．查询的修改

（1）在"项目管理器"的"数据"选项卡中选择"查询"选项，然后单击"修改"按钮。

（2）在"命令"窗口中输入 MODIFY QUERY ＜查询文件名＞。

5.2　视　图　设　计

视图是从一个或多个数据表中导出的表。视图是不能单独存在的，它依赖于某一数据库而存在，是一个虚表。通过视图可使数据暂时从数据库中分离成为自由数据，以便在主系统之外收集和修改数据。视图兼有"表"和"查询"的特点，与"查询"类似的是可以从一个或多个相关联的表中提取有用的信息，与"表"类似的是可以更新其中的信息，并将更新结果永久保存在磁盘上。视图通常分为本地视图和远程视图。使用当前数据库中的表建立的视图是本地视图，使用当前数据库之外的数据库表（包括本地文件夹中的其他数据表、本地磁盘上的数据库表，甚至远程服务器上的数据库表）建立的视图是远程视图。本节主要介绍本地视图的创建。

5.2.1 视图设计器

1. 启动视图设计器

(1) 使用 CREATE VIEW 命令，数据库必须在当前处于打开状态。

(2) 从"项目管理器"启动查询设计器。例如打开"教学管理"项目管理器，单击"数据"选项卡，在"教学管理"数据库中选取"本地视图"选项，如图 5-18 所示。

单击"新建"按钮，在弹出的"新建本地视图"对话框中单击"新建视图"按钮，如图 5-19 所示。

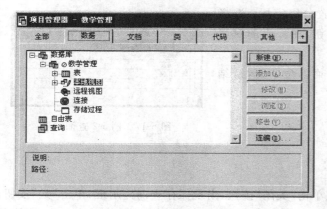

图 5-18　在"项目管理器"中创建视图　　　　　　图 5-19　"新建本地视图"对话框

弹出如图 5-5 所示"添加表或视图"对话框，选择建立视图的数据源，关闭对话框进入"视图设计器"窗口，如图 5-20 所示。

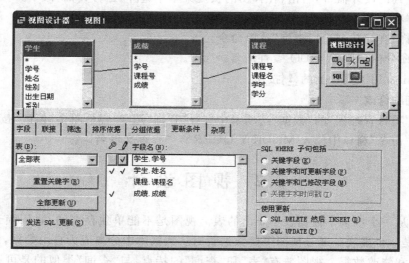

图 5-20　"视图设计器"窗口

2. 视图设计器和查询设计器

视图设计器和查询设计器的使用方法几乎相同，不同之处在于：

(1) 查询设计器的结果是将查询以扩展名为 .qpr 的文件保存在磁盘中，而视图设计完毕后，在磁盘上找不到类似的文件，视图的结果保存在数据库中。

（2）由于视图是可以更新的，因此在视图设计器中多了一个"更新条件"选项卡，如图 5-20 所示。

（3）查询有多个输出去向，而视图只有一个输出就是虚拟表。

5.2.2　视图的建立与使用

下面以例 5-3 说明视图的建立过程。

【例 5-3】　在"教学管理"数据库中建立一个本地视图，要求输出学号、姓名、课程名和成绩，按姓名降序排列并以"女同学的成绩"保存。

操作步骤如下：

（1）在"教学管理"项目管理器的"数据"选项卡，在"教学管理"数据库中选取"本地视图"选项，然后单击"新建"按钮。在"添加表或视图"对话框中添加"学生"表、"成绩"表和"课程"表，进入视图设计器。

（2）在"字段"选项卡中选择输出字段：成绩.学号，学生.姓名，课程.课程名，成绩.成绩。

（3）在"连接"选项卡中设置内部连接：学生.学号＝成绩.学号，成绩.课程号＝课程.课程号。

（4）在"筛选"选项卡中设置筛选条件：学生.性别＝"女"。

（5）在"排序依据"选项卡中设置排序条件："学生.姓名"字段为降序。

（6）单击常用工具栏上的 ！按钮，运行结果如图 5-21 所示。

学号	姓名	课程名	成绩
12040216	韦国兰	英语	65.5
12040216	韦国兰	大学语文	86.5
12050206	王敏	军事理论	98.0
12050206	王敏	高等数学	92.0
12010318	汪晴慧	英语	88.0
12010318	汪晴慧	大学语文	83.5
12020304	钱悦	英语	82.0
12020304	钱悦	高等数学	91.5
12020304	钱悦	软件工程	88.5
12010203	马丽	英语	93.5
12010203	马丽	大学语文	74.5
12030112	金娟娟	现代礼仪	76.5

图 5-21　例 5-3 视图查询结果

（7）选择"文件"→"另存为"菜单命令，弹出"保存"对话框，在"视图名称"文本框中输入"女同学的成绩"，单击"确定"按钮，则该视图将以此名保存到"教学管理"数据库中。

（8）关闭视图设计器。

视图建立之后，就可以像表一样使用，用于显示或更新数据等。视图在使用时，作为临时表在自己的工作区中打开。如果该视图是基于本地表，则 Visual FoxPro 将同时在另一个工作区打开源表，也可以使用 SQL 语句操作视图。在文本框、表格控件、表单或报表中可以使用视图作为数据源。

5.2.3　使用视图更新数据

从例 5-3 可以看到，视图的建立方法和查询几乎一样，但是视图与查询最大的不同在于，用户可以通过视图对原有数据库表中的记录实现更新，而查询则不可以，视图的这一功能通过视图设计器的"更新条件"选项卡来实现。

1. 指定可更新的源表

在"表"下拉列表框中指定视图可以修改的源表，默认可以更新"全部表"的相关字段（即在"字段"选项卡中选择输出的字段）。如果允许更新某个表的数据，则在该下拉列表框中选择该表即可。

2. 指定关键字和可以更新的字段

（1）字段名。设置可标志为关键字字段和可更新字段的输出字段名。

（2）关键字段（使用 $\mathcal{P}$ 符号做标记）。设置该字段是否为关键字段。如果源表中有一个主关键字段，并且已被选为输出字段，则视图设计器将自动使用这个主关键字段作为视图的关键字段，如果源表中没有设置关键字段，单击字段名前的可更新列，可以将该字段设置为关键字段（同时在 $\mathcal{P}$ 符号下面显示一个"✔"）。

（3）可更新字段（使用 $\mathcal{O}$ 符号做标记）。设置字段是否为可更新字段。要使表中的字段是可更新的，在表中必须已定义了关键字段，系统通过源表的关键字段完成更新。单击字段名前的可更新列，可以将字段设置为可更新的（同时在 $\mathcal{O}$ 符号下面显示一个"✔"），表示允许在视图中修改这些字段，并将修改结果送回到源表的相应字段中，即通过视图更新源表数据。如果未被标识为可更新的，虽然可以在表中或浏览窗口修改这些字段，但修改的值不会送回源表中。

（4）重置关键字。设置改变了关键字段后重新把他们恢复到源表的初始设置。

（5）全部更新。可使表中的所有字段可更新（此时表中必须有已定义的关键字）。

（6）发送 SQL 更新。如果将视图记录中的修改传送回源表，必须至少设置一个关键字段，同时必须选中"发送 SQL 更新"选项；否则，视图的修改结果不传送回源表。

3. 更新冲突检查

在一个多用户工作环境中，服务器上的数据也可以被其他用户访问，也许其他用户也在试图更新远程服务器上的记录，为了让 Visual FoxPro 检查用户操作的数据在更新之前是否被其他用户修改过，可使用"更新条件"选项卡中的选项。

"SQL WHERE 子句包括"选项组中的选项可以帮助管理遇到多用户访问同一数据时如何更新记录。在允许更新之前，Visual FoxPro 先检查远程数据源表中的指定字段，看看它们在记录被提取到视图中后有没有改变，如果数据源中的这些记录已被修改，就不允许更新操作。在"使用更新"选项组中设置更新方式，当记录中的关键字更新时，这些选项决定发送到服务器或源表中的更新语句使用什么 SQL 命令，各选项的含义如表 5-3 所示。

表 5-3　更新条件中各选项及含义

选　项	含　义
关键字段	当源表中的关键字段被改变时，使更新失败
关键字和可更新字段	当源表中标记为可更新的字段被改变时，使更新失败
关键字和已修改字段	当视图中改变的任一字段在源表中已被改变时，使更新失败
关键字和时间戳	当源表中任何标记为可更新的字段被改变时，使更新失败
SQL UPDATE	表示用视图中的更新结果来修改源表中的旧记录
SQL DELETE 然后 INSERT	表示先删除源表中要被更新的记录，再向源表插入更新后的新记录

【例 5-4】 将例 5-3 中建立的视图中"马丽"同学的英语课程成绩改为 95,并将结果返回成绩表。

（1）打开"教学管理"项目管理器,在"教学管理"数据库中,选中名为"女同学的成绩"的视图,单击"修改"按钮,在弹出的"视图设计器"窗口中进行修改。

（2）单击"更新条件"选项卡,在"字段名"列表框中设置"成绩.学号"为关键字段、"成绩.成绩"为更新字段,并选中"发送 SQL 更新"复选框。

（3）选择"查询"→"运行查询"菜单命令,运行结果如图 5-21 所示。

（4）在浏览窗口中更改成绩如图 5-22 所示。

（5）关闭视图设计器。

学号	姓名	课程名	成绩
12040216	韦国兰	英语	65.5
12040216	韦国兰	大学语文	88.5
12050206	王敏	军事理论	98.0
12050206	王敏	高等数学	92.0
12010318	汪晴慧	英语	88.0
12010318	汪晴慧	大学语文	83.5
12020304	钱悦	英语	82.0
12020304	钱悦	高等数学	91.5
12020304	钱悦	软件工程	88.5
12010203	马丽	英语	95.0
12010203	马丽	大学语文	74.5
12030112	金娟娟	现代礼仪	76.5

图 5-22　更新"女同学的成绩"

习　　题

1. 选择题

（1）以下关于查询描述正确的是（　　）。

　　A. 不能根据自由表建立查询

　　B. 只能根据自由表建立查询

　　C. 只能根据数据库表建立查询

　　D. 可以根据数据库表和自由表建立查询

（2）在 Visual FoxPro 中以下叙述正确的是（　　）。

　　A. 利用视图可以修改数据　　　　　B. 利用查询可以修改数据

　　C. 查询和视图具有相同的作用　　　D. 视图可以定义输出去向

（3）下列关于运行查询的方法中,不正确的是（　　）。

　　A. 在项目管理器的"数据"选项卡中展开"查询"选项,选择要运行的查询,然后单击"运行"按钮

　　B. 选择"查询"菜单中的"运行查询"命令

　　C. 按 Ctrl+B 组合键运行查询

　　D. 在"命令"窗口输入命令：DO ＜查询文件名. qpr＞

（4）在查询去向中，能够直接查看到查询结果的是（　　　）。

　　A. 浏览　　　　　　　B. 屏幕　　　　　　C. 临时表　　　　　　D. A 和 B

（5）在 Visual FoxPro 中，关于视图的叙述正确的是（　　　）。

　　A. 视图与数据库表相同，用来存储数据

　　B. 视图不能同数据库表进行连接操作

　　C. 在视图上不能进行更新操作

　　D. 视图是从一个或多个数据库表导出的虚拟表

（6）只有满足连接条件的记录才出现在查询结果中，该连接为（　　　）。

　　A. 内部连接　　　　　B. 左连接　　　　　C. 右连接　　　　　D. 完全连接

（7）视图设计器中有，而查询设计器中没有的选项卡是（　　　）。

　　A. 筛选　　　　　　　B. 排序依据　　　　C. 分组依据　　　　D. 更新条件

（8）在 Visual FoxPro 中，如果建立的查询是基于多个表，那么要求这些表之间（　　　）。

　　A. 必须是独立的　　　　　　　　　　B. 必须有联系

　　C. 不一定有联系　　　　　　　　　　D. 必须是自由表

（9）下列不能用来建立视图的方法是（　　　）。

　　A. 利用 CREATE VIEW 命令打开视图设计器建立

　　B. 在项目管理器的"数据"选项卡中建立

　　C. 通过"新建"对话框来建立

　　D. 通过 MODIFY VIEW 命令打开视图设计器建立

（10）下面关于视图的说法中错误的是（　　　）。

　　A. 视图其实是定制的虚拟表

　　B. 视图不一定依赖于表

　　C. 视图可以在其他视图的基础上创建

　　D. 创建视图的命令是 CREATE VIEW…AS…

2. 填空题

（1）根据数据源的不同，视图分为_____和_____。

（2）查询_____更新表中的数据。

（3）建立查询后必须_____才能看到查询结果。

（4）Visual FoxPro 中查询的扩展名为_____。

（5）创建视图时，相应的数据库必须是_____状态。

3. 简述题

（1）什么是查询？什么是视图？查询和视图的相同点和不同点是什么？

（2）查询设计器和视图设计器有什么相同点和不同点？

4. 操作题

（1）在第 4 章建立的"教学管理"数据库中完成以下查询和视图。

在前面建立的"教学管理"数据库中建立名为"课程成绩. qpr"的查询，计算每门课程的平均成绩，要求输出课程名和成绩信息。

（2）统计各门课程的学习人数、平均分,输出课程名、平均分和学习人数,要求统计结果中只包含平均分在 75 分(含 75 分)以上的课程,且按平均分降序排序。

（3）统计每个学生已取得的总学分和所学课程门数。要求查询输出字段为：学号、总学分、课程门数,查询结果按总学分降序和学号升序排序。

（4）在"教学管理"数据库中建立名为"男同学成绩"的视图,要求输出学生的学号、姓名、课程名和成绩,按姓名降序排列并将成绩不及格的同学成绩改为 60 分。

第6章　结构化查询语言 SQL

SQL 是结构化查询语言(Structured Query Language)的英文缩写,是关系数据库的标准化通用查询语言,它既可用于大型关系数据库系统,也可用于微机数据库系统。目前绝大多数流行的关系数据管理系统(如 Oracle、Sybase、SQL Server、Visual FoxPro 等)都提供了 SQL 接口,可以嵌入其中工作。

6.1　SQL 语言概述

SQL 语言的主要特点如下:

1. 一体化语言

SQL 是一种一体化语言,它包括了数据定义、数据查询、数据操纵和数据控制等方面的功能,可以完成全部的数据库活动。

2. 非过程化语言

SQL 语言是一种高度非过程化的语言。用户只需要描述清楚要"做什么",而不必说明"如何"去做,由计算机自动完成全部工作。

3. 语言简洁

SQL 语言的功能强大,语言简洁,完成数据定义(CREATE、DROP、ALTER)、数据操纵(INSERT、UPDATE、DELETE)、数据控制(GRANT、REVOKE)和数据查询(SELECT)等核心功能只需要使用 9 个命令动词。

4. 使用方式灵活

SQL 语言使用方式非常灵活,既可以直接以命令方式交互使用,又可以嵌入到程序设计语言中使用。

由于 Visual FoxPro 自身在安全方面的缺陷,无法实现数据控制功能。下面主要介绍 Visual FoxPro 在 SQL 方面支持的数据定义、数据操纵和数据查询功能。

6.2　数 据 定 义

数据定义功能是 SQL 语言的主要功能之一,由数据定义语言(Data Definition Language,DDL)完成数据库对象的建立、删除和修改。在 Visual FoxPro 中,由于系统本身的缺陷,它只支持 SQL 表的定义和视图的定义功能,本节主要介绍表的定义、修改和删除语句。

6.2.1 表结构的定义

格式：

```
CREATE TABLE|DBF <表名 1> [NAME <长表名>] [FREE];
(<字段名 1><字段类型>[(<字段宽度>[,<小数位数>])][NULL|NOT NULL];
[CHECK <有效性规则>[ERROR <出错提示信息>]];
[DEFAULT <默认值>];
[,<字段名 2> …];
[PRIMARY KEY|UNIQUE];
[PRIMARY KEY <主关键字> TAG <标识名 1>];
[UNIQUE <候选关键字> TAG <标识名 2>];
[FOREIGN KEY <外部关键字> TAG <标识名 3>][NODUP];
[REFERENCES <表名 2> TAG <标识名 4>]);
[FROM ARRAY <数组名>]
```

说明：

（1）TABLE 和 DBF 等价，前者是 SQL 关键字，后者是 VFP 关键字。

（2）NAME<长表名>指定长表名，只对数据库表有效。

（3）FREE 表示所建立的表是自由表，此时 CHECK、DEFAULT、NAME 等数据库表才有的属性设置将不能使用。

（4）<字段名 1><字段类型>[(<字段宽度>[,<小数位数>])]，用于定义字段的名称、类型、宽度和小数位数，字段数据类型如表 6-1 所示。

表 6-1　字段数据类型

字 段 类 型	字 段 宽 度	小 数 位 数	说 明
C	n	—	字符型（Character）
D	—	—	日期型（Date）
T	—	—	日期时间型（DateTime）
N	n	d	数值型（Numeric）
F	n	d	浮点型（Float）
I	—	—	整数型（Integer）
B	—	d	双精度型（Double）
Y	—	—	货币型（Currency）
L	—	—	逻辑型（Currency）
M	—	—	备注型（Memo）
G	—	—	通用型（General）

（5）NULL|NOT NULL 用于设置该字段是否允许为空值，其默认值为 NULL。

（6）CHECK <有效性规则>用于设置字段有效性规则，ERROR <出错提示信息>设置当违反有效性规则时，错误信息的内容。

（7）DEFAULT 用于设置字段的默认值。

（8）PRIMARY KEY|UNIQUE 用于设置主索引或候选索引，标识名与字段名相同。

（9）PRIMARY KEY <主关键字> TAG <标识名 1>用于设置主索引和主索引标识名，它能保证关键字段的唯一性和非空性，非数据库表不能使用该参数。

（10）UNIQUE <候选关键字> TAG <标识名 2>用于设置候选索引和候选索引标识名。

（11）FOREIGN KEY <外部关键字> TAG <标识名 3>用于设置外部索引和索引标识名，包含 NODUP 选项，表示创建一个候选外部索引。

（12）REFERENCES <表名> TAG <标识名 4>设置与之建立永久关系的父表，新建表作为子表。

（13）FROM ARRAY <数组名>根据指定数组的内容建立表，数组元素依次是字段名、字段类型、字段宽度和小数位数。

【**例 6-1**】 在"D:\教学管理"中建立名为"教学管理 1"的数据库，分别创建"学生 1"、"课程 1"和"成绩 1"表，表结构和第 3 章中的"学生"、"课程"和"成绩"表一致，并建立表间的连接关系。

```
CREATE DATABASE D:\教学管理\教学管理 1
CREATE TABLE D:\教学管理\学生 1;
      (学号 C(8) PRIMARY KEY,;                     && 指定学号为关键字
      姓名 C(8),性别 C(2), 出生日期 D, 系别 C(8),贷款否 L ,简历 M,照片 G )
CREATE TABLE D:\教学管理\课程 1;
   (课程号 C(3) PRIMARY KEY,;                      && 指定课程号为关键字
   课程名 C(20),学时 N(3),学分 N(2))
CREATE TABLE D:\教学管理\成绩 1;
   (学号 C(8),课程号 C(3),;
   成绩 N(5) CHECK(成绩>= 0 AND 成绩<= 100);        && 设置成绩字段有效性规则
   ERROR "成绩必须在 0～100 之间!",;                && 指定出错提示信息
   FOREIGN KEY 学号 TAG 学号 REFERENCES 学生 1,;      && 指定表间连接关系
   FOREIGN KEY 课程号 TAG 课程号 REFERENCES 课程 1)
```

在"命令"窗口执行上述操作后，查看数据库设计器，如图 6-1 所示。

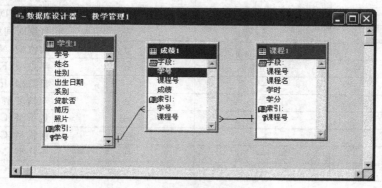

图 6-1　例 6-1 的数据库设计器界面

注意：

（1）用 SQL CREATE 命令新建的表自动在最小可用工作区打开，并可以通过别名引用，新表的打开方式为独占方式，忽略 SET EXCLUSIVE 的设置。

（2）如果建立自由表（当前没有打开的数据库或使用了 FREE），则很多选项在命令中不能使用，如 NAME、CHECK、DEFAULT、FOREIGN KEY、PRIMARY KEY 和 REFERENCES 等。

6.2.2 表结构的修改

SQL 表结构的修改命令为 ALTER TABLE。它可以增加、删除和修改字段,增加和删除索引,设置有效性规则和完整性规则等。该命令有 3 种格式。

格式 1:

ALTER TABLE <表名 1> **ADD|ALTER[COLUMN]**;
<字段名><字段类型>[(<字段宽度>[,<小数位数>])]][**NULL|NOT NULL**];
[**CHECK** <有效性规则>[**ERROR** <提示信息>]];
[**DEFAULT** <默认值>] [**PRIMARY KEY|UNIQUE**];
[**REFERENCES** <表名 2>[**TAG** <标识名>]]

功能:修改表结构,为表添加指定的字段或修改指定字段的类型、宽度、有效性规则、错误信息、默认值,定义主关键字和联系等。

说明:

(1) ADD 表示添加字段,ALTER 表示修改字段。

(2) 不能修改字段名。

【例 6-2】 为"成绩 1"表中添加一个字段:平时成绩 N(5,1)。

ALTER TABLE 成绩 1 ADD 平时成绩 N(5,1)

【例 6-3】 修改"成绩 1"表中"平时成绩"宽度为 N(5),并设置默认值为 85。

ALTER TABLE 成绩 1 ALTER 平时成绩 N(5) DEFAULT 85

格式 2:

ALTER TABLE <表名> **ALTER[COLUMN]** <字段名> [**NULL|NOT NULL**];
[**SET DEFAULT** <默认值>];
[**SET CHECK** <有效性规则>[**ERROR** <提示信息>]];
[**DROP DEFAULT**] [**DROP CHECK**]

功能:修改或删除表中指定字段的有效性规则或默认值。

说明:该格式不能修改字段名,也不能删除字段。

【例 6-4】 设置"成绩 1"表中"平时成绩"字段的值不超过 100 分。

ALTER TABLE 成绩 1 ALTER 平时成绩 SET CHECK 平时成绩 >＝0 AND;
平时成绩<＝100 ERROR "平时成绩不超过 100 分!"

【例 6-5】 删除"成绩 1"表中"平时成绩"字段的默认值。

ALTER TABLE 成绩 1 ALTER 平时成绩 DROPDEFAULT

格式 3:

ALTER TABLE <表名> [**DROP[COLUMN]** <字段名>];
[**RENAME COLUMN** <原字段名> **TO** <新字段名>];
[**SET CHECK** <有效性规则>[**ERROR** <提示信息>]] [**DROP CHECK**];
[**ADD PRIMARY KEY** <主关键字> **TAG** <索引标识> [**FOR** <条件>]];
[**DROP PRIMARY KEY**];
[**ADD UNIQUE** <候选关键字> **TAG** <索引标识> [**FOR** <条件>]];

```
[DROP UNIQUE TAG <索引标识>];
[ADD FOREIGN KEY <外部关键字> TAG <索引标识> [FOR<条件>];
REFERENCES <表名 1> [TAG <索引标识> ]];
[DROP FOREIGN KEY TAG <索引标识> [SAVE]][NOVALIDATE]
```

功能：删除表中指定的字段、修改字段名、修改记录的有效性规则，添加和删除主索引、外部关键字、候选索引及字段的合法值限定等。

说明：删除字段(DROP)，修改字段名(RENAME)，定义或修改(SET CHECK)、删除(DROP CHECK)表一级的有效性规则，建立(ADD PRIMARY KEY)或删除(DROP PRIMARY KEY)表的主索引，建立(ADD UNIQUE)或删除(DROP UNIQUE)表的候选索引，建立(ADD FOREIGN KEY)或删除(DROP FOREIGN KEY)表之间的联系，SAVE 表示不从结构索引中删除索引标识，NOVALIDATE 表示修改表结构时允许违反该表的有效性规则。

【例 6-6】 删除"成绩 1"表中"平时成绩"字段。

ALTER TABLE 成绩 1 DROP COLUMN 平时成绩

【例 6-7】 在"学生 1"表中定义姓名和出生日期为候选索引。

ALTER TABLE 学生 1 ADD UNIQUE 姓名 + DTOC(出生日期)TAGXM_CSRQ

6.2.3 表的删除

格式：DROP TABLE <表名>

功能：直接从磁盘上删除指定的表文件。

说明：要删除数据库表时，最好先打开所属的数据库。否则，虽然从磁盘上删除了表文件，但是表在数据库中的信息没有被删除，以后会出现错误提示。

【例 6-8】 删除"成绩 1"表。

```
OPEN DATABASE D:\教学管理\教学管理 1
DROP TABLE 成绩 1
```

6.3 数 据 查 询

数据查询是数据库的核心操作，在第 5 章中介绍了使用"查询设计器"实现数据查询，本节主要介绍 SQL 查询。SQL 语言提供 SELECT 语句进行数据的查询，该语句使用方式灵活，功能比"查询设计器"更强大，可以进行查询块的嵌套，实现更加复杂的查询。

格式：

```
SELECT[ALL|DISTINCT][TOP <数值表达式>[PERCENT]];
[别名.]<选项>[[AS[<列名>][,[别名.[<选项>][[AS]<列名>],…];
FROM[<数据库名>!]<表名> [[AS]<本地别名>];
[INNER|LEFT[OUTER]|RIGHT[OUTER]|FULL[OUTER]JOIN <数据库名>!];
<表名> [[AS]<本地别名>][ON <连接条件>,…];
[WHERE <连接条件 1>[AND <连接条件 2>,…];
[AND|OR <过滤条件 1>[ AND|OR <过滤条件 2>,…]]];
```

[GROUP BY <分组列名1>[,<分组列名2>, …]];
[HAVING <过滤条件>][UNION[ALL]SELECT 命令];
[ORDER BY <排序项1>[ASC|DESC][, <排序项2>[ASC|DESC] , …]];
[[INTO <目标>|[TO FILE <文件名>[ADDITIVE]|[TO PRINTER][|TO SCREEN]]

功能：实现数据库中数据的查询。

说明：

（1）SELECT 指定查询结果中要包含的数据，与“查询设计器”的“字段”选项卡相对应。

（2）FROM 指定提供数据查询的一个或多个表名称，当指定多个表时用逗号分隔。数据库名和表名之间用！分隔，与“查询设计器”中数据源的选择相对应。

（3）[INNER|LEFT[OUTER]|RIGHT[OUTER]|FULL[OUTER]JOIN<数据库名>!]<表名> [[AS]<本地别名>][ON<连接条件>,…]指定多表查询时表间的连接条件和连接类型，与“查询设计器”的“连接”选项卡相对应。

（4）WHERE 指定查询的条件或多表查询时表的连接条件，与“查询设计器”的“筛选”选项卡相对应。

（5）GROUP BY 对查询结果进行分组，与“查询设计器”的“分组依据”选项卡相对应。HAVING 选项用于设置分组满足的条件，必须跟随 GROUP BY 使用。

（6）ORDER BY 对查询的结果进行排序，默认为升序，与“查询设计器”的“排序依据”选项卡相对应。

（7）INTO|TO<目标>设置查询去向，与“查询设计器”的“查询去向”对话框相对应。

6.3.1　简单查询

1. 无条件查询

格式：SELECT [ALL | DISTINCT] <字段列表> FROM <表>

功能：查询单表的全部记录。

说明：

（1）ALL 表示输出所有记录，包括重复记录，默认省略该选项。

（2）DISTINCT 表示输出不包括重复记录。

（3）星号“*”表示输出表中所有字段。

（4）用 AS 选项给输出字段一个新的别名，也可省略 AS 直接空格然后别名。

【例 6-9】　查询“学生”表中的所有记录。

SELECT * FROM 学生

查询结果如图 6-2 所示。

【例 6-10】　显示“成绩”表中的所有记录，并将成绩乘以 0.3 作为平时成绩。

SELECT 学号,课程号,成绩,成绩*0.3 AS 平时成绩 FROM 成绩

此命令等价于

SELECT 学号,课程号,成绩,成绩*0.3 平时成绩 FROM 成绩

查询结果如图 6-3 所示。

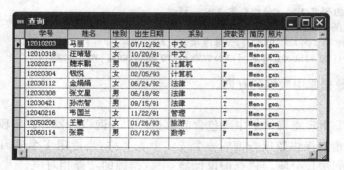

图 6-2   例 6-9 的查询结果

图 6-3   例 6-10 的查询结果

2. 条件查询

格式：**SELECT [ALL │ DISTINCT]** <字段列表> **FROM** <表> **WHERE** <条件表达式>

功能：从表中筛选出满足条件的记录。

说明：常用的查询条件如表 6-2 所示。

表 6-2   常用的查询条件

查询条件	运　算　符
比较	＝(等于)；＜＞,！＝,≠(不等于)；＞(大于)；＞＝(大于等于)；＜＝(小于等于)；＜(小于)
确定范围	BETWEEN …AND,NOT BETWEEN AND
确定集合	IN,NOT IN
字符匹配	LIKE,NOT LIKE
空值	IS NULL,IS NOT NULL
多重条件	AND ,OR

【例 6-11】   查询"学生"表中年龄小于 20 岁的学生姓名和年龄。

```
SELECT 姓名,YEAR(DATE()) - YEAR(出生日期) AS 年龄 FROM 学生 WHERE YEAR(DATE()) - YEAR(出生日期)<20
```

查询结果如图 6-4 所示。

【例 6-12】 查询考试成绩不及格的学生学号和成绩。

```
SELECT DISTINCT 学号,成绩 FROM 成绩 WHERE 成绩< 60
```

查询结果如图 6-5 所示。

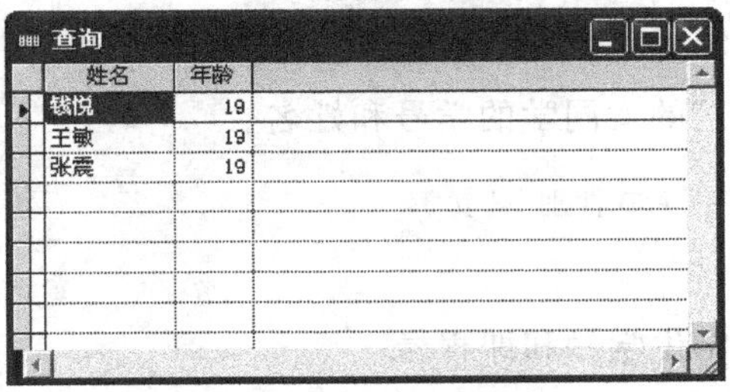

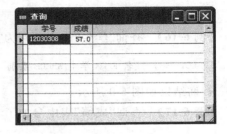

姓名	年龄
钱悦	19
王敏	19
张震	19

图 6-4　例 6-11 的查询结果

学号	成绩
12030308	57.0

图 6-5　例 6-12 的查询结果

【例 6-13】 查询“成绩”表中成绩在 90～100 分之间的成绩信息。

```
SELECT * FROM 成绩 WHERE 成绩 BETWEEN 90 AND 100
```

上述命令等价于：

```
SELECT * FROM 成绩 WHERE 成绩>= 90 AND 成绩<= 100
```

查询结果如图 6-6 所示。

【例 6-14】 查询“学生”表中计算机系、中文系的学生的姓名和性别。

```
SELECT 姓名,性别 FROM 学生 WHERE 系别 IN("计算机","中文")
```

上述命令等价于：

```
SELECT 姓名,性别 FROM 学生 WHERE 系别 = "计算机" OR 系别 = "中文"
```

查询结果如图 6-7 所示。

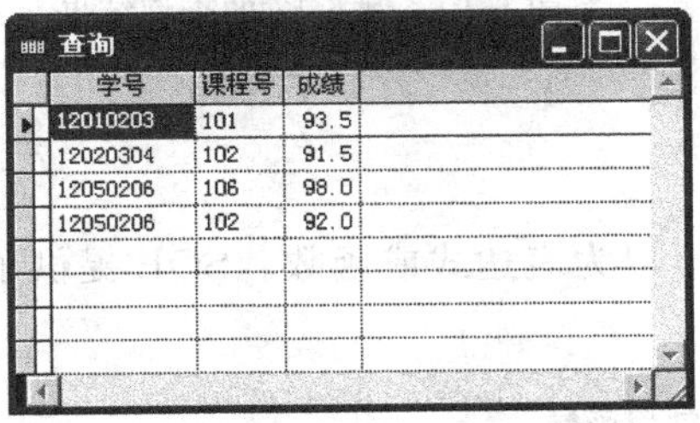

学号	课程号	成绩
12010203	101	93.5
12020304	102	91.5
12050206	106	98.0
12050206	102	92.0

图 6-6　例 6-13 的查询结果

姓名	性别
马丽	女
汪晴慧	女
魏东鹏	男
钱悦	女

图 6-7　例 6-14 的查询结果

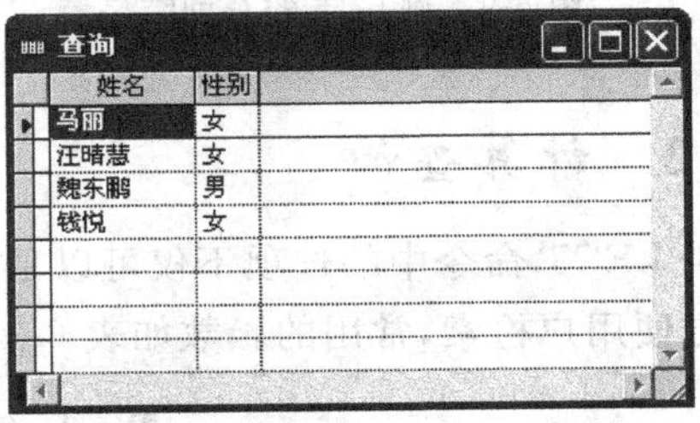

【例 6-15】 查询“学生”表中“王”姓学生的学号、姓名和系别。

```
SELECT 学号,姓名,系别 FROM 学生 WHERE 姓名 LIKE "王%"
```

上述命令等价于：

```
SELECT 学号,姓名,系别 FROM 学生 WHERE 姓名 = "王"
```

注意：

(1) 对字符型数据进行字符串匹配比较,提供两种通配符,即下划线“_”和百分号“%”,下划线表示一个字符,百分号表示零个或多个字符。

(2) 如果 LIKE 的匹配串不含通配符,则可用等号(=)取代 LIKE。

查询结果如图 6-8 所示。

【例 6-16】 查询“学生”表中系别为“计算机”的女同学的学号和姓名。

```
SELECT 学号,姓名 FROM 学生 WHERE 系别 = "计算机" AND 性别 = "女"
```

查询结果如图 6-9 所示。

【例 6-17】 查询“成绩”表中参加了考试的学生学号和课程号。

```
SELECT 学号,课程号 FROM 成绩 WHERE 成绩 IS NOT NULL
```

注意：这里的 IS 不能用等号(=)代替。

查询结果如图 6-10 所示。

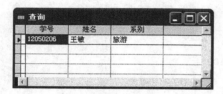

学号	姓名	系别
12050206	王敏	旅游

图 6-8 例 6-15 的查询结果

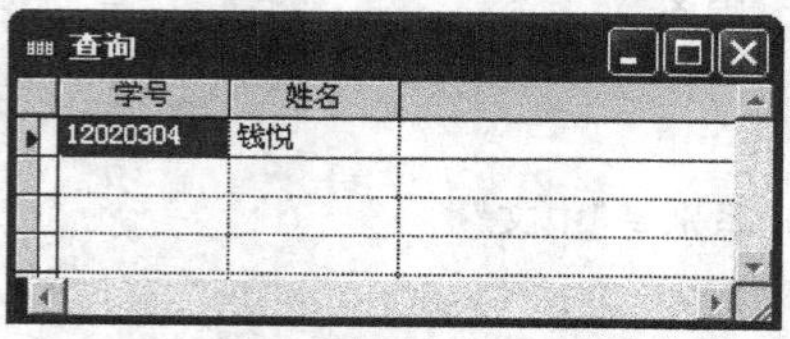

学号	姓名
12020304	钱悦

图 6-9 例 6-16 的查询结果

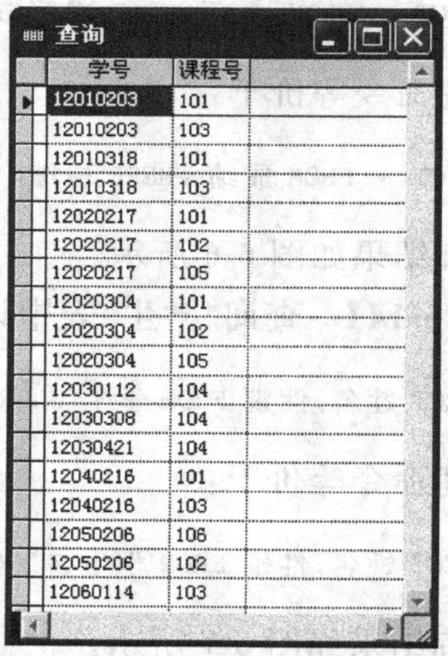

学号	课程号
12010203	101
12010203	103
12010318	101
12010318	103
12020217	101
12020217	102
12020217	105
12020304	101
12020304	102
12020304	105
12030112	104
12030308	104
12030421	104
12040216	101
12040216	103
12050206	106
12050206	102
12060114	103

图 6-10 例 6-17 的查询结果

6.3.2 计算查询

SELECT 命令中的选项不仅可以是字段名,也可以为表达式或函数。SQL 提供了许多函数方便用户检索,常用的函数如表 6-3 所示。

表 6-3 SELECT 命令常用函数

函数	功能	函数	功能
AVG(<字段名>)	求对应字段名的平均值	MIN(<字段名>)	求对应字段名中的最小值
SUM(<字段名>)	求对应字段名的和	MAX(<字段名>)	求对应字段名中的最大值
COUNT(<*>)	统计查询的记录个数		

【例6-18】 统计"学生"表中贷款的人数。

SELECT COUNT(*) 贷款人数 FROM 学生 WHERE 贷款否

查询结果如图6-11所示。

【例6-19】 统计"成绩"表中的最高分。

SELECT MAX(成绩) AS 最高分 FROM 成绩

查询结果如图6-12所示。

图6-11 例6-18查询结果   图6-12 例6-19查询结果

6.3.3 分组查询

格式：GROUP BY <分组列名1>[,<分组列名2>,…]] [HAVING <过滤条件>]

功能：对查询结果按指定字段进行分组,常和计算函数配合使用。

说明：HAVING子句设置分组满足的条件,必须和GROUP BY一起使用。

【例6-20】 统计"成绩"表中每门课程的平均成绩。

SELECT 课程号,AVG(成绩) 平均成绩 FROM 成绩 GROUP BY 课程号

查询结果如图6-13所示。

【例6-21】 统计"学生"表中女生人数大于等于2的系别。

SELECT 系别,COUNT(*) AS 女生人数 FROM 学生 WHERE 性别 = "女";
GROUP BY 系别 HAVING COUNT(*)>= 2

此命令等价于

SELECT 系别,COUNT(学号) AS 女生人数 FROM 学生 WHERE 性别 = "女";
GROUP BY 系别 HAVING COUNT(学号)>= 2

查询结果如图6-14所示。

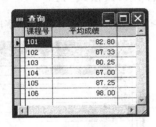

图6-13 例6-20的查询结果   图6-14 例6-21的查询结果

6.3.4 对查询结果排序

格式：SELECT [TOP<数值表达式>[PERCENT]] <字段列表> FROM <表> [ORDER BY <排序列名> [ASC │ DESC] [,排序列名 [ASC │ DESC] …]

功能：对查询结果按指定的排序列名进行排序。

说明：

(1) 升序(ASC)或降序(DESC)排列,默认为升序。TOP 短语要与 ORDER BY 短语同时使用才有效。

(2) [TOP<数值表达式>[PERCENT]]表示在满足查询条件的所有记录中,选取指定数量或百分比的记录,TOP 子句必须和 ORDER BY 子句一起使用。

【例 6-22】 按"出生日期"降序输出"学生"表中的学号、姓名和出生日期。

SELECT 学号,姓名,出生日期 FROM 学生 ORDER BY 出生日期 DESC

查询结果如图 6-15 所示。

【例 6-23】 查询"成绩"表中课程号为"101"的前 3 名学生信息。

SELECT * TOP 3 FROM 成绩 ORDER BY 成绩 DESC WHERE 课程号 = "101"

查询结果如图 6-16 所示。

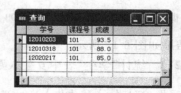

图 6-15 例 6-22 的查询结果　　　　图 6-16 例 6-23 的查询结果

6.3.5 多表查询

上述查询都是针对单张表的查询,在实际应用中更多的查询是基于多张表的查询,对多张表查询时,首先应该对多张表建立关系。

SQL 语句中可以用 WHERE 子句指定表间的连接关系,其格式为：

<表名 1>.<字段名 1>=<表名 2>.<字段名 2> 或 <别名 1>.<字段名 1>=<别名 2>.<字段名 2>

【例 6-24】 求每门课程的平均成绩,要求输出课程名和平均成绩信息。

SELECT 课程名,AVG(成绩) AS 平均成绩 FROM 课程,成绩;
WHERE 课程.课程号 = 成绩.课程号 GROUP BY 成绩.课程号

查询结果如图 6-17 所示。

图 6-17 例 6-24 的查询结果

6.3.6 连接查询

在 VFP 中还可以通过 FROM …ON 建立多张表间的连接关系。

格式：**FROM <表名 1> INNER |LEFT|RIGHT|FULL JION <表名 2> ON <连接条件>**

说明：连接关系分为内部连接和外部连接。外部连接又分为左外连接、右外连接和全连接。

【例 6-25】 查询所有选修了课程的学生信息。

```
SELECT * FROM 成绩 INNER JOIN 学生 ON 学生.学号 = 成绩.学号
```

上述命令等价于：

```
SELECT *FROM 学生,成绩 WHERE 学生.学号 = 成绩.学号
```

查询结果如图 6-18 所示。

查询

学号_a	课程号	成绩	学号_b	姓名	性别	出生日期	系别	贷款否	简历	照片
12010203	101	93.5	12010203	马丽	女	07/12/92	中文	F	Memo	gen
12010203	103	74.5	12010203	马丽	女	07/12/92	中文	F	Memo	gen
12010318	101	88.0	12010318	汪晴慧	女	10/20/91	中文	F	Memo	gen
12010318	103	83.5	12010318	汪晴慧	女	10/20/91	中文	F	Memo	gen
12020217	101	85.0	12020217	魏东鹏	男	08/15/92	计算机	T	Memo	gen
12020217	102	78.5	12020217	魏东鹏	男	08/15/92	计算机	T	Memo	gen
12020217	105	86.0	12020217	魏东鹏	男	08/15/92	计算机	T	Memo	gen
12020304	101	82.0	12020304	钱悦	女	02/05/93	计算机	F	Memo	gen
12020304	102	91.5	12020304	钱悦	女	02/05/93	计算机	F	Memo	gen
12020304	105	88.5	12020304	钱悦	女	02/05/93	计算机	F	Memo	gen
12030112	104	76.5	12030112	金娟娟	女	06/24/92	法律	F	Memo	gen
12030308	104	57.0	12030308	张文星	男	06/18/92	法律	T	Memo	gen
12030421	104	67.5	12030421	孙杰智	男	09/15/91	法律	T	Memo	gen
12040216	101	65.5	12040216	韦国兰	女	11/22/91	管理	T	Memo	gen
12040216	103	86.5	12040216	韦国兰	女	11/22/91	管理	T	Memo	gen
12050206	106	98.0	12050206	王敏	女	01/26/93	旅游	F	Memo	gen
12050206	102	92.0	12050206	王敏	女	01/26/93	旅游	F	Memo	gen
12060114	103	76.5	12060114	张震	男	03/12/93	数学	F	Memo	gen

图 6-18 例 6-25 的查询结果

【例 6-26】 分别使用左外连接、右外连接和全连接查询完成例 6-25 的查询。

为了更好地理解左外连接、右外连接和全连接，分别向"成绩"表和"学生"表中插入一条记录，然后完成查询。

```
INSERT INTO 成绩 VALUES("10000","107",100)
INSERT INTO 学生(学号,姓名) VALUES("1001","张三")
SELECT * FROM 学生 LEFT OUTER JOIN 成绩 ON 学生.学号 = 成绩.学号
```

查询结果如图 6-19 所示。

```
SELECT * FROM 学生 RIGHT OUTER JOIN 成绩 ON 学生.学号 = ;成绩.学号
```

查询结果如图 6-20 所示。

```
SELECT * FROM 学生 FULL JOIN 成绩 ON 学生.学号 = 成绩.学号
```

查询结果如图 6-21 所示。

138

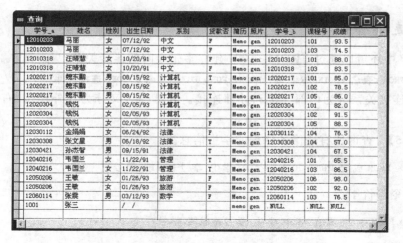

图 6-19　例 6-26 的左外连接查询结果

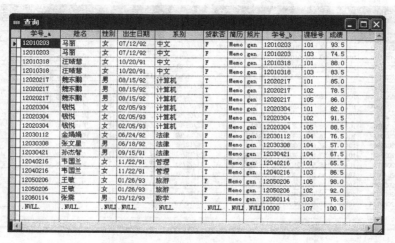

图 6-20　例 6-26 右外连接的查询结果

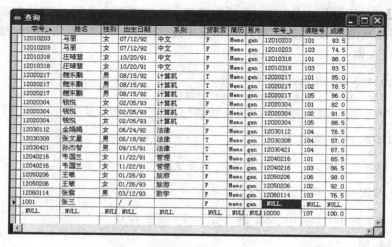

图 6-21　例 6-26 全连接的查询结果

6.3.7　嵌套查询

有时用一个 SELECT 语句无法完成查询任务,而需要用另外一个子 SELECT 语句的结果作为查询条件,即需要在一个 SELECT 语句的 WHERE 子句中包含另一个 SELECT 语句,这种查询称为嵌套查询。

【例 6-27】　查询和"马丽"在同一个系学习的学生信息。

SELECT ＊ FROM 学生 WHERE 系别 = (SELECT 系别 FROM 学生 WHERE 姓名 = "马丽")

此命令等价于

SELECT ＊ FROM 学生 WHERE 系别 IN(SELECT 系别 FROM 学生 WHERE 姓名 = "马丽")

查询结果如图 6-22 所示。

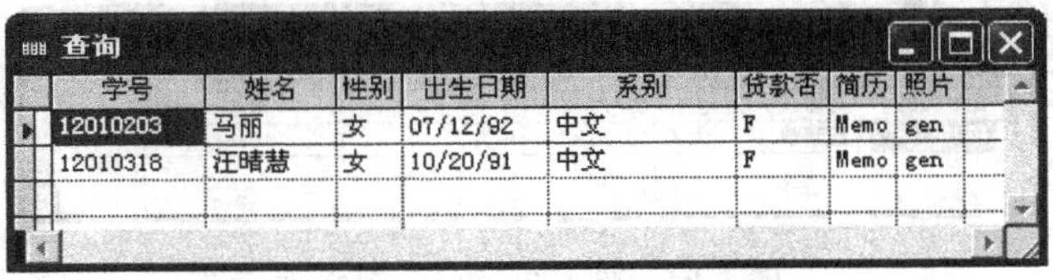

图 6-22　例 6-27 的查询结果

注意：由于篇幅所限,利用空值 NULL 查询,自连接查询,利用量词 SOME、ANY、ALL 查询,利用谓词 EXISTS 查询,集合的并运算 UNION 等在此处没有讲解。

6.3.8　查询结果的输出

SQL 查询结果默认在浏览窗口显示,SQL 语句也可以通过 INTO 或 TO 子句指定查询输出位置。

格式：**INTO ARRAY <数组名>**｜**INTO CURSOR <表名>**｜**INTO DBF <表名>**｜**TABLE <表名> [TO FILE <文件名> [ADDITIVE]**｜**TO PRINTER]**

功能：将查询结果在指定的位置输出。

说明：

(1) INTO ARRAY<数组名>将查询结果存到指定数组名的内存变量数组中。

(2) INTO CURSOR<表名>将输出结果保存到一个临时表中。

(3) INTODBF<表名>｜TABLE<表名>将结果存到一个表,如该表已经打开,则系统自动关闭它。没有指定后缀,则默认为 .dbf。

(4) TO FILE<文件名>[ADDITIVE]将结果输出到指定文本文件,ADDITIVE 表示将结果添加到文件后面。

(5) TO PRINTER 将结果送打印机输出。

【例 6-28】　将例 6-27 的查询结果保存到 test.txt 文本文件中。

SELECT ＊ FROM 学生 WHERE 系别 = (SELECT 系别 FROM 学生 WHERE 姓名 = "马丽") TO FILE test.txt

test 文件的内容如图 6-23 所示。

图 6-23　例 6-28 的文本文件

【**例 6-29**】　将例 6-28 的查询结果保存到 Bb. dbf 的表文件中。

SELECT ＊ FROM 学生 WHERE 系别 ＝ (SELECT 系别 FROM 学生 WHERE 姓;名 ＝ "马丽") INTO DBF BB
BROW

浏览结果如图 6-24 所示。

图 6-24　例 6-29 的 Bb 表文件

6.4　数据操纵

SQL 的数据操纵功能主要包括数据的插入、更新和删除操作。

6.4.1　插入记录

SQL 的数据插入语句有两种格式。

格式 1：**INSERT INTO** <表名> [(<字段名 1>[,<字段名 2>, …])] **VALUES** (<表达式 1>[,<表达式 2>, …])

功能：在指定表的尾部添加一条包含指定字段值的新记录。

说明：

（1）当需要插入表中所有字段的数据时，表名后面的字段名可以省略，但插入数据必须与表的结构完全一致。

（2）若只需要插入表中某些字段的数据，就需要列出插入数据的字段名，表达式与相应字段名的位置一致。

【**例 6-30**】　将一条新记录（学号：12070025；课程号：108；成绩：90）插入"成绩"表中。

INSERT INTO 成绩 VALUES("12070025","108",90)

【**例 6-31**】　向"学生"表中插入一条新记录（学号：12070025；姓名：李梅）。

INSERT INTO 学生(学号,姓名)VALUES ("12070026","李梅")

格式 2：**INSERT INTO** <表名> **FROM** {**ARRAY** 数组名｜ **MEMVAR**}

功能：在指定表的尾部添加一条新记录，其值来源于数组或同名内存变量。

说明：

（1）内存变量必须与表中的各字段变量同名。无同名变量时，相应字段为默认值或空。

（2）数组中各元素与表中各字段顺序对应，如果数组元素的数据类型与对应的字段类型不一致，则该字段为空。

【例 6-32】 从数组向"学生"表中添加一条新记录。

```
DIMENSION A(5)
A(1) = "12000727"
A(2) = "马磊磊"
A(3) = "男"
INSERT INTO 学生 FROM ARRAY A
```

6.4.2 更新记录

格式：**UPDATE <表名> SET <字段名 1> = <表达式 1>[,<字段名 2> = <表达式 2>, …] [WHERE <条件>]**

功能：用指定的新值更新满足条件的记录。

说明：WHERE 子句用于指定条件。

【例 6-33】 将"成绩"表中所有不及格的成绩增加 20 分。

```
UPDATE 成绩 SET 成绩 = 成绩 + 20 WHERE 成绩< 60
```

6.4.3 删除记录

格式：**DELETE FROM <表名> [WHERE <条件>]**

功能：对表中满足条件的记录添加逻辑删除标记。

【例 6-34】 将"成绩"表中所有不及格的成绩逻辑删除。

```
DELETE FROM 成绩 WHERE 成绩< 60
```

6.5 视图的 SQL 语句

6.5.1 视图的定义

格式：**CREATE VIEW <视图名>[<列名 1>][,<列名 2>…] AS <子查询> [WITH CHECK OPTION]**

说明：

（1）包含此视图的数据库必须在当前处于打开状态。

（2）子查询可以是任意复杂的 SELECT 语句。

（3）WITH CHECK OPTION 表示对视图进行 UPDATE、INSERT 和 DELETE 操作时要保证更新、插入和删除的记录满足视图定义中的子查询条件。

【例 6-35】 在"教学管理"数据库中建立名为"女同学信息"的视图。

```
OPEN DATEBASE D:\教学管理\教学管理
CREATE VIEW 女同学信息 AS SELECT * FROM 学生 WHERE 性别 = "女"
```

6.5.2　视图的查询和更新

当视图建立后，用户可以像对基本表一样对视图进行查询。视图的更新也可通过基本表的更新语句插入（INSERT）、删除（DELETE）和修改（UPDATE）来实现，由于视图是一个虚表，因此对视图的更新最终转化为对基本表的更新。

【例 6-36】　在视图"女同学信息"中查找所有"中文"系的同学的信息。

SELECT ＊ FROM 女同学信息 WHERE 系别 = "中文"

【例 6-37】　更新"女同学信息"中"王敏"的系别为"中文"。

UPDATE 女同学信息 SET 系别 = "中文" WHERE 姓名 = "王敏"

【例 6-38】　向"女同学信息"视图中插入一条记录，其中学号为 10002，姓名为赵月，系别为计算机。

INSERTINTO 女同学信息(学号,姓名,系别)VALUES("10002","赵月","计算机")

【例 6-39】　逻辑删除"女同学信息"视图中学号为"10002"的记录。

DELETE FROM 女同学信息 WHERE 学号 = "10002"

6.5.3　视图的删除

格式：DROP VIEW ＜视图名＞

说明：包含此视图的数据库必须是打开的，而且必须是当前数据库。

【例 6-40】　删除"女同学信息"视图。

OPEN DATEBASE D:\教学管理\教学管理
DROP VIEW 女同学信息

习　　题

1. 选择题

(1) 在 Visual FoxPro 中，以下关于删除记录的描述，正确的是(　　)。

    A. SQL 的 DELETE 命令在删除数据库表中的记录之前，不需要用 USE 命令打开表

    B. SQL 的 DELETE 命令和传统 Visual FoxPro 的 DELETE 命令在删除数据库表中的记录之前，都需要用 USE 命令打开表

    C. SQL 的 DELETE 命令可以物理地删除数据库表中的记录，而传统 Visual FoxPro 的 DELETE 命令只能逻辑删除数据库表中的记录

    D. 传统 Visual FoxPro 的 DELETE 命令在删除数据库表中的记录之前不需要用 USE 命令打开表

(2) 下列关于 SQL 中 HAVING 子句的描述，错误的是(　　)。

    A. HAVING 子句必须与 GROUP BY 子句同时使用

B. HAVING 子句与 GROUP BY 子句无关

C. 使用 WHERE 子句的同时可以使用 HAVING 子句

D. 使用 HAVING 子句的作用是限定分组的条件

(3) 在 SQL 查询时,使用 WHERE 子句指出的是(　　)。

A. 查询目标　　　　B. 查询结果　　　　C. 查询条件　　　　D. 查询视图

(4) SQL 的核心是(　　)。

A. 数据查询　　　　B. 数据修改　　　　C. 数据定义　　　　D. 数据控制

(5) 在 Visual FoxPro 中,以下有关 SQL 的 SELECT 语句的叙述中,错误的是(　　)。

A. SELECT 子句中可以包含表中的列和表达式

B. SELECT 子句中可以使用别名

C. SELECT 子句规定了结果集中的列顺序

D. SELECT 子句中列的顺序应该与表中列的顺序一致

(6) 只有满足连接条件的记录才出现在查询结果中,该连接称为(　　)。

A. 内部连接　　　　B. 左连接　　　　C. 右连接　　　　D. 完全连接

(7) 使用 SQL 语句将学生表 S 中年龄(AGE)大于 30 岁的记录删除,正确的命令是(　　)。

A. DELETE FOR AGE>30

B. DELETE FROM S WHERE AGE>30

C. DELETE S FOR AGE>30

D. DELETE S WHERE AGE>30

(8) SQL 的数据操纵语句不包括(　　)。

A. INSERT　　　　B. UPDATE　　　　C. DELETE　　　　D. CHANGE

(9) 用于显示部分查询结果的 TOP 短语,必须与(　　)同时使用,才有效果。

A. ORDER BY　　　　B. FROM　　　　C. WHERE　　　　D. GROUP BY

(10) 使用 SQL 语句向学生表 S(SNO,SN,AGE,SEX)中添加一条新记录,字段学号(SNO)、姓名(SN)、性别(SEX)、年龄(AGE)的值分别为 001、李天、男、18,正确的命令是(　　)。

A. APPEND INTO S (SNO,SN,SXE,AGE) VALUES ("001","李天","男",18)

B. APPEND S VALUES ("001","李天","男",18)

C. INSERT INTO S (SNO,SN,SEX,AGE) VALUES ("001","李天","男",18)

D. INSERT S VALUES ("001","李天","男",18)

2. 填空题

(1) SQL 是英文 Structured Query Language 的缩写,意思为_____。

(2) 使用 SQL-SELECT 语句时,为了将查询结果存放到临时表中,应该使用_____短语。

(3) 在 SQL 中,ALTER 命令有两个选项,_____子命令用于修改字段名。

(4) 在 SQL 中,字符串匹配运算符用_____,通配符_____表示零个或多个字符,_____表示任何一个字符。

(5) 在 SQL-SELECT 语句中,带_____子句可以消除查询结果中重复的记录。

(6) 在 SQL-SELECT 语句中,表示条件表达式用 WHERE 子句,分组用_____子句,排序用_____子句。

(7) 在 ORDER BY 子句的选项中,ASC 代表_____输出,DESC 代表_____输出。

(8) 在 SQL 中,要查询表 S 在 AGE 字段上取空值的记录,正确的 SQL 语句为:SELECT * FROM SWHERE_____。

(9) 在使用 SQL 的 CREATE TABLE 语句定义表结构时,用_____短语说明主关键字(主索引)。

(10) 在 SQL 中,_____命令可以从表中删除记录,_____命令可以从数据库中删除记录。

3. 简述题

(1) 简述 SQL 语言的功能。

(2) 简述 SQL-SELECT 语句与查询设计器的相同点与不同点。

4. 操作题

(1) 用 SQL 建立教学管理数据库,并在该数据库中建立以下 3 个表:

学生(学号,姓名,性别,出生日期,系别,籍贯)指定学号为主关键字。

课程(课程号,课程名,学时)指定课程号为主关键字。

成绩(学号,课程号,成绩),其中将成绩表的成绩字段设置为"成绩大于等于 0 小于等于 100"的有效性规则,指定学号为学生表的外部关键字,课程号为课程表的外部关键字。

(2) 在教学管理数据库中,用 SQL 完成以下查询。

① 查询年龄小于 25 岁的女同学信息。

② 查询姓王同学的学号、姓名、出生日期。

③ 查询所有同学的所有信息。

④ 查询成绩最高的 3 位学生的信息。

⑤ 查询成绩最低的 30% 学生的学号、姓名、课程名、成绩。

⑥ 查询计算机专业的男女生人数。

(3) 在教学管理数据库中,用 SQL 完成以下操作。

① 向学生表中插入一条"学号为 101,姓名为张三"的记录。

② 将学生表中学号为 101 的同学的姓名改为"MARRY"。

③ 删除所有女同学的信息。

第7章 Visual FoxPro 6.0 程序设计基础

前面已经介绍了 Visual FoxPro 6.0 是一种数据库管理系统,不仅可以用于管理和操作数据库,而且也是一种高级程序设计语言,具有一般计算机语言的特点。Visual FoxPro 6.0 既能进行人机交互式工作,又能进行程序执行式工作。从本章开始介绍 Visual FoxPro 6.0 的程序设计基本方法。Visual FoxPro 6.0 不仅支持传统的面向过程编程技术(即结构化程序设计),还支持面向对象编程技术。面向过程编程在设计程序时,必须考虑程序代码的全部流程,而面向对象编程在设计程序时,主要以对象为核心,以事件作为驱动,考虑对象的构造以及与对象有关的属性和方法的设计。结构化程序设计方法是面向对象程序设计方法的基础。Visual FoxPro 6.0 将结构化程序设计和面向对象程序设计结合在一起,可以最大限度地提高程序设计的效率。

本章将着重介绍结构化程序设计及面向对象程序设计的基础知识。

7.1 程序设计的过程

前面几章主要是通过选择菜单或在"命令"窗口中逐条输入命令来执行 Visual FoxPro 中的各项操作,这种人机交互的工作方式简单易行,可以随时看到结果,适于完成一些简单的、不需要重复执行的操作。而对于比较复杂的数据处理,更多的是使用程序执行方式,将一系列命令和语句按一定的逻辑结构和语法规则,编写成程序文件并存储于磁盘上,通过运行该程序,连续地自动执行一系列操作,以完成对数据综合性的管理及应用,从而代替了大量的重复性的人工操作。

程序设计的过程一般包括以下几个基本步骤。

1. 分析问题

用计算机解决问题时,应首先根据用户需求进行具体分析,以确定编程的目标,从而进一步确定程序所包含的输入、处理、输出过程。

2. 算法设计

算法是一种对特定问题求解方法和步骤的描述,它是一组有限的指令序列,其中,每个指令表示一个或多个操作。从编程角度来讲,可以说算法是一个有限条指令的集合,这些指令确定了解决某一特定问题的运算流程。在程序设计过程中,根据不同的设计阶段和具体要求,可以使用不同的描述工具,如用自然语言描述、程序流程图和 N-S 图等。

3. 编写程序

用选定的计算机语言将确定的算法转换成计算机可以接受的程序代码。

4. 调试与运行

对于最后编写出的程序还需进行测试和调试。测试的目的是暴露错误,评价程序的可靠性；而调试的目的是发现错误的位置，并加以改正。

7.2 结构化程序

1. 结构化程序设计

结构化程序设计采用自顶向下、逐步求精、模块化的分析方法。

（1）自顶向下。在程序设计时，对设计的系统要有一个全面的理解，从问题的全局入手，把一个复杂的问题从最上层总目标开始设计，逐步分解成若干个相互独立的子问题。

（2）逐步求精。先将一个子问题用一个程序模块来描述，再将每个模块的功能逐步分解细化为一系列的具体步骤。

（3）模块化。模块化是把整个程序分解为多个功能独立的较小的程序块，模块化是结构化程序的重要原则。Visual FoxPro 程序模块化可通过子程序、过程或函数等方式实现。

2. 结构化程序的 3 种控制结构

Visual FoxPro 系统的程序有两个特点：一是结构化程序设计的程序控制流模式包括顺序、选择和循环 3 种基本结构；二是面向对象程序设计的结构程序模块，其每个模块的内部也是由程序控制流组成。

1）顺序结构

顺序结构的程序是严格按照程序中各条语句的先后顺序依次执行的，是最基本、最常见的程序结构形式。Visual FoxPro 中的大多数命令都可以作为顺序结构中的语句。整个顺序结构只有一个入口点和一个出口点，如图 7-1 所示。

2）选择结构

选择结构（也称分支结构）是在程序执行时，根据所设定条件的成立与否，来选择执行不同的分支语句，如图 7-2 所示。选择结构有单选择、双选择和多选择 3 种形式。

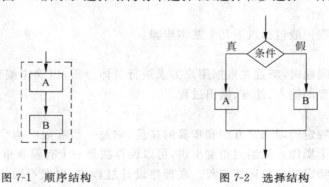

图 7-1　顺序结构　　　　　　　图 7-2　选择结构

3）循环结构

顺序、选择结构在程序执行时，每个语句只能执行一次，而循环结构则可使程序反复执行某个或某些操作，直到某条件为假（或为真）时才终止循环，这是程序设计中最能发挥计算机特长的程序结构，如图 7-3 和图 7-4 所示。

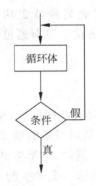

图 7-3　当型循环结构　　　　　　　图 7-4　直到型循环结构

7.3　面向对象的基本概念

面向对象程序设计(Object-Oriented Programming，OOP)是以人们认识客观世界的方法来解决问题，用"对象"的概念来理解和分析问题。首先将一个复杂的问题分解为若干个功能上既相互独立又相互联系的具体"对象"，然后对每一个对象进行设计开发，对象中封装了描述该对象的数据和方法，最后将所有设计和开发的"对象"组合成一个软件系统。

7.3.1　对象

1. 对象的概念

对象(Object)是反映客观事物属性及行为特征的描述。客观世界的任何实体都可以被看作对象，例如，手机、圆、学生、Visual FoxPro 中的窗口、命令按钮等都可作为对象。每个对象都具有描述其特征的属性及附属于它的行为，如圆的属性有圆心坐标、半径大小和颜色等，而它们的行为则可以显示自己、放大/缩小半径、在屏幕上移动位置等。

在面向对象的程序设计中，"对象"是系统中具有特殊属性(数据)和行为方式(方法)的基本运行实体，是数据和代码的组合。

2. 对象的基本特征

一个对象建立以后，其操作是由与该对象有关的属性、事件和方法来描述。

(1) 属性(Property)。属性是对象所具有的物理性质及其特性的描述，如在 Visual FoxPro 中，窗口有高度、宽度、标题等属性，学生有学号、姓名、出生日期等属性。不同的对象有不同的属性。

(2) 事件(Event)。事件是由 Visual FoxPro 预先定义好的、能够被对象识别的动作，如单击鼠标触发 Click 事件，双击鼠标触发 DblClick 事件，按下键盘任意键触发 KeyPress 事件等。

(3) 事件过程(Event Procedure)。响应某个事件后所执行的操作通过一段程序代码来实现，这样的代码叫作事件过程。也就是说，事件过程是用来完成事件发生后所要执行的操作。由于对象可以识别一个或多个事件，因此设计者可根据程序的具体要求为一个对象编写一个或多个事件过程。

(4) 方法(Method)。方法是对象能够执行的动作，是指对象本身所包含的一些特殊过程或函数,用于完成某种特定功能而不能响应某个事件。如表单对象的 Show（显示）、Release（释放）等方法。只有通过调用,方法才能被执行。

7.3.2 类

1. 类的概念

类（Class）是具有相同属性、相同行为方法的对象的集合。

类是抽象的,是对对象的抽象描述,而对象是具体的,对象是类的实例,它拥有所属类的全部属性和行为。例如,小学生、中学生、大学生、研究生、博士生都归类于学生,那么其中一个具体的学生就是这一类学生的一个实例。

对象是由类生成的,类定义了对象所有的属性、事件和方法,从而决定了对象的一般性的属性和行为。

2. 类的特征

类具有以下基本特性:

（1）封装性（Encapsulation）。封装性是指把对象的属性和行为（方法、事件过程代码）结合在一起,封装在对象内部。用户只需知道对象所表现的外部行为即可,而不必了解对象的内部数据或操作细节。

（2）继承性（Inheritance）。继承性是指子类可以拥有父类的属性和行为。定义子类时不必重复定义那些已在父类中定义的属性和方法,提高了软件代码的复用性。通过继承关系可以利用已有的类构造新类。已有的类可当作基类来引用,则新类相应地可当作派生类来引用。

（3）多态性（Polymorphism）。多态性是指在父类中定义的属性和行为被子类继承后,可以具有不同的数据类型或不同的行为,增强了系统的灵活性和多样性。

3. 基类

在 Visual FoxPro 中,已预先定义了若干基类（Base Class）,用户可以从中创建所需要的对象,也可以由这些基类派生子类。表 7-1 给出了 Visual FoxPro 中常见的基类。

表 7-1 Visual FoxPro 中常见的基类

容 器 类	控 件 类	
容器（Container）	控件（Control）	微调（Spinner）
表单（Form）	复选框（CheckBox）	OLE 容器控制（OleControl）
表单集 FormSet）	列表框（ListBox）	OLE 绑定型控制（OleBoundControl）
命令按钮组（CommandGroup）	组合框（ComboBox）	计时器（Timer）
选项按钮组（OptionGroup）	文本框（TextBox）	形状（Shape）
表格（Grid）	命令按钮（CommandButton）	标签（Label）
页框（PageFrame）	编辑框（EditBox）	线条（Line）
工具栏（ToolBar）	选项按钮（OptionButton）	图像（Image）
页面（Page）	超级链接（HyperLink）	分隔符（Separator）

基类主要有容器类（Container）和控件类（Control）两大类型。相应地,可分别生成容器对象和控件对象。

（1）容器对象。由容器类派生的、可以包含其他对象的对象,并且允许访问这些对象。容器类对象和它所包含的对象都被当作一个独立的对象进行操作。表 7-2 给出了 Visual FoxPro 中常用的容器类和它包含的对象。

表 7-2　常用容器类和它包含的对象

容　器	包含的对象	容　器	包含的对象
命令按钮组	命令按钮	表格	表格列
容器	任意控件	选项按钮组	选项按钮
表单集	表单、工具栏	页框	页面
表单	页框、任意控件、容器和自定义对象	页面	任意控件、容器和自定义对象
工具栏	任意控件、页框、容器类		

（2）控件对象。控件对象是由控件类派生的、以图形化方式显示出来的、能与用户进行交互的对象。这些对象是一个相对独立的整体，不能包含其他对象。控件对象不能单独使用和修改，只能被放置在一个容器对象里。表 7-3 给出了 Visual FoxPro 中的各种常用控件。

表 7-3　Visual FoxPro 中各种常用控件

控　件	说　明	控　件	说　明
CheckBox	复选框	OleContainer	OLE 容器控件
ComboBox	组合框或下拉列表框	OleButton	OLE 绑定型控件
CommandButton	命令按钮	OptionButton	单选按钮
CommandGroup	命令按钮组	OptionGroup	按钮组
EditBox	编辑框	PageFrame	页框
Grid	表格	Shape	形状
Image	显示位图图像	Spinner	微调按钮
Label	标签	Timer	计时器
Line	线条	TextBox	文本框
ListBox	列表框		

7.3.3　属性、事件与方法

在 Visual FoxPro 中，表单、命令按钮以及所有控件都可以看作应用程序中的对象，可设置它们的属性、事件和方法。

1. 属性

属性是用来描述对象特征的，对象的属性值由对象所基于的类决定。表 7-4 给出了 Visual FoxPro 控件的常用属性。

表 7-4　Visual FoxPro 控件的常用属性

常用属性	说　明	常用属性	说　明
ActiveControl	引用当前活动控件	ColorSourse	控件颜色
ActiveForm	引用活动表单或 Screen 对象	Comments	对象的注释信息
AlwaysOnTop	防止其他窗口覆盖本对象	ControlBox	表单是否显示控制菜单
AppliCation	对某个对象的引用程序的引用	ControlCount	指定容器中的控件编号
BackColor	文本或图形的背景颜色	Controls	为容器对象中的控件创建组数
BaseClass	被引用对象的基类	CurrentX	绘图方法的行坐标
BorderStyle	对象的边框风格	CurrentY	绘图方法的列坐标

续表

常用属性	说　　明	常用属性	说　　明
BufferMode	提供保守式、开放式选项	Top	控件与其容器的上边界距离
Caption	对象标题显示文本	Left	控件与其容器的左边界距离
Class	对象的类名	Hight	控件高度
ClassLibrary	对象类所属类库	Name	控件名称
ClipControls	Paint 事件中图形方法所画的部分	Width	控件宽度
Closable	表单控制菜单是否出现"关闭"项		

2. 事件

在 Visual FoxPro 中，对象可以响应五十多种事件。事件是通过用户的操作行为、程序代码或系统引发的，当事件发生时，将执行包含在事件过程中的全部代码。表 7-5 给出了 Visual FoxPro 控件的常用事件及其触发时机。

表 7-5　Visual FoxPro 的常用事件及其触发时机

事　　件	触　发　时　机	事　　件	触　发　时　机
Load	创建对象之前	MouseUp	释放鼠标
Init	创建对象时（在对象显示之前的触发事件）	RightClick	用鼠标右键单击对象
Activate	对象激活时	Unload	释放对象时
GotFocus	获得焦点时	Destroy	从内存中释放对象
Click	用鼠标左键单击对象	Valid	失去焦点前
DblClick	用鼠标左键双击对象	LostFocus	失去焦点时
KeyPress	按下并释放键盘	Error	方法或事件代码出错
MouseDown	按下鼠标键		

3. 方法

在 Visual FoxPro 中，对象可以实现五十多种方法操作。表 7-6 给出了 Visual FoxPro 中的常用方法及功能。

表 7-6　Visual FoxPro 中的常用方法及功能

常用方法	功　　能
AddItem	向一个 ComboBox 或 ListBox 控件中添加一项
RemoveItem	从一个 ComboBox 或 ListBox 控件中删除一项
Box	在表单对象上画一个矩形
Circle	在表单对象上画一个圆形或椭圆形
Clear	清除控件中的内容
Cls	清除表单上的文本和图形
Hide	隐藏表单或者表单集
Line	在表单对象上绘制一条线
Move	移动对象
Print	在表单上打印一个字符串
Refresh	重新绘制一个表单并刷新所有数据
SetFocus	使对象获得焦点

习　　题

1. 选择题

(1) 在面向对象程序设计中,程序运行的最基本实体是(　　　)。

　　A. 对象　　　　　　　B. 类　　　　　　　C. 函数　　　　　　　D. 事件

(2) 在 Visual FoxPro 中,下面关于属性、事件、方法叙述错误的是(　　　)。

　　A. 属性用于描述对象的状态

　　B. 方法用于表示对象的行为

　　C. 事件代码也可以像方法一样被显式调用

　　D. 基于同一个类产生的两个对象的属性不能分别设置自己的属性值

(3) 下列关于"类"的叙述中,错误的是(　　　)。

　　A. 类是对象的集合,而对象是类的实例

　　B. 一个类包含了相似对象的特征和行为方法

　　C. 类并不执行任何行为操作,它仅仅表明该怎么做

　　D. 类可以按其定义的属性、事件和方法进行实际的行为操作

(4) 下面选项中不属于面向对象程序设计特征的是(　　　)。

　　A. 继承性　　　　　　B. 多态性　　　　　　C. 类比性　　　　　　D. 封装性

(5) 下列关于基类的说法不正确的是(　　　)。

　　A. Visual FoxPro 提供的类都是基类

　　B. Visual FoxPro 的基类是由系统本身提供

　　C. Visual FoxPro 的基类被存放在指定的类库中

　　D. 用户可以基于类创建所需要的对象,也可以扩展基类创建自己的类

2. 填空题

(1) 结构化程序设计的三种基本控制结构是顺序结构、_____和_____。

(2) 构成对象的两个基本要素是_____和_____。

(3) 事件的触发是通过用户的操作行为、_____或系统引发的。

(4) 当作用在对象上的一个事件发生时,如果没有与之相关联的_____,则不会发生任何操作。

(5) _____是相同特性的对象的抽象定义,具有继承性、封装性、多态性。

3. 简述题

(1) 结构化程序设计和面向对象程序设计各自有何特点?

(2) 程序设计的过程一般包括哪几个步骤?

(3) 方法和事件有何异同?

(4) 简述类的封装性和继承性的主要特征。

(5) 容器类和控件类有什么差别?

第8章　　　　结构化程序设计

　　结构化程序设计是基本的、传统的程序设计方法,是面向对象程序设计的基础。本章着重介绍结构化程序设计的基本方法。

8.1　程序的建立及运行

8.1.1　程序文件的建立与编辑

　　Visual FoxPro 的程序文件是以 .prg 为扩展名的文本文件。程序文件的建立及编辑有以下 3 种方法。

　　1. 项目管理器

　　打开项目管理器,在"代码"选项卡中选择"程序"选项,如图 8-1 所示。单击"新建"按钮,在代码编辑窗口中输入程序内容,然后选择"文件"→"保存"菜单命令,或单击工具栏中的"保存"按钮,或选择"另存为"菜单命令将编写的代码存入磁盘。也可用 Ctrl＋W 组合键保存文件,用 Esc 键或 Ctrl＋Q 组合键放弃本次编辑操作。

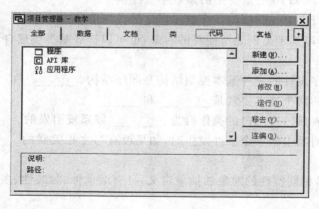

图 8-1　项目管理器

　　如果要修改已有程序,只需展开"程序"选项,选中要修改的程序文件,单击"修改"按钮即可,此时该程序代码便会显示在编辑窗口中。

　　2. 菜单方式

　　选择"文件"→"新建"菜单命令,在弹出的"新建"对话框中选择"程序"单选按钮,然后单击"新建文件"按钮,进入代码编辑窗口。

　　若要修改已有程序,只需选择"文件"→"打开"菜单命令,或单击工具栏上的"打开"按钮,在弹出的"打开"对话框中选定程序文件名,单击"确定"按钮,即可使选定程序的代码出现在编辑窗口中。

3. 命令方式

格式：**MODIFY COMMAND** <程序文件名>

功能：打开代码编辑窗口，建立、编辑以<程序文件名>命名的程序文件。

说明：若不指定新建程序文件的扩展名，系统会自动指定.prg 为扩展名。如果该程序文件不存在，则建立新的程序文件；如果存在，则打开该程序文件进行编辑、修改。

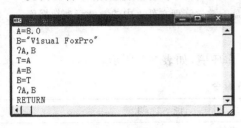

图 8-2　代码窗口

例如，在"命令"窗口中输入命令：

MODIFY COMMAND D:\教学管理\CX1

系统将打开一个标题为"cx1.prg"的代码窗口，如图 8-2 所示。

说明：一个命令行内只能写一条命令，命令行长度不超过 254 个字符，可以分成几行来写，在行尾加续行符"；"。

8.1.2　程序文件的运行

对于已建立好的程序文件，可以用以下方法进行多次、重复执行。

1. 项目管理器

在项目管理器中，选择"程序"选项，然后选中要执行的程序文件，单击"运行"按钮。

2. 菜单方式

选择"程序"→"运行"菜单命令，弹出"运行"对话框，在其中选定"程序"文件类型和待执行的程序文件名，然后单击"运行"按钮。

3. 工具栏

运行当前打开的程序文件，只需单击"常用"工具栏中的"！"按钮。

4. 命令方式

格式：**DO** <程序文件名>

功能：打开指定的程序文件并运行。

说明：可省略扩展名.prg。

例如，在"命令"窗口中输入命令：

DO D:\教学管理\CX1

可得到 CX1 的运行结果，如图 8-3 所示。

```
8.0 Visual FoxPro
Visual FoxPro    8.0
```

图 8-3　程序运行结果

8.2　程序设计常用命令

8.2.1　程序设计的基本命令

1. 注释语句

格式 1：***** <注释内容>

格式 2：**NOTE** <注释内容>

格式 3：<执行语句> **&&** <注释内容>

功能：注释语句是非执行语句,对程序的运行结果不会产生任何影响,在程序中加上注释,可增强程序的可读性。

例如：

```
* 交换两个变量 A 和 B 的值
NOTE 交换两个变量 A 和 B 的值
OPEN DATABASE D:\教学管理\教学管理        && 打开 D 盘下教学管理文件夹中的教学管理数据库
```

2. 系统状态设置命令

在 Visual FoxPro 中,可通过 SET 命令设置工作环境,如表 8-1 所示。

表 8-1　环境设置命令

设　　置	说　　明
SET DEFAULT TO <路径名>	指定默认的路径
SET TALKON|OFF	是否将命令的执行结果显示在主窗口中,默认值为 ON
SETSTATUS ON|OFF	是否显示状态栏,默认值为 ON
SET PATH TO <路径名列表>	指定文件的搜索路径
SET PRINTER ON|OFF	是否在打印机上输出信息,默认值为 OFF
SET SAFETYON|OFF	在改写文件时,是否显示提示框,默认值为 ON

3. 清除命令

格式 1：CLEAR

功能：清除当前屏幕上所有的显示内容。

格式 2：CLEAR ALL

功能：清除所有内存变量,关闭所有打开的文件,并将 1 号工作区置为当前工作区。

4. 文本显示命令

格式：

```
TEXT
    <文本内容>
ENDTEXT
```

功能：将文本内容原样显示输出。

5. 关闭文件命令

格式 1：CLOSE <文件类型>

功能：关闭指定文件类型的所有文件。

说明：文件类型如表 8-2 所示。

表 8-2　文件类型

类　　型	说　　明	类　　型	说　　明
DATABASE	数据库文件、索引文件、格式文件	PROCEDURE	当前工作区的过程文件
INDEX	当前工作区的索引文件	ALTERNATE	文本输出文件
FORMAT	当前工作区的格式文件		

格式 2：CLOSE ALL

功能：将所有工作区中已打开的数据库、表及索引文件关闭，并将当前工作区置为 1 号工作区。

6. 返回命令

格式：RETURN

功能：结束当前程序的运行，返回到调用它的上一级程序，或返回到"命令"窗口。

7. 终止程序运行命令

格式：CANCEL

功能：结束程序的运行，关闭所有打开的文件，返回到"命令"窗口。

8. 退出命令

格式：QUIT

功能：关闭所有打开的文件，终止程序的运行，并退出 Visual FoxPro 系统，返回操作系统环境。

8.2.2　程序设计的输入/输出命令

1. 输入字符串命令

格式：ACCEPT [<提示信息>] TO <内存变量>

功能：在程序执行过程中，从键盘输入一个字符串常量赋给指定的内存变量。

说明：提示信息若存在，则先显示信息，等待用户输入。按回车键表示结束输入。输入的字符串不需加定界符，如果加上定界符，定界符将作为输入字符串的一部分。如果直接按回车键，则把空串赋值给内存变量。

例如：

ACCEPT "请输入学号："TO XH

屏幕显示为：

请输入学号：

等待用户输入内容给变量 XH。

若输入：

12030112

变量 XH 的类型为 C，值为 12030112。

2. 特定类型数据输入命令

格式：INPUT [<提示信息>] TO <内存变量>

功能：该命令可从键盘接收数值型、字符型、逻辑型、日期型和日期时间型的表达式，系统先计算表达式的值，然后将结果赋给指定的内存变量。

说明：输入的表达式必须用定界符表示其数据类型，数值型可直接输入。例如：

INPUT "请输入学号："TO XH
INPUT "出生日期："TO CXRQ
INPUT "贷款否：" TO DKF
INPUT "总评成绩："TO ZPCJ

若分别输入：

```
"12030112"
{^1992 - 06 - 24}
.F.
82
```

则上述变量的类型分别为 C、D、L、N。

3. 接收一个字符命令(等待命令)

格式：**WAIT [<提示信息>] [TO <内存变量>] [TIMEOUT <数值表达式>] [WINDOW [AT <行>,<列>]]**

功能：显示提示信息，暂停程序执行，直到用户按任意键或单击鼠标时继续执行。

说明：

(1) 该命令只能从键盘接收一个字符赋给内存变量。若不存在提示信息，默认为"按任意键继续……"。

(2) TIMEOUT 选项用于设置最大等待时间为<数值表达式>确定的秒数，若不按键会自动终止命令。

(3) WINDOW 选项用于指定将提示信息显示在屏幕右上角的窗口中；AT 选项用于指定提示信息在屏幕上的显示坐标。

例如：

```
WAIT "教授名单已显示!" WINDOWS
```

屏幕上弹出一个窗口，显示"教授名单已显示!"，按任意键后窗口消失。

4. 格式输入/输出命令

在前面已经介绍过简单的输出命令"?"和"??"。除此之外，还可以使用下列命令定位指定的内容，以实现和用户的交互。

格式 1：**@<行,列> SAY <表达式>**

功能：在窗口中指定的坐标位置输出表达式的值。

说明：<表达式>可以是常量、变量及表达式。

格式 2：

```
@<行,列> SAY <表达式> GET <变量>
READ
```

功能：在指定的坐标位置分别显示<表达式>和<变量>的值。当执行到 READ 语句时，程序暂停，等待用户对变量进行修改。修改结束后按回车键，修改的结果即赋值给该变量。如果没有 READ 语句，则只能显示变量的值，不能对其进行修改。

说明：变量可以是内存变量或字段变量。若是内存变量需赋值；若是字段变量，所属的数据表文件必须已打开。

例如：

```
XX = "请输入"
@ 6,10 SAY XX
KCM = SPACE(20)
@ 8,10 SAY "课程名: " GET KCM
READ
@ 10,10 SAY "您输入的课程名是: " GET KCM
```

8.3 程序的基本控制结构

8.3.1 顺序结构

顺序结构的程序是严格按照程序中各条语句的先后顺序依次执行的,是最基本、最常见的程序结构形式。

【例 8-1】 根据输入的学生学号,查找其相关信息。

```
SET TALK OFF
CLEAR
USE D:\教学管理\学生
ACCEPT "请输入待查学生的学号: " To XH
LOCATE FOR 学号 = XH
DISP 学号,姓名,系别,贷款否
USE
SET TALK ON
RETURN
```

请输入待查学生的学号: 12030112

记录号	学号	姓名	系别	贷款否
5	12030112	金娟娟	法律	.F.

图 8-4 例 8-1 的运行结果

程序运行结果如图 8-4 所示。

绝大多数问题仅用顺序结构是无法解决的,还要用到分支结构、循环结构等程序结构。

8.3.2 分支结构

分支结构是程序设计中的基本结构之一,在实际应用时,可根据所设定条件的成立与否来决定程序的流向,实现对程序段的选择执行。在 Visual FoxPro 中,分支结构程序可分为单分支、双分支及多分支等几种形式,并且各种分支结构均可自行嵌套或相互嵌套。

1. 单分支结构

格式:

IF <条件表达式>
<语句序列>
ENDIF

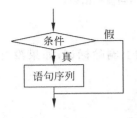

图 8-5 IF 语句流程图(1)

功能:首先判断<条件表达式>的值,若<条件表达式>的值为真,执行 IF 和 ENDIF 之间的语句序列;若值为假,则直接执行 ENDIF 后面的语句,如图 8-5 所示。

说明:

(1)<条件表达式>可以是逻辑型的变量、函数、关系表达式或逻辑表达式。

(2)<语句序列>可以是一条语句,也可以是若干条语句。

(3)IF 和 ENDIF 必须成对出现。

【例 8-2】 修改"课程"表中的数据,如果大学语文的学时大于 72,则将其学时修改为"72"。

```
SET TALK OFF
CLEAR
```

```
USE d:\教学管理\课程 EXCLUSIVE
BROWSE
LOCATE ALL FOR 课程名 = "大学语文"
IF 学时 > 72
  REPLACE 学时 WITH 72
ENDIF
BROWSE
USE
SET TALK ON
RETURN
```

程序运行结果如图 8-6 所示。

2. 双分支结构

格式：

```
IF <条件表达式>
  <语句序列 1>
ELSE
  <语句序列 2>
ENDIF
```

功能：首先判断<条件表达式>的值,若<条件表达式>的值为真,则执行<语句序列 1>,
然后转去执行 ENDIF 后面的语句；否则执行<语句序列 2>,再执行 ENDIF 后面的语句,
如图 8-7 所示。

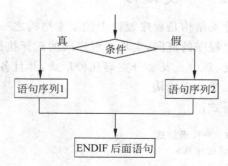

图 8-6　例 8-2 的运行结果　　　　图 8-7　IF 语句流程图(2)

说明：ELSE 必须与 IF 一起使用,不能单独使用。

【例 8-3】　根据输入的姓名查找学生，如果找到,将该记录加上删除标记,如果没有找
到,显示"查无此人"。

```
SET TALK OFF
CLEAR
USE D:\教学管理\学生 EXCLUSIVE
ACCEPT "请输入学生姓名: " TO XM
LOCATE ALL FOR 姓名 = XM
IF .NOT.EOF()
  DELETE
  BROWSE
ELSE
```

```
    @ 3,16 SAY "查无此人"
ENDIF
USE
SET TALK ON
RETURN
```

程序运行结果如图 8-8 所示。

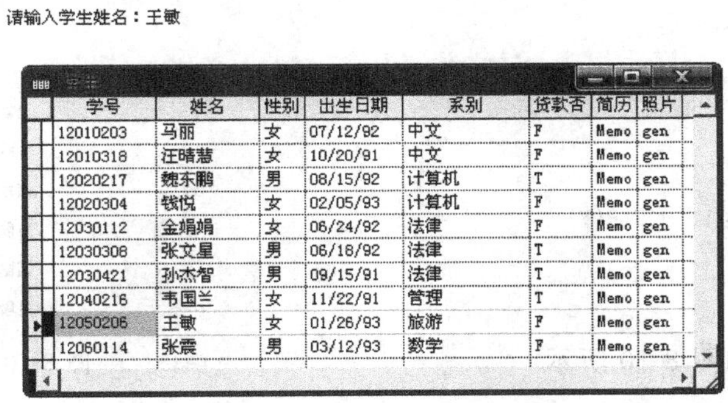

请输入学生姓名:王敏

图 8-8　例 8-3 的运行结果

【例 8-4】　设计密码校验系统(假设密码为 ABC)。

```
CLEAR
SET TALK OFF
ACCEPT "请输入登录密码: " TO MM
IF UPPER(MM) == "ABC"
   ? "欢迎使用本系统!"
ELSE
   ?"密码错误,无权登录!"
ENDIF
SET TALK ON
RETURN
```

程序运行结果如图 8-9 所示。

请输入登录密码:ABC

欢迎使用本系统!

请输入登录密码:123456

密码错误,无权登录!

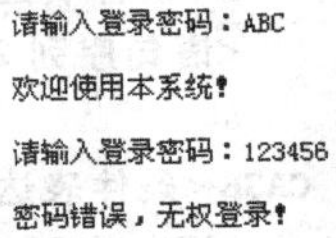

图 8-9　例 8-4 的运行结果

3. IF 语句的嵌套

在一个 IF 语句中包含另一个 IF 语句的程序结构,称为 IF 语句的嵌套,用来解决需要对多个条件进行判断的较为复杂的问题。

说明:

(1) 在每层嵌套中,"IF…[ELSE]…ENDIF"必须一一对应,互相匹配。

(2) IF 语句的嵌套结构可以出现在程序的任何位置,但层次必须清楚,不得相互交叉。

(3) 为使嵌套层次分明,便于查错、修改,通常采用缩进的书写格式。

【例 8-5】　编写程序,根据输入的 X 的值,计算分段函数的值。

$$Y = \begin{cases} X/2 + 50 & X > 0 \\ 0 & X = 0 \\ 3X^2 - 15 & X < 0 \end{cases}$$

结构化程序设计

```
SET TALK OFF
CLEAR
INPUT "请输入 X 的值: " TO X
IF X > 0
  Y = X/2 + 50
ELSE
  IF X < 0
    Y = 3 * X^2 - 15
  ELSE
    Y = 0
  ENDIF
ENDIF
? "分段函数的值为: " + STR(Y)
SET TALK ON
RETURN
```

程序运行结果如图 8-10 所示。

请输入X的值: -3

分段函数的值为: 12

请输入X的值: 2

分段函数的值为: 51

请输入X的值: 0

分段函数的值为: 0

图 8-10   例 8-5 的运行结果

4. 多分支结构

虽然使用 IF 语句的多重嵌套可实现多分支选择,但使程序的结构变得复杂,降低了程序的可读性。为此,Visual FoxPro 提供了多分支选择语句,即 DO CASE…ENDCASE 语句,使多分支选择结构易于实现。

格式:

```
DO CASE
    CASE <条件表达式 1>
        <语句序列 1>
    CASE <条件表达式 2>
        <语句序列 2>
        ...
    CASE <条件表达式 N>
        <语句序列 N>
    [OTHERWISE
        <语句序列 N + 1>]
ENDCASE
```

功能:首先依次判断语句组中的 CASE 条件,当某个 CASE 对应的条件成立时,执行其后的语句序列,然后转去执行 ENDCASE 后面的语句;如果所有的条件都不成立,若有 OTHERWISE 选项,则执行语句序列 N+1 后,转去执行 ENDCASE 后面的语句,否则直接执行 ENDCASE 后的语句,如图 8-11 所示。

说明:

(1) 无论有几个条件成立,只能执行第一个条件为真所对应的语句序列。

(2) DO CASE 和 ENDCASE 必须成对出现。

(3)〈条件表达式〉可以是各种表达式或函数的组合,其值必须是逻辑值。

(4)〈语句序列〉可以由一个或多个语句行组成,也可以包含 CASE 语句或 IF 语句,形成相互嵌套结构。但层次必须清楚,不得相互交叉。

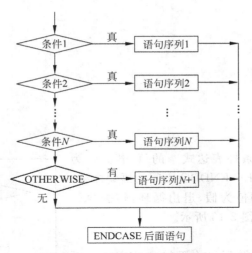

图 8-11　DO CASE 语句流程图

【例 8-6】　编写程序，根据键盘输入的学生学号，显示其相应的成绩等级。

```
SET TALK OFF
CLEAR
USE D:\教学管理\成绩
ACCEPT "请输入学生的学号: " TO XH
LOCATE ALL FOR 学号 = XH
DO CASE
    CASE 成绩 > = 90
        PJ = "优秀"
    CASE 成绩 > = 80
        PJ = "良好"
    CASE 成绩 > = 70
        PJ = "中等"
    CASE 成绩 > = 60
        PJ = "及格"
    OTHERWISE
        PJ = "不及格"
ENDCASE
? "学号为" + XH + "同学的成绩等级为: ", PJ
? ""
? "判断完毕,谢谢使用!"
USE
SET TALK ON
RETURN
```

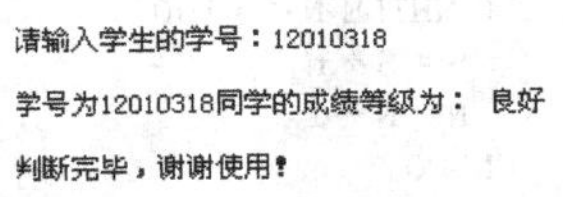

请输入学生的学号：12010318

学号为12010318同学的成绩等级为: 良好

判断完毕, 谢谢使用!

图 8-12　例 8-6 的运行结果

程序运行结果如图 8-12 所示。

8.3.3　循环结构

循环结构是程序设计中的基本结构之一,在实际应用时,通过循环语句可使某些语句或程序段重复执行若干次或执行到满足某种条件为止,或使数据表文件循环操作到文件尾。Visual FoxPro 提供了 3 种形式的循环结构语句,分别为 DO WHILE…ENDDO、FOR…ENDFOR 和 SCAN…ENDSCAN。

1. DO WHILE 循环结构

DO WHILE 语句是当型循环结构,多用于事先不知道循环次数的情况。

结构化程序设计

格式：

```
DO WHILE <条件表达式>
    <语句序列 1 >
    [LOOP]
    <语句序列 2 >
    [EXIT]
    <语句序列 3 >
ENDDO
```

功能：首先判断＜条件表达式＞的值，若其值为真，重复执行 DO WHILE…ENDDO 之间的语句序列，直到＜条件表达式＞的值为假，退出循环，转去执行 ENDDO 后面的语句，如图 8-13 所示。

说明：

（1）DO WHILE 为循环起始语句，ENDDO 为循环结束语句，它们之间的所有语句称为循环体，是被循环执行的语句。

（2）DO WHILE 和 ENDDO 必须成对出现，循环体内可以包含另一个循环语句，形成循环嵌套，ENDDO 必须与最近的 DO WHILE 配对。在循环体内必须有使＜条件表达式＞逐渐为假的语句，否则，程序将进入死循环。

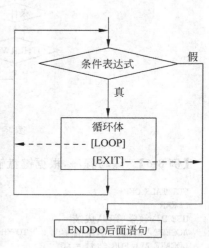

图 8-13　DO WHILE 语句流程图

（3）循环体中的 LOOP 语句（短路语句）直接返回到 DO WHILE 处重新判断条件；EXIT 语句（断路语句）则中断循环，转去执行 ENDDO 后面的语句序列。它们可以改变循环次数，但不能单独使用。

（4）LOOP 语句和 EXIT 语句通常出现在循环体内嵌套的选择语句中。

【例 8-7】　编程计算 $1+2+3+\cdots+100$ 的值。

```
SET TALK OFF
CLEAR
S = 0
N = 1
DO WHILE N < = 100
   S = S + N
   N = N + 1
ENDDO
? "1 + 2 + 3 + ⋯ + 100 = ", S
SET TALK ON
RETURN
```

程序运行结果：

```
1 + 2 + 3 + ⋯ + 100 = 5050
```

注：此处可以分别演示 $N=1000,10000,100000,1000000,10000000$ 时，比较程序运行的时间等问题，让学生深入理解程序。

【例 8-8】　根据输入的学生姓名，查找并显示该学生的信息，直到用户停止查询。

```
SET TALK OFF
```

```
CLEAR
STORE "Y" TO SF
USE D:\教学管理\学生
DO WHILE .T.
    ACCEPT "请输入学生姓名： " TO XM
    LOCATE FOR 姓名 = XM
    IF FOUND( )
        ?"学号： " + 学号
        ?"姓名： " + 姓名
        ?"系别： " + 系别
      ELSE
       ?"学生表中没有" + XM
    ENDIF
    WAIT "是否继续查找(Y/N)?" TO SF
    IF UPPER(SF)<>"Y"
        EXIT
    ENDIF
ENDDO
?"查询结束,谢谢使用!"
USE
SET TALK ON
RETURN
```

程序运行结果如图 8-14 所示。

2. FOR 循环结构

若已知循环次数,则使用 FOR 循环语句比较方便。

格式:

FOR <循环变量> = <初值> **TO** <终值> [**STEP** <步长值>]
    <语句序列 1>
    [**LOOP**]
    <语句序列 2>
    [**EXIT**]
    <语句序列 3>
ENDFOR|NEXT

功能:按指定次数执行循环体,如图 8-15 所示。

请输入学生姓名：魏东鹏

学号：12020217
姓名：魏东鹏
系别：计算机
是否继续查找（Y/N）？y
请输入学生姓名：罗成

学生表中没有罗成
是否继续查找（Y/N）？N
查询结束，谢谢使用！

图 8-14　例 8-8 的运行结果

图 8-15　FOR 语句流程图

结构化程序设计

说明:

(1) 循环变量应该是数值型的内存变量或数组元素,循环变量超过终值循环结束。

(2) 语句中,初值、终值与步长决定了循环体的执行次数,即循环次数＝INT((终值－初值)/步长)＋1。

(3) ENDFOR|NEXT 语句使循环变量的当前值改变一个步长值,步长为正值增加,为负值减少,如果省略 STEP 选项,则默认步长为 1。

(4) FOR 和 ENDFOR 之间的所有语句称为循环体,且 FOR 和 ENDFOR 语句必须成对出现。

(5) 循环体中的 LOOP 语句结束本次循环,循环变量改变一个步长值,返回 FOR 语句处重新判断;EXIT 语句立即中断循环,转去执行 ENDFOR 后面的语句。

前面例 8-7 编程计算 $1+2+3+\cdots+100$ 的值。如果使用 FOR 循环语句,则其程序可写为:

```
SET TALK OFF
CLEAR
S = 0
FOR I = 1 TO 100
    S = S + I
ENDFOR
?"S = ", S
SET TALK ON
RETURN
```

【例 8-9】 编程计算 $1!+2!+3!+\cdots+10!$ 的值。

```
SET TALK OFF
CLEAR
S = 0
T = 1
FOR I = 1 TO 10
    T = T * I
    S = S + T
ENDFOR
?"1! + 2! + 3! + … + 10!= " + ALLTRIM(STR(S))
SET TALK ON
RETURN
```

程序运行结果:

```
1! + 2! + 3! + … + 10!= 4037913
```

【例 8-10】 随机产生 8 个 0 到 99 之间的整数,并输出其中的最大数和最小数。

```
SET TALK OFF
CLEAR
DIMENSION X(8)
?"随机产生的 8 个整数: "
?""
FOR I = 1 TO 8
```

```
     X(I) = INT(100 * RAND())
     ??X(I)
ENDFOR
STORE X(1) TO MAX,MIN
FOR I = 2 TO 8
IF MAX < X(I)
     MAX = X(I)
ENDIF
IF MIN > X(I)
     MIN = X(I)
ENDIF
ENDFOR
? "最大数为：",MAX
? "最小数为：",MIN
SET TALK ON
RETURN
```

程序运行结果如图 8-16 所示。

```
随机产生的8个整数：
       23      24      55      60      7      18      99      17
最大数为：      99
最小数为：      7
```

图 8-16　例 8-10 的运行结果

3. SCAN 循环结构

SCAN 循环只用于对数据表的处理。

格式：

```
SCAN[<范围>][FOR <条件表达式>]
    <语句序列 1>
    [LOOP]
    <语句序列 2>
    [EXIT]
    <语句序列 3>
ENDSCAN
```

功能：在当前选定的数据表中,对每一个满足条件的记录执行一次循环体,每循环一次,表的指针自动下移一位。

说明：

（1）在执行 SCAN 语句时,首先将记录指针定位到指定范围内满足条件的第一条记录上,然后判断函数 EOF() 的值,若为"真",则结束循环执行 ENDSCAN 之后的语句,否则,执行循环体。当执行到 ENDSCAN 语句时,将记录指针自动定位到指定范围内满足条件的下一条记录上,并返回到 SCAN 语句,进入下一次的循环判断。

（2）SCAN 和 ENDSCAN 语句之间的所有语句序列称为循环体。SCAN 和 ENDSCAN 语句必须成对出现。

（3）LOOP 语句和 EXIT 语句与其他循环结构中的作用相同。

【例 8-11】　分别统计"成绩"表中及格与不及格人数。

用 DO WHILE 循环语句：

结构化程序设计

```
SET TALK OFF
CLEAR
STORE 0 TO JG,BJG
USE D:\教学管理\成绩
DO WHILE .NOT.EOF( )
   IF 成绩>= 60
      JG = JG + 1
   ELSE
      BJG = BJG + 1
   ENDIF
   SKIP
ENDDO
? "及格人数是",JG,"人;",,"不及格人数是",BJG,"人."
USE
SET TALK ON
RETURN
```

程序运行结果如下所示：

及格人数是　　　17 人；不及格人数是　　　1 人。

用 SCAN 循环语句：

```
SET TALK OFF
CLEAR
STORE 0 TO JG,BJG
USE d:\教学管理\成绩
SCAN
   IF 成绩>= 60
      JG = JG + 1
   ELSE
      BJG = BJG + 1
   ENDIF
ENDSCAN
? "及格人数是",JG,"人;",,"不及格人数是",BJG,"人."
USE
SET TALK ON
RETURN
```

程序运行结果与示例 8-11 相同。

可见：(1) SCAN   (2) DO WHILE .NOT.EOF( )
　　　　　　<语句序列>　和　　　　　　<语句序列>
　　　　　　ENDSCAN　　　　　　　　　　SKIP
　　　　　　　　　　　　　　　　　　　　ENDDO

是等价的。

4. 循环嵌套

在一个循环体中又包含了另一个循环语句，这种结构称为循环嵌套。在 Visual FoxPro 中，几种循环结构可以相互嵌套，以解决复杂问题，但应注意以下几点：

(1) 内层循环必须被完全包含在外层循环之中，不能出现交叉结构。

(2) 在循环嵌套结构中，每执行一次外层循环，其内层循环必须在循环完所有的次数后才能进行外层循环的下一次循环。

（3）内层循环不要随意改变外层循环控制的变量。

【例 8-12】 编写程序，输出九九乘法表。

```
SET TALK OFF
CLEAR
FOR I = 1 TO 9
    FOR J = 1 TO I
        ?? STR(J,1) + " * " + STR(I,1) + " = " + STR(I * J,2) + " "
    ENDFOR
    ?
ENDFOR
SET TALK ON
RETURN
```

程序运行结果如图 8-17 所示。

```
1*1= 1
1*2= 2   2*2= 4
1*3= 3   2*3= 6   3*3= 9
1*4= 4   2*4= 8   3*4=12   4*4=16
1*5= 5   2*5=10   3*5=15   4*5=20   5*5=25
1*6= 6   2*6=12   3*6=18   4*6=24   5*6=30   6*6=36
1*7= 7   2*7=14   3*7=21   4*7=28   5*7=35   6*7=42   7*7=49
1*8= 8   2*8=16   3*8=24   4*8=32   5*8=40   6*8=48   7*8=56   8*8=64
1*9= 9   2*9=18   3*9=27   4*9=36   5*9=45   6*9=54   7*9=63   8*9=72   9*9=81
```

图 8-17 例 8-12 的运行结果

也可以用 DO WHILE 语句嵌套输出如图 8-17 所示的运行结果，代码如下：

```
CLEAR
SET TALK OFF
A = 1
DO WHILE A <= 9
    B = 1
    ?
    DO WHILE B <= A
        ??SPACE(2) + STR(B,1) + " * " + STR(A,1) + " = " + STR(A * B,2)
        B = B + 1
    ENDDO
    A = A + 1
ENDDO
SET TALK ON
RETURN
```

【例 8-13】 有 30 个人用餐，其中每位男士花 3 元钱，每位女士花 2 元钱，每位小孩花 1 元钱，一共花去 50 元钱。问男士、女士和小孩各有几人？

```
SET TALK OFF
CLEAR
?"    男士    女士    小孩"
FOR X = 0 TO 16
    FOR Y = 0 TO 25
        Z = 30 - X - Y
```

结构化程序设计

```
        IF 3 * X + 2 * Y + Z = 50
          ?X,Y,Z
        ENDIF
      ENDFOR
    ENDFOR
  ENDFOR
  SET TALK ON
  RETURN
```

男士	女士	小孩
0	20	10
1	18	11
2	16	12
3	14	13
4	12	14
5	10	15
6	8	16
7	6	17
8	4	18
9	2	19
10	0	20

程序运行结果如图 8-18 所示。

图 8-18   例 8-13 的运行结果

8.4   子程序、过程与自定义函数

8.4.1   子程序

在程序设计中,可将多次重复使用的程序或经常被其他程序使用的程序段独立出来,形成一个独立的文件,它可以被其他程序调用,也可以去调用其他程序。被调用的程序称为子程序,调用它的程序称为上级程序,在"命令"窗口中调用的程序称为主程序。主程序和子程序在逻辑上有主从调用关系,但在物理上都是独立存在的程序文件,存储在磁盘上。主程序和子程序的创建方法与普通程序一样。

这样,即可将一个较大的复杂程序按一定的功能分解成若干个小的子程序,以简化程序的设计和调试过程,并提高程序代码的可读性和可维护性。

1. 子程序的调用

格式:**DO** <子程序名> [**WITH** <实参表>]

功能:在当前程序中调用另一个子程序。

说明:

(1)一个程序调用子程序后,系统将从子程序的第一条语句开始执行。

(2)通过选项 WITH <实参表>,可以把调用程序中的一些实参传递到被调用子程序中。<实参表>中的参数可以是常量、表达式、内存变量、字段变量或用户自定义函数。

(3)如果实参接收返回数据,则实参只能使用变量。

2. 参数接收语句

格式:**PARAMETERS** <形参表>

功能:子程序用该语句接收实参值,使子程序具有通用性。

说明:

(1)它必须是子程序的第一条可执行语句。

(2)形参用内存变量的形式表示,用该语句定义后,无须再定义。

(3)子程序中的形参与调用它的上一级程序中的实参,在个数、顺序、数据类型上一一对应。

3. 子程序返回语句

格式:**RETURN** [**TO MASTER** │ **TO** <程序文件名>]

功能:结束子程序运行,返回调用它的上一级程序或主程序,如图 8-19 所示。

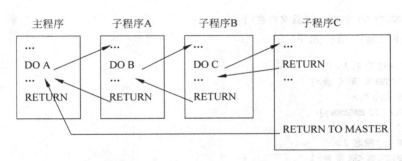

图 8-19　主程序和子程序的调用关系

说明：

（1）TO MASTER 是在多级程序被调用时直接返回主程序，如果无此选项，则返回到调用它的上一级程序；TO ＜程序文件名＞选项则使子程序返回到指定的程序文件。

（2）RETURN 通常是子程序的最后一条语句，在子程序的其他地方也可以出现，作为有条件返回主程序的另一个出口。

【例 8-14】　编写一个计算圆环面积的通用程序。

```
* 主程序.PRG
SET TALK OFF
CLEAR
S1 = 0
S2 = 0
INPUT "请输入外圆半径： " TO R1
INPUT "请输入内圆半径： " TO R2
DO MJ WITH R1,S1
DO MJ WITH R2,S2
?"圆环面积为： " + STR(S1 – S2)
SET TALK ON
RETURN

* 子程序 MJ.PRG
PARAMETERS R,S
S = 3.14 * R^2
RETURN
```

程序运行结果如图 8-20 所示。

```
请输入外圆半径：12
请输入内圆半径：7
圆环面积为：　　298
```

图 8-20　例 8-14 的运行结果

8.4.2　过程与过程文件

子程序通常是作为一个独立的程序文件存在，如果程序系统需频繁地访问磁盘，以调用较多的子程序，势必会影响工作效率。Visual FoxPro 还支持另一种形式的子程序——过程，即把每一个子程序作为过程文件的一个"过程"，在打开过程文件时，所有的过程都将一次性调入内存中，直接调用即可。

1. 过程文件的建立

过程文件也是扩展名为 .prg 的程序文件，过程文件的建立和修改与一般程序文件相同。

格式：MODIFY COMMAND [<过程文件名>]

过程文件的基本结构如下：

```
PROCEDURE <过程名 1>
    [PARAMETERS <形参表>]
        <语句序列>
    [RETURN [TO MASTER]]
[ENDPROC]
PROCEDURE <过程名 2>
    [PARAMETERS <形参表>]
        <语句序列>
    [RETURN [TO MASTER]]
[ENDPROC]
…
PROCEDURE <过程名 N>
    [PARAMETERS <形参表>]
        <语句序列>
    [RETURN [TO MASTER]]
[ENDPROC]
```

2. 过程文件的打开及关闭

在调用过程文件中的过程之前，首先要打开这个过程文件，在使用完后要关闭。

打开格式：

SET PROCEDURE TO <过程文件名表> [ADDITIVE]

功能：打开一个或多个过程文件。

说明：选项 ADDITIVE 是在不关闭已打开的过程文件时打开新的过程文件。

关闭过程文件：

格式 1：CLOSE PROCEDURE

格式 2：SET PROCEDURE TO

功能：关闭所有打开的过程文件。

3. 调用过程

格式：DO <过程名> [WITH <实参表>]

说明：打开过程文件后，随时可以用该语句调用其中的过程。该语句也可以调用本程序中的过程，以及过程嵌套中任一个程序所包含的过程。

但在习惯上，通常将过程的定义写在主程序的后面，如例 8-15。

【例 8-15】 编写一个使用过程计算圆环面积的通用程序。

```
* 主程序.PRG
SET TALK OFF
CLEAR
S1 = 0
S2 = 0
INPUT "请输入外圆半径：" TO R1
INPUT "请输入内圆半径：" TO R2
DO MJ WITH R1,S1
DO MJ WITH R2,S2
```

```
?"圆环面积为: " + STR(S1 − S2)
SET TALK ON
RETURN
* 计算面积的过程
PROCEDURE MJ
    PARAMETERS R,S
        S = 3.14 * R^2
    RETURN
ENDPROC
```

程序运行结果如图 8-20 所示。

8.4.3　自定义函数

Visual FoxPro 为用户提供了很多系统函数,并且支持用户自定义一个专用函数,然后像调用系统函数那样调用自定义函数。函数与过程(或子程序)一样具有某一功能,但函数可以在表达式中调用,并返回一个函数值。

每一个自定义函数都对应于一个程序,它与过程(或子程序)非常相似。其主要区别是:

(1) 自定义函数所对应的程序单独以程序文件形式存储,文件名即函数名。

(2) 自定义函数定义的开头语句为 FUNCTION。

(3) 自定义函数必须返回一个函数值,而过程(或子程序)则不一定有返回值。

1. 自定义函数的建立

格式 1:

```
FUNCTION <自定义函数名>
    [PARAMETERS <形参表>]
        <语句序列>
    [RETURN <表达式>]
ENDFUNC
```

格式 2:

```
FUNCTION <自定义函数名>([<形参表>])
    <语句序列>
    [RETURN <表达式>]
ENDFUNC
```

说明:RETURN <表达式>语句返回自定义函数值。

2. 自定义函数的调用

格式:<自定义函数名>(<实参表>)

说明:自定义函数的调用与系统函数的调用相同。

【例 8-16】 编写一个使用自定义函数计算圆环面积的通用程序。

```
* 主程序.PRG
SET TALK OFF
CLEAR
INPUT "请输入外圆半径: " TO R1
INPUT "请输入内圆半径: " TO R2
S = MJ(R1) − MJ(R2)
```

```
?"圆环面积为: " + STR(S)
SET TALK ON
RETURN
* 计算面积的自定义函数
FUNCTION MJ
    PARAMETERS R
        S = 3.14 * R^2
    RETURN S
ENDFUNC
```

程序运行结果如图 8-20 所示。

8.4.4 变量的作用域

在主程序和子程序的各级程序中使用的内存变量,有不同的有效作用范围,它们中有的能在所有程序中使用,有的只能在某些程序中使用。将内存变量的有效作用范围称为内存变量的作用域。在 Visual FoxPro 中,根据变量的作用域不同,内存变量可分为全局变量、私有变量和局部变量 3 种类型。

1. 全局变量

全局变量是在各级程序中都可以使用的变量。

全局变量的定义方式有以下两种:

(1) 在 Visual FoxPro 的"命令"窗口中直接用赋值语句定义。

(2) 用 PUBLIC 语句定义。

格式:**PUBLIC** <内存变量名或数组名列表>

说明:

① 全局变量必须先定义再使用。

② 定义好的全局变量,系统会自动将其初值赋予逻辑"假"值(.F.)。

③ 在任何子程序中都可以改变全局变量的值。

2. 局部变量

用 LOCAL 语句定义的变量为局部变量,只能在定义它的子程序中使用,不能在上级或下级程序中使用。

格式:**LOCAL** <内存变量名或数组名列表>

说明:局部变量必须先定义再使用。定义好的局部变量,系统会自动将其初值赋予逻辑"假"值(.F.)。

3. 私有变量

没有使用 PUBLIC 和 LOCAL 语句定义而直接在程序中使用的变量为私有变量。私有变量的有效范围是在定义该类变量的程序及下级程序中起作用。

在 Visual FoxPro 中,如果子程序中的变量与上级程序中的变量同名,可以在子程序中使用 PRIVATE 语句对上级程序中的同名变量进行隐含,使得这些变量在当前子程序中无效,一旦子程序运行结束返回上级程序时,被隐含的内存变量恢复正常,并保留原值。

格式:

PRIVATE <内存变量名或数组名列表>

PRIVATE ALL[LIKE | EXCEPT <通配符>]

说明：定义好的变量,系统会自动将其初值赋予逻辑"假"值(.F.)。

后一选项可以有以下 3 种形式：

（1）ALL 选项：将所有的内存变量隐含。

（2）ALL LIKE<通配符>选项：将内存中所有变量名与通配符相匹配的内存变量隐含。

（3）ALL EXCEPT<通配符>选项：将内存中除了变量名能与通配符相匹配的内存变量以外的其余内存变量全部隐含。

【例 8-17】 全局变量、私有变量和局部变量的使用。

```
* 主程序.PRG
SET TALK OFF
CLEAR
A = "同学们"
B = "你们好!"
C = "我们的校园"
D = "真美丽!"
?"主程序的输出结果为: "
?A + B + C + D
DO SUB1
?"调用子程序后的输出结果为: "
?A + B + C + D + E
SET TALK ON
RETURN
* 子程序 SUB1
PRIVATE A
LOCAL B
PUBLIC E
A = "老师们"
B = "辛苦了!"
C = "我们的教室"
E = "真好啊!"
?"子程序的输出结果为: "
?A + B + C + D + E
RETURN
```

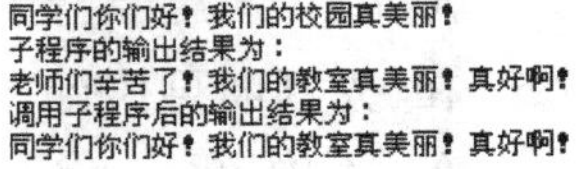

程序运行结果如图 8-21 所示。

主程序的输出结果为:
同学们你们好! 我们的校园真美丽!
子程序的输出结果为:
老师们辛苦了! 我们的教室真美丽! 真好啊!
调用子程序后的输出结果为:
同学们你们好! 我们的教室真美丽! 真好啊!

图 8-21 例 8-17 的运行结果

习 题

1. 选择题

（1）在 Visual FoxPro 中,建立并编辑程序文件的语句是（　　）。

    A. MODIFY STRUCTURE   B. CREATE FILE

    C. MODIFY COMMAND   D. CREATE COMMAND

（2）关于输入/输出语句说法不正确的是（　　）。

    A. ACCEPT 语句只能接受字符串

结构化程序设计

B. INPUT 语句可通过键盘输入数据

C. 用 INPUT 语句输入数据时,如果只按回车键,系统会将空字符赋值给指定的内存变量

D. WAIT 语句能暂停程序执行

(3) 在 DO WHILE…ENDDO 循环结构中,LOOP 语句的作用是( )。

A. 退出过程,返回程序开始处

B. 转移到 DO WHILE 语句行,进行下一个判断和循环

C. 终止程序执行

D. 终止循环,将控制转移到本循环结构 ENDDO 后面的第一条语句继续执行

(4) 在 DO WHILE … ENDDO 循环结构中,EXIT 语句的作用是( )。

A. 退出过程,返回程序开始处

B. 转移到 DO WHILE 语句行,进行下一个判断和循环

C. 终止程序执行

D. 终止循环,将控制转移到本循环结构 ENDDO 后面的第一条语句继续执行

(5) 运行下列程序:

```
SET TALK OFF
CLEAR
T = 0
DO WHILE T < 8
  IF INT(T/2) = T/2
    ?"12 * "
  ENDIF
  ?"AB * "
  T = T + 1
ENDDO
SET TALK ON
RETURN
```

语句?"12 * "和?"AB * "被执行的次数分别是( )。

A. 4、8   B. 4、9   C. 3、8   D. 3、9

(6) 在"先判断再执行"的循环程序结构中,循环体被执行的次数最少可以是( )。

A. 不确定   B. 0   C. 1   D. 2

(7) 定义私有变量用( )语句。

A. PUBLIC   B. LOCAL   C. PRIVATE   D. PROJECT

(8) 运行下列程序:

```
SET TALK OFF
CLEAR
A = 20
B = 50
DO WHILE B > A
  A = A + B
  B = B + 20
ENDDO
```

```
?A
SET TALK ON
RETURN
```

程序的运行结果是( )。

    A. 20   B. 70   C. 100   D. 50

(9) 在"学生"表中有 10 条记录,运行下列程序:

```
SET TALK OFF
CLEAR
USE 学生
GO 10
LIST
?RECNO()
SET TALK ON
RETURN
```

则在窗口中显示的记录号是( )。

    A. 10   B. 11

    C. 1   D. 没有记录号显示

(10) 运行下列程序:

```
SET TALK OFF
CLEAR
L1 = "FOXPRO"
L2 = ""
A = LEN(L1)
I = A
DO WHILE I >= 1
  L2 = L2 + SUBSTR(L1,I,1)
  I = I - 1
ENDDO
? L2
SET TALK ON
RETURN
```

显示的结果是( )。

    A. FOXPRO   B. ORPXOF   C. FXO   D. OXF

(11) 在 Visual FoxPro 中,如果希望内存变量只能在本模块(过程)中使用,不能在上层或下层模块中使用,定义该种内存变量的命令是( )。

    A. PRIVATE   B. PUBLIC

    C. LOCAL   D. 不用说明,在程序中直接使用

(12) 在 Visual FoxPro 中,程序文件的扩展名是( )。

    A. .bak   B. .cdx   C. .prg   D. .fpt

(13) 在 SAY 语句中,GET 的变量必须用( )语句激活。

    A. WAIT   B. READ   C. ACCEPT   D. INPUT

（14）如果在自定义函数过程中不包含 RETURN 语句，或 RETURN 语句中没有指定表达式，会（　　）。

  A. 返回值   B. 出现错误提示信息

  C. 返回.F.   D. 没有返回值

（15）下列关于过程调用的叙述，正确的是（　　）。

  A. 实参与形参的个数必须相等

  B. 当实参的个数多于形参的个数时，多余的实参将被忽略

  C. 当实参的个数少于形参的个数时，多余的形参初值取逻辑假值

  D. B 和 C 都正确

2. 填空题

（1）_____循环语句称为"指针"型循环控制语句，能根据表中的当前记录指针决定循环体的执行次数。

（2）Visual FoxPro 通过使用_____文件来减少应用系统访问磁盘的次数，以提高程序的运行效率。

（3）运行下列程序：

```
SET TALK OFF
CLEAR
STORE 0 TO X, Y
DO WHILE .T.
  X = X + 1
  Y = Y + X
  IF X < 5
    LOOP
  ELSE
    EXIT
  ENDIF
ENDDO
? X,Y
SET TALK ON
RETURN
```

程序的运行结果分别为_____和_____。

（4）以下程序计算一个整数的各位数字之和，请将程序补充完整。

```
SET TALK OFF
CLEAR
INPUT "N = " TO N
P = 0
DO WHILE N <> 0
  P = P + MOD(N,10)
  _____
ENDDO
? P
SET TALK ON
RETURN
```

（5）将"课程"表中的记录按从末尾记录到首记录的顺序逐条显示。

```
SET TALK OFF
CLEAR
USE 课程
GO BOTTOM
DO WHILE _____
   DISP
   _____
ENDDO
USE
SET TALK ON
RETURN
```

（6）以下程序的输出结果是_____。

```
SET TALK OFF
CLEAR
X = 0
DO WHILE X <= 1
   Y = 0
   DO WHILE Y <= 3
     Z = 1
     DO WHILE Z <= 5
       L = 100 * X + 10 * Y + Z
       IF L = 2 * X + Y * 2 + Z * 5
         ?? L
       ENDIF
       Z = Z + 1
     ENDDO
     Y = Y + 1
   ENDDO
   X = X + 1
ENDDO
SET TALK ON
RETURN
```

（7）编程求"成绩"表中成绩的最低分和最高分,并输出最低分的记录号。

```
SET TALK OFF
CLEAR
USE 成绩
JLH = 0
MIN = 成绩
MAX = 成绩
DO WHILE NOT EOF( )
   IF MIN > 成绩
     MIN = 成绩
     _____
   ENDIF
   IF MAX < 成绩
     _____
```

结构化程序设计

```
        ENDIF
        SKIP
    ENDDO
    ? "最低分: ",MIN
    ? "最低分的记录号为",JLH
    ? "最高分: ",MAX
    USE
    SET TALK ON
    RETURN
```

(8) 以下程序判断一个数是否为素数,请将程序补充完整。

```
SET TALK OFF
CLEAR
INPUT "请从键盘输入一个数: " TO N
FOR I = 2 TO N - 1
    IF MOD(N,I) = 0
        _____
    ENDIF
ENDFOR
IF I < N
    ? N,"不是素数."
ELSE
    ? N,"是素数."
ENDIF
SET TALK ON
RETURN
```

(9) 建立自定义函数时,第一条语句是_____。

(10) 以下程序的运行结果是_____。

```
SET TALK OFF
CLEAR
PUBLIC A,B
A = 10
B = 20
DO SUB1
? "A = ",A, "B = ",B
C = 30
DO SUB2
? "B = ",B, "C = ",C
SET TALK ON
PROCEDURE SUB1
    PRIVATE B
    B = 5
    DO SUB3
    A = A + B
    RETURN
ENDPROC
PROCEDURE SUB2
    C = C * B
```

```
        DO SUB3
        C = C * B
        RETURN
ENDPROC
PROCEDURE SUB3
    LOCAL B
    B = 3
    RETURN
ENDPROC
```

3. 简述题

（1）Visual FoxPro 系统有哪些键盘输入语句？

（2）程序的基本控制结构有哪几种？各有何特点？

（3）3 种循环结构语句 DO WHILE…ENDDO、FOR…ENDFOR、SCAN…ENDSCAN 在应用时各有何特点？

（4）过程和自定义函数如何定义？如何调用？

（5）全局变量、局部变量和私有变量的作用域有什么区别？

4. 操作题

（1）求 1 到 100 之间的奇数和。

（2）设 $S=1^1\times2^2\times3^3\times\cdots\times N^n$，求 S 不大于 40000 时最大的 N。

（3）分别用 DO WHILE 和 SCAN 循环语句显示"学生"表中法律系的男同学的出生日期。

（4）编程将 10 个数按降序输出。

（5）找出 100 到 200 之间的所有素数。

（6）用过程文件实现对"学生"表的查询、删除、插入和修改等操作。

（7）定义一个求两个数的最大公约数的自定义函数，通过在主程序中输入值对自定义函数进行调用，得到计算结果。

第9章 表单设计与应用

从本章开始介绍 Visual FoxPro 6.0 所支持的面向对象的程序设计方法，主要介绍表单、菜单和报表的设计与应用。

表单是应用程序中最常见的交互式操作界面，用于建立应用程序界面的最主要的工具之一。表单相当于 Windows 应用程序的窗口，表单内可以包含命令按钮、文本框、列表框等各种界面元素，产生标准的窗口或对话框，通过各种界面元素，可以在窗口中显示输出的数据或接收用户的输入数据。各种对话框和窗口都是表单不同的外观表现形式，表单拥有丰富的对象集，以响应用户或系统事件。本章主要介绍表单的创建与管理，以及表单中各种常用控件的使用。

9.1 创建表单

利用表单可以使用户在熟悉的界面下查看数据或将数据输入到数据库中，使用户尽可能方便、直观地完成各种信息的输入和输出。在 VFP 中，可以利用表单设计器或表单向导可视化地创建表单文件，并通过运行表单文件来生成表单对象。表单可以属于某个项目，也可以游离于任何项目之外，它是一个特殊的磁盘文件，其扩展名为 .scx。在项目管理器中创建的表单自动隶属于该项目。

9.1.1 使用表单向导创建表单

VFP 提供了两种不同的表单向导来创建表单："表单向导"用于创建基于一个表或视图的简单表单；"一对多表单向导"用于创建基于有一对多关系的两个表的复杂表单。只需按照向导提供的操作步骤和屏幕提示一步一步地进行，即能完成表单的创建。

1. 表单向导

启动表单向导有以下 4 种途径：

（1）打开"项目管理器"，选择"文档"选项卡，从中选择"表单"选项，然后单击"新建"按钮。在弹出的"新建表单"对话框中单击"表单向导"按钮。

（2）选择"文件"→"新建"菜单命令，或者单击工具栏上的"新建"按钮，打开"新建"对话框，在"文件类型"选项组中选择"表单"单选按钮，然后单击"向导"按钮。

（3）选择"工具"→"向导"→"表单"菜单命令。

（4）直接单击"常用"工具栏上的"表单向导"按钮。

【例 9-1】 利用表单向导创建一个学生信息录入表单。

操作步骤如下：

（1）打开项目管理器窗口，选择"文档"选项卡中的"表单"选项，单击"新建"按钮，出现

"新建表单"对话框,如图 9-1 所示。

单击"表单向导"按钮,打开"向导选取"对话框,如图 9-2 所示。

图 9-1　"新建表单"对话框

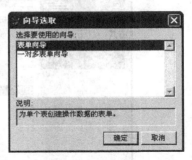

图 9-2　"向导选取"对话框

(2) 选择"表单向导"选项,单击"确定"按钮,弹出表"单向导"对话框,如图 9-3 所示。从"数据库和表"列表框中选择作为数据源的数据库和表,然后在"可用字段"列表框中选中需要的字段,单击"▶"按钮或直接双击字段,将该字段添加到"选定字段"列表框中。

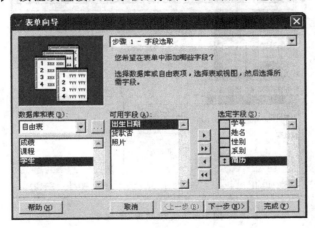

图 9-3　表单向导-步骤 1

字段选定的前后顺序决定了向导在表达方式中安排字段的顺序,以及表单的默认标签顺序,通过移动"选定字段"列表框中各字段前面的按钮可以调整它们的顺序。

本例选择"教学管理"数据库中的"学生"表,并选定学号、姓名、性别、系别和简历 5 个字段,然后单击"下一步"按钮。

(3) 进入"表单向导-步骤 2"界面,如图 9-4 所示,选择表单样式和按钮类型,本例选择"标准式"和"文本按钮",单击"下一步"按钮。

(4) 进入"表单向导-步骤 3"界面,如图 9-5 所示,选择排序记录的字段或索引标识,本例按"学号"字段排序,然后单击"下一步"按钮。

(5) 进入"表单向导-步骤 4"界面,如图 9-6 所示,输入表单的标题,选择建立好表单后的动作,本例选择"保存并运行表单"单选按钮。然后单击"预览"按钮,可预览新建的表单,如果对样式、按钮类型不满意,可以单击"上一步"按钮回到前面的步骤重新设置,如果满意,单击"完成"按钮。

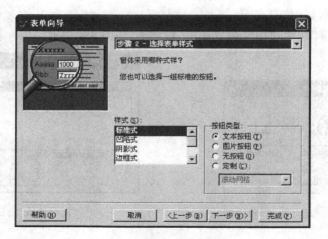

图 9-4　表单向导-步骤 2

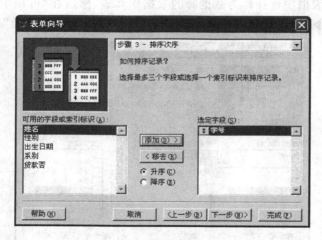

图 9-5　表单向导-步骤 3

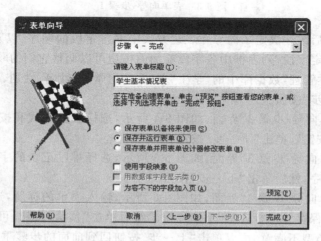

图 9-6　表单向导-步骤 4

表单运行结果如图 9-7 所示。表单向导自动按所选按钮形式，添加了 10 个常用的按钮，每一个按钮的功能用名称表达，与其有关的属性和方法在系统中都已设计好了。这组标准的定位按钮可以用来在表单中显示记录、编辑记录及搜索记录等。

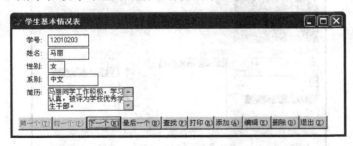

图 9-7 "学生基本情况表"表单

2. 一对多表单向导

如果数据源是一个表，应选取"表单向导"选项；如果数据源包括父表和子表，则应选取"一对多表单向导"选项。使用一对多表单向导创建表单时，字段既要从父表中选取，也要从子表中选取，还要建立两表之间的连接关系。一对多表单一般使用文本框来表达父表，使用表格来表达子表。

【例 9-2】 创建一个一对多的成绩表单。

操作步骤：

（1）从图 9-2 所示的"向导选取"对话框中选择"一对多表单向导"选项，弹出"一对多表单向导"对话框，如图 9-8 所示。选择主表为"教学管理"数据库中的"课程"表，并选定"课程号"和"课程名"两个字段，然后单击"下一步"按钮。

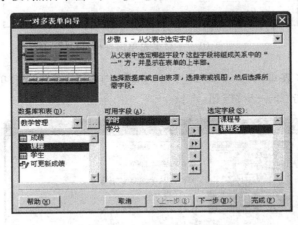

图 9-8 一对多表单向导-步骤 1

（2）进入"一对多表单向导-步骤 2"界面，如图 9-9 所示，子表选择"可更新成绩"视图，选定两个字段：学号和成绩，然后单击"下一步"按钮。

（3）进入"一对多表单向导-步骤 3"界面，如图 9-10 所示，从父表和子表中分别选定一个匹配字段，建立表之间的关系，以便在创建的表单中可以显示相匹配的数据信息。本例选择"课程号"选项，然后单击"下一步"按钮。

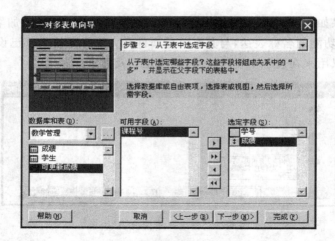

图 9-9　一对多表单向导-步骤 2

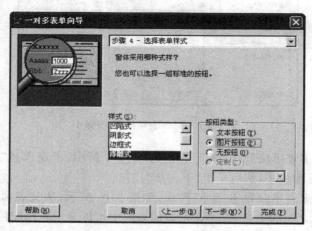

图 9-10　一对多表单向导-步骤 3

　　（4）进入"一对多表单向导-步骤 4"界面，如图 9-11 所示，选择表单的样式以产生不同的视觉效果，然后单击"下一步"按钮。

图 9-11　一对多表单向导-步骤 4

（5）进入"一对多表单向导-步骤5"界面，如图9-12所示，选择"课程号"为排序字段，以反映同一课程的有关信息，然后单击"下一步"按钮。

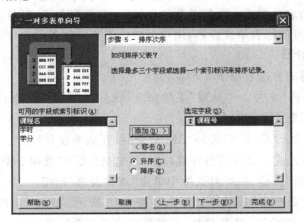

图9-12 一对多表单向导-步骤5

（6）进入"一对多表单向导-步骤6"界面，如图9-13所示，输入表单标题"计算机系学生成绩表"，选择"保存并运行表单"单选按钮。最后单击"完成"按钮，运行结果如图9-14所示。

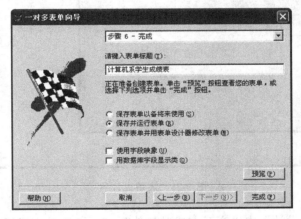

图9-13 一对多表单向导-步骤6

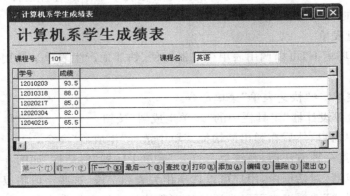

图9-14 "计算机系学生成绩表"表单

表单设计与应用

9.1.2 使用表单设计器创建表单

使用向导创建的表单都是一些简单和规范的表单,没有个性,而且不便于修改。要想设计有个性化的表单,可使用表单设计器,用户可根据需要选择各种控件。

1. 启动表单设计器

启动表单设计器的方法有以下 3 种:

(1)菜单方式选择"文件"→"新建"菜单命令,在弹出的"新建"对话框中选择"表单"单选按钮,然后单击"新建文件"按钮。

(2)命令方式。执行 CREATE FORM 命令,打开表单设计器。

(3)项目管理器方式。打开项目管理器窗口,选择"文档"选项卡中的"表单"选项,单击"新建"按钮,在弹出的"新建表单"对话框中单击"新建表单"按钮。

上述各方法都可以打开"表单设计器",如图 9-15 所示。此时,系统自动生成了一个标题为"Form1"的表单,其大小、背景颜色、标题等属性都是系统默认的。

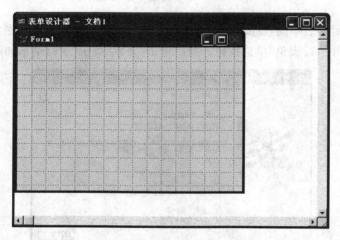

图 9-15　表单设计器

用户可以在表单设计器中以交互方式对其外观、布局、显示方式等属性进行设置,或修改事件过程及添加新的方法等;还可以根据需要在表单中添加各种控件,以响应用户或系统事件,构造个性化的表单。

2. 快速创建表单

在表单设计环境下,可以调用表单生成器方便、快速地产生表单。调用表单生成器的方法有以下 3 种:

(1)选择"表单"→"快速表单"菜单命令。

(2)单击"表单设计器"工具栏中的"表单生成器"按钮。

(3)右击表单窗口,然后在弹出的快捷菜单中选择"生成器"命令。

采用上面任意一种方法后,系统都会打开"表单生成器"对话框,如图 9-16 所示。

在"表单生成器"对话框中,用户可以选择相关表和字段,这些字段将以控件形式被添加到表单上。在"样式"选项卡中可以为添加的字段控件选择它们在表单上的显示样式。利用

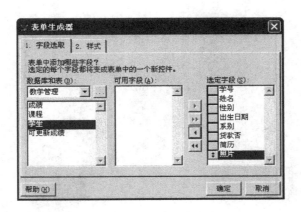

图 9-16　表单生成器

表单生成器产生的表单一般不能满足用户的需要,还需要在表单设计器中做进一步的编辑、修改和设计。

9.1.3　表单的保存与运行

1. 保存表单文件

选择"文件"→"保存"或"文件"→"另存为"菜单命令,可以将表单以合适的文件名存放在用户指定的磁盘位置。表单文件的扩展名为.scx,用表单设计器创建的表单,系统默认文件名为"表单1.scx"、"表单2.scx"、……。

例如,可以将图9-15创建的空表单以"空表单.scx"为文件名保存在"D:\教学管理"文件夹中。

2. 运行表单

利用表单向导或表单设计器建立的表单文件,必须在运行表单文件后才能生成相应的表单对象。可以通过以下方法运行表单文件:

(1) 在项目管理器窗口中,选择要运行的表单,然后单击"运行"按钮。

(2) 在表单设计器窗口中,选择"表单"→"执行表单"菜单命令;或单击常用工具栏中的"运行"按钮。

(3) 选择"程序"→"运行"菜单命令,打开"运行"对话框,选择要运行的表单文件,然后单击"运行"按钮。

(4) 在"命令"窗口中输入命令:

DO FORM <表单文件名>[WITH<参数1>[,<参数2>,…]]

使用以上任意一种方法运行表单文件"空表单.scx",结果如图9-17所示。

3. 修改表单

所创建的表单文件,可利用表单设计器重新修改。例如,在表单中添加或删除某个控件,修改已有的属性和事件过程,添加新的属性和方法等。可以用以下方法打开表单设计器。

(1) 选择"文件"→"打开"菜单命令,在弹出的"打开"对话框中选择要修改的表单文件,然后单击"确定"按钮。

表单设计与应用

图 9-17　空表单运行结果

（2）在项目管理器中，选择"文档"选项卡，展开"表单"选项，选定要修改的表单，然后单击"修改"按钮。

（3）在"命令"窗口中输入命令：

```
MODIFY FORM <表单文件名>
```

说明：如果命令中指定的表单文件不存在，系统将启动表单设计器建立一个新表单。

9.2　表单设计器

表单设计器是 VFP 系统提供给用户的一个创建和修改表单的可视化工具，利用该工具，用户不仅可以以交互方式对表单本身的一些外观属性进行设置，还可以添加表单控件，管理表单控件以及设置表单数据环境等。

9.2.1　表单设计器环境

启动表单设计器后，"表单设计器"窗口除了包含一个新建或待修改的表单外，在 VFP 的主窗口中还将出现"属性"窗口、"表单控件"工具栏、"表单设计器"工具栏以及"表单"菜单等，它们一起构成了可视化的表单设计环境。

1. "表单设计器"窗口

在该窗口中包含了正在编辑的表单，表单窗口只能在"表单设计器"窗口内移动和调整大小。

2. "表单"菜单

"表单"菜单中包含了创建和修改表单（集）的命令。当需要为表单或控件添加新的属性和方法程序时，可以选择"表单"→"新建属性"或"表单"→"新建方法程序"菜单命令。

3. "表单设计器"工具栏

当打开表单设计器时，屏幕上同时出现"表单设计器"工具栏，如图 9-18 所示。如果该工具栏没有出现，可选择"显示"→"工具栏"菜单命令，在弹出的"工具栏"对话框中选择"表单设计器"复选框。

图 9-18　"表单设计器"工具栏

"表单设计器"工具栏包括了设计表单需要的所有工具,将鼠标移到工具栏的某个按钮上,会显示该工具按钮的名称。"表单设计器"工具栏各按钮名称(从左至右)的功能如下。

(1)"设置 Tab 键次序"按钮。表单在运行时,用户可按 Tab 键选择控件,在设计时,单击"设置 Tab 键次序"按钮可显示或修改各控件的 Tab 键次序。

(2)"数据环境"按钮。显示表单的"数据环境设计器"窗口,相当于"显示"菜单中的"数据环境"命令。

(3)"属性窗口"按钮。打开或关闭属性窗口。

(4)"代码窗口"按钮。打开或关闭代码窗口。

(5)"表单控件工具栏"按钮。显示或关闭"报表控件"工具栏。

(6)"调色板工具栏"按钮。显示或关闭"调色板"工具栏。

(7)"布局工具栏"按钮。显示或关闭"布局"工具栏。

(8)"表单生成器"按钮。启动快速表单生成器。

(9)"自动格式"按钮。打开"自动格式"对话框。

4."表单控件"工具栏

表单中使用的控件是 VFP 系统提供给用户的基于标准化图形界面的多功能、多任务操作工具,可以创建和完成信息的输入/输出。在"表单控件"工具栏中列出了可以添加到表单上的 15 种标准控件和 4 种容器,它们是构成 Windows 交互式操作界面的重要元素。

5."属性"窗口

在"属性"窗口中显示了表单及添加到表单中的控件所具有的全部属性,用户可以根据需要为每一个控件和表单设置属性,选择相应的事件和方法程序。

6."布局"工具栏

"布局"工具栏提供了排列表单控件的基本工具,用于调整各控件的相对位置和相对大小。

7."代码"窗口

在"代码"窗口中可以编写或查看表单及表单控件等任何一个对象的事件和方法程序代码。

9.2.2 利用"表单控件"工具栏添加控件

1."表单控件"工具栏

"表单控件"工具栏提供了设计表单界面的各种控件按钮,如图 9-19 所示。如果该工具栏没有出现,可以通过单击"表单设计器"工具栏中的"表单控件工具栏"按钮或选择"显示"→"工具栏"菜单命令打开。利用"表单控件"工具栏可以方便地向表单中添加控件,该工具栏中各控件按钮的名称和作用如下。

(1)选定对象。用于选定一个或多个对象。

(2)按钮锁定。按下此按钮时,可以向表单连续添加多个同种类型的控件。

(3)生成器锁定。按下此按钮时,每次往表单添加控件,系统都会自动打开相应的生成器对话框,以便用户对该控件的常用属性进行设置。

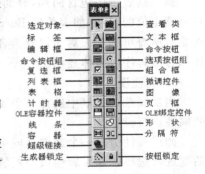

图 9-19 "表单控件"工具栏

表单设计与应用

（4）查看类。利用此按钮,可以添加一个已有的类库文件,或选择一个已注册的类库。当选中一个类库后,"表单控件"工具栏中将只显示选定类库中类的按钮。

其他控件按钮分别用于创建相应的控件对象。

2. 向表单中添加控件

利用"表单控件"工具栏可以很方便地向表单中添加控件,设计交互式的用户界面。方法是：在"表单控件"工具栏中单击要添加的控件按钮,然后将鼠标移到表单窗口的合适位置,按下鼠标并拖动鼠标至所需要的大小,再松开鼠标。若直接双击鼠标,则控件大小按系统默认值确定。如果要连续添加同一类型的控件,可以先在"表单控件"工具栏中单击"按钮锁定"按钮,再选择要添加的控件。

9.2.3 利用"属性"窗口设置对象属性

"属性"窗口包括对象框、属性设置框、属性、事件和方法程序列表框等几部分,如图 9-20 所示。如果"属性"窗口没有显示,可以通过单击"表单设计器"工具栏中的"属性窗口"按钮或选择"显示"→"属性"菜单命令打开。

1. 对象框

用于显示当前被选定对象的名称。单击对象框右侧的箭头按钮可以显示包含当前表单及表单中所有控件的列表,从列表中可以选择要编辑修改的表单或控件对象。利用对象框可以很方便地查看各对象的容器层次关系。

2. 属性列表框

5 个选项卡分类显示当前被选定对象的所有属性、事件和方法程序。其中,"全部"选项卡列出全部属性、事件和方法程序;"数据"选项卡列出

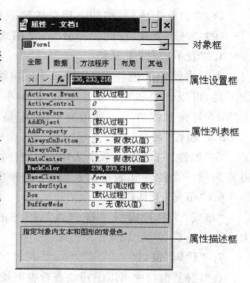

图 9-20 "属性"窗口

有关对象如何显示或怎样操纵数据的属性;"方法程序"选项卡列出对象的所有方法程序和事件;"布局"选项卡列出所有的布局属性;"其他"选项卡列出其他的和用户自定义的属性。

属性列表框中包含两列,分别显示所有可在设计时更改的属性和它们的当前值。对于具有预定值的属性,如表单的 BorderStyle(边框样式)属性,在列表框中双击属性名可以依次显示所有可选项。对于设置为表达式的属性,它的前面显示有等号(=)。只读的属性、事件和方法程序以斜体显示。

3. 属性设置框

当从属性列表框中选择一个属性项时,窗口内将出现属性设置框,用户可以在此对选定的属性进行设置。

如果属性值是一个文件名或一种颜色,可以单击设置框右边的"…"按钮,打开相应的对话框进行选择。如果属性值是系统预定值中的一个,可以单击设置框右边的下拉箭头,打开列表框进行选择。如果属性值是一个表达式,可以单击设置框左边的"f_x"函数按钮,打开表

达式生成器,建立需要的表达式。在设置框中设置或修改相应的属性值后,单击"√"按钮,或按回车键确认;单击"×"按钮,或按 Esc 键取消修改,恢复原来的值。

如果要将属性设置还原为系统默认值,可以在属性列表框中右击该属性,在弹出的快捷菜单中选择"重置为默认值"命令。常用控件的公共属性如表 9-1 所示。

表 9-1　常用控件的公共属性表

属性名称	作　用
Name	控件的名称,它是代码中访问控件的标识(表单或表单集除外)
Fontname	字体名
Fontbold	字体样式为粗体
Fontsize	字体大小
Fontitalic	字体样式为斜体
Forecolor	前景色
Height	控件的高度
Width	控件的宽度
Visible	控件是否显示
Enable	控件运行时是否有效。若为.T.则表示控件有效,否则运行时控件不可使用

控件的高度和控件的宽度,也可在设计时通过鼠标拖曳进行可视化调整。

9.2.4　利用"代码"窗口编辑事件过程

在"代码"窗口中可以编辑和显示表单或表单控件的事件和方法程序的代码,如图 9-21 所示。用以下方法可以打开"代码"窗口。

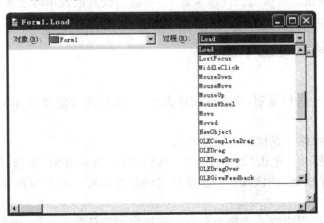

图 9-21　"代码"窗口

(1) 在"表单设计器"中双击一个表单或表单控件。

(2) 在"属性"窗口中双击一个事件或方法程序。

(3) 选择"显示"→"代码"菜单命令。

"代码"窗口中的"对象"下拉列表框列出了当前的表单、表单集、数据环境、工具栏对象和当前表单上的所有控件对象。"过程"下拉列表框列出了 VFP 对象所能识别的全部事件,其中加黑显示的事件名表示已包含代码。

9.2.5 利用"布局"工具栏排列控件

利用"布局"工具栏可以很方便地调整表单窗口中被选定控件的相对位置和相对大小。通过单击"表单设计器"工具栏上的"布局工具栏"按钮或选择"显示"→"布局工具栏"菜单命令可以打开或关闭"布局"工具栏，如图 9-22 所示。

"布局"工具栏中各按钮的名称（从左至右）及功能如下。

图 9-22 "布局"工具栏

（1）"左对齐"按钮。让选定的所有控件沿其中最左边的那个控件的左侧对齐。

（2）"右对齐"按钮。让选定的所有控件沿其中最右边的那个控件的右侧对齐。

（3）"顶边对齐"按钮。让选定的所有控件沿其中最顶端的那个控件的顶边对齐。

（4）"底边对齐"按钮。让选定的所有控件沿其中最下端的那个控件的底边对齐。

（5）"垂直居中对齐"按钮。使所有被选控件的中心处在一条垂直轴上。

（6）"水平居中对齐"按钮。使所有被选控件的中心处在一条水平轴上。

（7）"相同宽度"按钮。调整所有被选控件的宽度，使其与其中最宽控件的宽度相同。

（8）"相同高度"按钮。调整所有被选控件的高度，使其与其中最高控件的高度相同。

（9）"相同大小"按钮。使所有被选控件具有相同的大小。

（10）"水平居中"按钮。使被选控件在表单内水平居中。

（11）"垂直居中"按钮。使被选控件在表单内垂直居中。

（12）"置前"按钮。将被选控件移至最前，可能会把其他表单覆盖住。

（13）"置后"按钮。将被选控件移至最后，可能会被其他表单覆盖住。

注意：“布局”工具栏中的很多布局按钮只有在表单中选定多个控件后才能被激活使用。

9.2.6 控件对象的基本操作

1. 选定控件

对表单上的控件进行复制、移动或调整大小时，必须先选定要操作的控件，通常有下面两种方法。

（1）选定单个控件。直接单击该控件。

（2）选定多个控件。单击"表单控件"工具栏中的"选定对象"按钮，然后在表单窗口中拖动鼠标，出现一个线框，使该线框框住要选定的控件即可。也可以按住 Ctrl 键，再依次单击要选定的控件。

被选定的控件周围出现 8 个黑色控点。在选定控件外单击鼠标，可取消选定。

2. 改变控件大小

选定控件后，拖动控件四边的控点可以改变控件的宽度或高度，拖动四个顶角上的控点可同时改变控件的宽度和高度。若要对控件大小进行微调，可以按住 Shift 键，再移动键盘上的 4 个方向键。

3. 移动控件

选定控件后，直接用鼠标拖动控件到目标位置。也可以选定控件后，用键盘上的方向键移动控件。

4. 复制控件

选定控件后,按 Ctrl+C 组合键或选择"编辑"→"复制"菜单命令,然后按 Ctrl+V 组合键或选择"编辑"→"粘贴"菜单命令,将控件复制到目标位置。

5. 删除控件

选定控件后,按 Delete 键即可。

9.3 表单的数据环境

VFP 的每一个表单或表单集都有一个数据环境,在表单的设计、运行中需要使用数据环境。通过把与表单相关的表或视图放进表单的数据环境中,可以很容易地把表单、控件与表或视图中的字段关联在一起,形成一个完整的构造体系。数据环境的设置在每一个表单设计中几乎都是必不可少的。

9.3.1 数据环境设计器

通常情况下,数据环境中的表或视图会随着表单的打开或运行而打开,并随着表单的关闭或释放而关闭。利用数据环境设计器可以很方便地设计表单的数据环境,打开数据环境设计器的方法有以下几种:

(1) 在表单设计器环境下,选择"显示"→"数据环境"菜单命令。

(2) 单击"表单设计器"工具栏中的"数据环境"按钮。

(3) 右击表单,在弹出的快捷菜单中选择"数据环境"命令。

打开数据环境设计器后,系统菜单栏上会出现"数据环境"菜单。

9.3.2 数据信息与数据环境

数据环境是一个对象,它包含与表单相互作用的表或视图,以及这些表之间的关系,并为对象提供设置、更改数据源及数据环境的服务。

1. 添加表或视图

如果数据环境原来是空的,则在打开数据环境设计器时,系统将自动打开"添加表或视图"对话框。如果已经进入"数据环境设计器",则可以选择"数据环境"→"添加"菜单命令或右击"数据环境设计器"窗口,在弹出的快捷菜单中选择"添加"命令,打开"添加表或视图"对话框,如图 9-23 所示。

在该对话框中,选择要添加的表或视图并单击"添加"按钮。如果没有打开的数据库或项目,可单击"其他"按钮来选择表,也可以将表或视图从打开的项目管理器中拖放到数据环境设计器中。

例如,从项目管理器中选择名为"空表单"的表单文件,单击"修改"按钮,打开表单设计器。然后单击"表单设计器"工具栏中的"数据环境"按钮,在"添加表或视图"对话框中选择"学生"和"成绩"两个表添加到数据环境设计器中,如图 9-24 所示。

在"数据环境设计器"窗口中可以看到添加的表或视图中的字段和索引。在向数据环境中添加一个表或视图的同时,也创建了一个临时表对象。打开"数据环境设计器"后,可在"属性"窗口中设置临时表的属性。

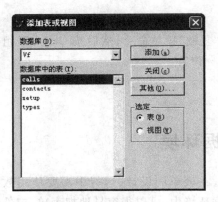 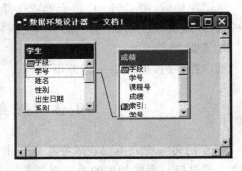

图 9-23　"添加表或视图"对话框　　　　　　图 9-24　"数据环境设计器"窗口

2. 从数据环境向表单添加字段

用户可以直接将字段、表或视图从数据环境设计器中拖到表单,拖动成功时系统会创建相应的控件,并自动与字段相联系。默认情况下,如果拖动的是字符型字段,将产生文本框控件;如果拖动的是备注型字段,将产生编辑框控件;如果拖动的是逻辑型字段,将产生复选框控件;如果拖动的是表或视图,将产生表格控件等。

3. 从数据环境移去表

在"数据环境设计器"中选定要移去的表或视图,然后选择"数据环境"→"移去"菜单命令;或右击该表,从快捷菜单中选择"移去"命令,则该表或视图及与其有关的所有关系都随之移去。

4. 在数据环境中设置关系

如果添加到数据环境的表之间具有在数据库中设置的永久关系,这些关系也会自动添加到数据环境中。如果表之间没有永久关系,可以根据需要在数据环境设计器下为这些表设置关系。设置关系的方法为:将主表的某个字段(作为关联表达式)拖曳到子表的相匹配的索引标记上即可。如果子表上没有与主表字段相匹配的索引,也可以将主表字段拖到子表的某个字段上,这时应根据系统提示确认创建索引。如果要解除表之间的关系,可以单击选定表示关系的连线,然后按 Delete 键。

5. 在数据环境中编辑关系

关系是数据环境中的对象,它有自己的属性、事件和方法。编辑关系主要通过设置关系的属性来完成,方法是:在"属性"窗口的"对象"下拉列表框中选择要编辑的关系,然后根据需要设置其属性。常用的关系属性如表 9-2 所示。

表 9-2　数据环境中的常用关系属性表

属 性 名 称	作　　　　用
RelationalExpr	用于指定基于主表的关联表达式
ParentAlias	用于指明主表的别名
ChildAlias	用于指明子表的别名
ChildOrder	用于指定与关联表达式相匹配的索引
OneToMany	用于指明关系是否为一对多关系,该属性默认为.F.,如果关系为"一对多关系",则该属性一定要设置为.T.

6. 数据与控件的绑定

在表单运行时，数据环境可自动打开或关闭表和视图，并且在"属性"窗口的 ControlSource 属性列表框中会列出数据环境的所有字段，数据环境将帮助设置控件的 ControlSource 属性。可以为整个表单设置数据源，也可以为表格的每一列单独设置数据源。

在表单中，控件可以分为两类：与表中数据绑定的控件和不与数据绑定的控件。有些通过使用控件完成的任务需要将数据与控件绑定，有些任务则不需要。当用户使用绑定型控件时，所输入或选择的值将保存在数据源中（数据源可以是表的字段、临时表的字段或变量）。

如果要把控件和数据结为一体，可以设置控件的 ControlSource 属性。如果绑定表格和数据，则需要设置表格的 RecordSource 属性。如果创建一对多表单，则需要同时设置 ControlSource 属性和 RecordSource 属性。

若没有设置控件的 ControlSource 属性，用户在控件中输入或选择的值将只作为属性设置保存。与数据源有关的属性如表 9-3 所示。

表 9-3　与数据源有关的属性

属 性 名 称	作　　用
ControlSource	指定对象绑定的数据源
CursorSource	指定与 Cursor 对象相关的表或视图的名称
RecordSource	指定表格控件绑定的数据源
RecordSourceType	指定以何种方式打开与表格控件关联的数据源
RowSource	指定组合框或列表框的数据源
RowSourceType	指定组合框和列表框的数据源类型

9.4　常用表单控件的设计

控件是一个可以用图形化的方式显示出来，并能与用户进行交互的对象，控件类不能包含其他对象，例如一个命令按钮、一个文本框等。控件通常被放置在一个容器里，一个容器内的对象本身也可以是容器，如表单作为表单集容器内的对象，其本身也是一个容器对象，可包含页框等对象在面向对象程序设计中。表单作为 VFP 最常用的容器对象，具有自己的属性、事件和方法，同时还包含文本框、命令按钮、列表框等多种控件，用于输入数据，显示数据及执行应用程序的特定操作等。在 VFP 的表单设计器环境下，用户可以构造出各种应用程序的屏幕界面，方便而直观地完成各种信息管理工作。

利用表单设计器设计表单的一般步骤是：

（1）明确创建表单的目标和表单应具备的功能。

（2）在表单中添加与任务相关的各种控件。

（3）为表单设置好与之匹配的数据环境，为数据绑定型控件指定相关数据源。

（4）为表单中的每一个对象设置合适的属性。如果需要的话，可以为对象添加新的属性和方法。

（5）选择与特定操作相关的事件并编写相应的事件过程代码。

9.4.1 常用控件的公共属性

表单可以属于某个项目，也可以游离于任何项目之外，它是一个特殊的磁盘文件。在项目管理器中创建的表单自动隶属于该项目。

表单具有丰富的属性、事件和方法，表 9-4 列出了表单的一些常用属性。

表 9-4 表单的常用属性

属 性 名 称	作 用
AlwaysOnTop	指定表单是否总是位于其他打开窗口之上（默认为.F.）
AutoCenter	指定表单对象在首次显示时，是否自动在 VFP 主窗口内居中（默认为.F.）
BackColor	指定表单窗口的背景色（默认为 RGB(192,192,192)）
BorderStyle	指定对象的边框样式（默认为 3—可调边框）
Caption	指定表单的标题文本（默认为 Form1）
Closable	指定是否可以通过单击"关闭"按钮或双击"控制菜单"按钮来关闭表单（默认为.T.）
Height	指定表单的高度值（默认为 250）
MaxButton	指定表单是否有"最大化"按钮（默认为.T.）
MinButton	指定表单是否有"最小化"按钮（默认为.T.）
Movable	指定表单是否能够移动（默认为.T.）
Width	指定表单的宽度值（默认为 375）

9.4.2 标签控件

标签（Label）控件是用来在表单上显示文本信息的控件，常作为提示和说明。标签具有自己的一套属性、事件和方法，能够响应大多数鼠标事件。标签控件的常用属性包括大小、色彩、信息内容、风格等，如表 9-5 所示。

表 9-5 标签控件的常用属性

属 性 名 称	作 用
Caption	指定标签的标题，即显示的文本内容，最多为 256 个字符
AutoSize	指定是否自动调整控件大小以容纳其内容
BackStyle	指定标签对象与表单背景颜色是否一致，0—透明，1—不透明
BorderStyle	指定标签是否带有边框，0—无边框，1—带边框
Name	指定在代码中用于引用对象的名称

注意：标签的标题文本不能在表单上直接编辑修改，只能在 Caption 属性中指定。设计代码时，应该用 Name 属性值（即对象名称）而不能用 Caption 属性值来引用变量。Caption 属性值是该对象的标题文本，而不是对象的名称。

9.4.3 文本框控件

文本框（TextBox）控件是一个供用户输入或编辑数据的基本控件。所有标准的 VFP 编辑功能，如复制、剪切和粘贴，都可以在文本框中使用。文本框一般包含一行数据。在输入文本框信息时,可以通过编写事件代码来控制相应状态。常用属性如表 9-6 所示。

表 9-6　文本框控件的常用属性

属 性 名 称	作　用
ControlSource	指定与对象建立联系的数据源,可以是字段变量或内存变量
Value	返回文本框的当前内容
PasswordChar	指定文本框控件内是显示用户输入的字符还是显示占位符,并指定用作占位符的字符
ReadOnly	指定用户能否编辑文本框,或指定与 Cursor 对象相关联的表或视图是否允许更新,默认值为.F.
InputMask	指定在文本框中如何输入和显示数据
MaxLength	指定文本框中可输入的最大字符串长度(以字符数为单位),0 表示没有限制

9.4.4　命令按钮控件

命令按钮(CommandButton)在应用程序中起控制作用,用于完成某一特定的操作,其操作代码通常放置在命令按钮的 Click 事件过程中。命令按钮控件的常用属性如表 9-7 所示。

表 9-7　命令按钮控件的常用属性

属 性 名 称	作　用
Default	值为.T.的命令按钮称为"确认"按钮,即按下回车键时得到响应的按钮
Cancel	值为.T.的命令按钮称为"取消"按钮,即按下 Esc 键时得到响应的按钮
Enabled	指定表单或控件能否响应由用户引发的事件,默认为.T.,即对象是有效的

【例 9-3】　设计一个如图 9-25 所示的登录界面。当用户输入口令并单击"确认"按钮后,验证该口令是否正确。若正确(口令为 good),则显示"欢迎进入教学管理系统!"的信息并关闭表单;若不正确,则显示"口令错误,请重新输入!"的信息;若三次输入都不正确,就显示"口令错误,登录失败!"的信息并关闭表单。用户可随时单击"取消"按钮,退出登录界面。

操作步骤如下:

(1) 新建一个表单,打开"表单设计器"窗口。

(2) 选择"表单"→"新建属性"菜单命令,打开"新建属性"对话框,为表单添加一个新属性 nCount 用于统计登录次数,如图 9-26 所示。单击"添加"按钮后,关闭该对话框。

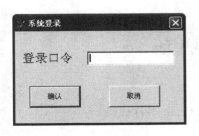

图 9-25　登录表单

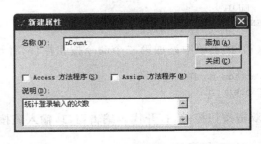

图 9-26　"新建属性"对话框

表单设计与应用

(3) 设置表单属性。

AlwaysOnTop:	.T.
AutoCenter:	.T.
Caption:	系统登录
MinButton:	.F.
MaxButton:	.F.
Width:	280
Height:	145
nCount:	0

(4) 在表单中添加一个标签控件,并设置其属性。

AutoSize:	.T.
Caption:	登录口令
FontSize:	16

(5) 在表单中添加一个文本框控件,并设置其属性。

PasswordChar:	*

(6) 在表单中添加一个命令按钮控件,并设置其属性。

Caption:	确认
Default:	.T.

双击按钮控件,打开代码编辑窗口,输入 Click 事件代码。

```
LOCAL cPassword
cPassword = Thisform.Text1.Value
IF Alltrim(cPassword) = "good"
  MessageBox("欢迎进入教学管理系统! ",0, "欢迎信息")
  Thisform.Release    && 调用表单的 Release 方法,释放表单
ELSE
  Thisform.nCount = Thisform.nCount + 1
  IF Thisform.nCount = 3
   MessageBox("口令错误,登录失败! ",16, "提示信息")
   Thisform.Release
  ELSE
   Thisform.Text1.Value = "" && 清除文本框
   Thisform.Text1.SetFocus
* 调用文本框的 SetFocus 方法,使文本框重新获得焦点(光标),准备下一次输入
   MessageBox("口令错误,请重新输入!",16, "提示信息")
  ENDIF
ENDIF
```

(7) 在表单中添加第二个命令按钮控件,并设置其属性。

```
Caption: 取消
Cancel: .T.
```

双击按钮控件,打开代码编辑窗口,输入该按钮的 Click 事件代码。

```
Thisform.Release
```

（8）用"表单控件"工具栏中的"选定对象"工具将表单中的全部控件选中，然后单击"布局"工具栏中的"居中对齐"按钮，使所有控件都相对于表单中心对齐。

（9）保存表单文件"登录表单.scx"并运行。

说明：在上面命令按钮的 Click 事件代码中调用了文本框的 SetFocus 方法以使文本框获得焦点。所谓焦点（Focus）就是光标，当对象具有焦点时才能响应用户的输入，因此也是对象接收用户鼠标或键盘输入的能力。在 Windows 环境中，同一时刻只有一个窗口、表单或控件具有这种能力。具有焦点的对象通常会以突出显示标题或标题栏来表示。

当文本框具有焦点时，用户输入的数据才会出现在文本框中。注意，仅当控件的 Visible 和 Enable 属性被设置为真（.T.）时，控件才能获得焦点。当控件获得焦点时，会引发 GotFocus 事件；当控件失去焦点时，会引发 LostFocus 事件。可以用 SetFocus 方法在代码中为控件设置焦点，如例 9-3 中所示。

9.4.5 编辑框控件

编辑框（EditBox）用于显示或编辑多行文本信息，编辑框实际上是一个完整的简单字处理器，在编辑框中能够选择、剪切、粘贴、复制正文，可以实现自动换行，能够有自己的垂直滚动条。编辑框常用属性如表 9-8 所示。

表 9-8   编辑框常用属性表

属 性 名 称	作 用
ControlSource	设置编辑框的数据源，一般为数据表的备注字段
Value	保存编辑框中的内容，可以通过该属性来访问编辑框中的内容
SelText	返回用户在编辑区内选定的文本，如果没有选定任何文本，则返回空串
SelLength	返回用户在文本输入区中所选定字符的数目
ReadOnly	确定用户是否能修改编辑框中的内容
ScroolBars	指定编辑框是否具有滚动条，当属性值为 0 时，编辑框没有滚动条，当属性值为 2（默认值）时，编辑框包含垂直滚动条

9.4.6 选项按钮组控件

选项按钮组（OptionGroup）控件是包含若干选项按钮的一种容器，常用于从多项选择中选取其一。当用户选择某个选项按钮时，该按钮即成为被选中状态（选项按钮中会显示一个圆点），同时选项组中的其他选项按钮变为未选中状态。选项按钮组控件的常用属性表如表 9-9 所示。

表 9-9   选项按钮组控件的常用属性表

属 性 名 称	作 用
ButtonCount	指定选项按钮组中按钮的数目
ControlSource	指定与选项组建立关联的数据源，可以是字段变量或内存变量
Value	指定选项按钮组中哪个按钮被选中
Buttons	用于存取一个选项按钮组中每个按钮的数组

9.4.7 命令按钮组控件

命令按钮组(CommandGroup)控件是包含一组命令按钮的容器,其作用与命令按钮相同,用户可以单个或作为一组来操作其中的按钮。

命令按钮组的一些常用属性,与选项按钮组相同。

命令按钮组中的每个按钮都可以有自己的属性、事件和方法。在容器对象的嵌套层次中,事件的处理遵循独立性原则,即每个对象独立地接收并处理属于自己的事件。例如,如果命令组中的某个按钮有自己的 Click 事件过程,则单击该按钮时,将优先执行为它单独设置的代码,而不会执行命令组的 Click 事件代码。如果没有为该按钮单独设置 Click 事件代码,则单击此按钮时,将会执行命令组的 Click 事件过程。

9.4.8 复选框控件

复选框(CheckBox)控件主要用于反映某些条件是否成立,表示为真(.T.)和假(.F.)两个状态,可以单击复选框改变其值。当处于"真"状态时,复选框内显示一个"√";处于"假"状态时,复选框内为空白。与选项按钮不同,复选框允许同时选择多项,所以可在表单中独立存在,而选项按钮只能存在于它的容器选项按钮组中。复选框控件是一种数据绑定型控件,在数据编辑或条件选择等方面有广泛的应用。复选框控件的常用属性如表 9-10 所示。

表 9-10 复选框控件的常用属性

属　　　性	含　　　义
Caption	用于指定显示在复选框旁边的文字
Value	用于指定复选框的当前状态
ControlSource	指定与复选框建立关联的数据源

【例 9-4】 设计"学生情况"表单,显示学生的相关信息。

操作步骤如下:

(1) 打开"D:\教学管理\教学.pjx"项目文件,在项目管理器中选择"文档"选项卡中的"表单"选项,单击"新建"按钮,然后在弹出的"新建表单"对话框中单击"新建表单"按钮,打开"表单设计器"窗口。

(2) 在"属性"窗口中选择"布局"选项卡,设置属性。

① 在属性列表框中选中 Caption 属性,在属性设置框中输入"学生基本情况输入表"。

说明:对于表单及控件的某些属性,其数据类型通常是固定的,如 Caption 属性只接收字符型数据,Width 和 Height 属性只接收数值型数据。但有些属性的数据类型并不固定,如文本框的 Value 属性可以接收任何数据类型。一般来说,要为属性设置一个字符型值,可以在设置框中直接输入,不需要加定界符;否则,系统会把定界符作为字符串的一部分。

② 选中 AutoCenter 属性,双击属性栏使其属性值变为.T.。

③ 选中 AlwaysOnTop 属性,双击属性栏使其属性值变为.T.。

④ 右击表单,在弹出的快捷菜单中选择"数据环境"命令,打开"数据环境设计器"窗口,在"添加表或视图"对话框中选择"学生"表并单击"添加"按钮,将其添加到表单的数据环

境中。

　　(3) 在"表单控件"工具栏中单击"标签"控件，鼠标变成"十"字形状，将鼠标移至表单窗口的合适位置后拖动鼠标。然后在"属性"窗口中，按以下要求设置标签属性。

```
AutoSize:            .T.
Caption:             学生信息表
BackStyle:           0—透明
FontName:            黑体
FontSize:            26
ForeColor:           0,0,255
```

　　属性设置完成后，将标签控件移至表单上方，并单击"布局"工具栏中的"水平居中"按钮，使其水平居中。

　　(4) 利用"表单控件"工具栏向表单添加标签控件，并设置其属性。

```
AutoSize:            .T.
Caption:             姓名
BackStyle:           0—透明
FontName:            宋体
FontSize:            16
ForeColor:           0,0,0
```

　　利用"表单控件"工具栏向表单添加文本框控件，并设置其属性。

```
ControlSource:       学生.学生
ForeColor:           0,0,255
```

　　(5) 在表单中添加标签控件，并设置其属性。

```
AutoSize:            .T.
Caption:             简历
```

　　(6) 在表单中添加编辑框控件，并设置其属性。

```
ControlSource:       学生.简历
ForeColor:           0,0,255
```

　　(7) 在表单中添加标签控件，并设置其属性。

```
AutoSize:            .T.
Caption:             性别
```

　　(8) 在表单中添加选项按钮组控件。
　　① 设置选项组的属性。

```
ButtonCount:         2
ControlSource.       学生.性别
```

　　② 右击选项组控件，在弹出的快捷菜单中选择"编辑"命令，此时该对象周围将出现蓝绿色的环绕框，然后选中里面的 Option1 对象，为其设置属性。

```
AutoSize:            .T.
Caption:             男
```

```
ForeColor:                    0,0,255
```

③ 选中 Option2 对象，设置其属性。

```
AutoSize:                     .T.
Caption:                      女
ForeColor:                    0,0,255
```

④ 调整两个选项按钮的位置，使其在选项按钮组中水平排列。

（9）在表单中添加命令按钮组控件。

① 设置命令组的属性。

```
ButtonCount: 4
```

② 右击命令按钮组控件，在弹出的快捷菜单中选择"编辑"命令，然后依次选中命令组中的 Command1、Command2、Command3、Command4 按钮对象。

③ 双击命令按钮组，打开"代码"窗口，输入命令按钮组对象 CommandGroup1 的 Click 事件代码：

```
DO CASE
  CASE This.Value = 1
    Go TOP
    Thisform.Refresh
  CASE This.Value = 2
    SKIP - 1
    IF BOF()
      Go TOP
    ENDIF
    Thisform.Refresh
  CASE This.Value = 3
    SKIP
    IF EOF()
      GO BOTTOM
    ENDIF
    Thisform.Refresh
  CASE This.Value = 4
    GO BOTTOM
  Thisform.Refresh
ENDCASE
```

说明：使用 SKIP、GO TOP、GO BOTTOM 命令移动记录指针时，不会改变表单上字段值的显示。因此，要调用表单的 Refresh 方法来更新字段的显示，以便移动记录指针后，表单上能显示当前记录的值。

④ 右击命令按钮组，在弹出的快捷菜单中选择"编辑"命令，然后单击 Command1 对象选中它，并将 Picture 属性设置为要显示在按钮上的图像文件。

```
Picture:      ..\VFP98\WIZARDS\WIZBMPS\WZTOP.BMP
```

⑤ 选中 Command2 对象，设置其属性。

```
Picture:      ..\VFP98\WlZARDS\WIZBMPS\WZBACK.BMP
```

⑥ 选中 Command3 对象,设置其属性。

Picture:　　　　..\VFP98\WIZARDS\WIZBMPS\WZNEXT.BMP

⑦ 选中 Command4 对象,设置其属性。

Picture:　　　　..\VFP98\WIZARDS\WIZBMPS\WZLAST.BMP

(10) 在表单中添加复选框控件,并设置其属性。

ControlSource:　　　　学生.贷款否
AutoSize:　　　　.T.
Caption:　　　　贷款否
BackStyle:　　　　0—透明
FontName:　　　　宋体
FontSize:　　　　12
ForeColor:　　　　0,0,255

保存表单文件并运行,结果如图 9-27 所示。

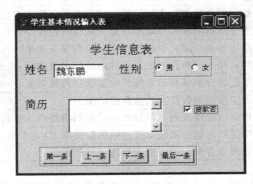

图 9-27　学生基本情况表单

9.4.9　列表框与组合框控件

1. 列表框控件

列表框控件(ListBox)主要用来显示选择项,用户可以从中选择一个或多个数据项。列表框控件同时显示图形与项目文字,并具有移动数据项位置的功能。一般情况下,列表框显示其中的若干数据项,用户通过滚动条可以浏览其他项目。

2. 组合框控件

组合框控件(ComboBox)兼有列表框与文本框的功能。它有两种形式:下拉列表框和下拉组合框,可以通过设置组合框的 Style 属性来选择。

(1) Style 为 0,表示为下拉组合框。用户既可以从列表中选择,也可以在编辑框中输入。在编辑框中输入的内容可以从 Text 属性中读取。

(2) Style 为 2,表示为下拉列表框。用户只能从列表中选择。

3. 列表框与组合框的区别

列表框与组合框都有一个供用户选择的列表,两者的主要区别是:

(1) 列表框在任何时候都显示它的列表;组合框平时只显示一个数据项,待用户单击

表单设计与应用

它的向下箭头按钮时才能显示可滚动的下拉列表。所以,与列表框相比,组合框可以节省表单上的显示空间。

（2）组合框没有多重选择的功能。

（3）下拉组合框允许用户输入数据项,而列表框与下拉列表框都仅有选项功能。

列表框和组合框的常用属性及作用如表 9-11 所示。

表 9-11　列表框和组合框的常用属性及作用

属 性 名 称	作　　　用
ColumnCount	指定组合框或列表框控件中的列数
ColumnLines	显示或隐藏列之间的分隔线
ColumnWidths	指定一个组合框或列表框控件的列宽
ControlSource	指定与控件建立联系的数据源
FirstElement	指定组合框或列表框控件中显示的第一个项目
List	用以存取组合框或列表框控件中数据项的字符串数组
ListCount	指明组合框或列表框控件中所列数据项的数目
ListIndex	指定组合框或列表框控件中选定数据项的索引值
ListItem	通过数据项标识存取组合框或列表框控件中数据项的字符串数组
ListItemId	指定组合框或列表框控件中选定数据项的唯一标识值
MultiSelect	指定用户能否在列表框控件内进行多重选定,以及如何进行多重选定
RowSource	指定组合框或列表框控件中数据项的数据源
RowSourceType	指定控件中数据项的数据源的类型
Selected	指定组合框或列表框控件内的数据项是否处于选定状态
SelectedID	指定组合框或列表框控件内的数据项 ID 是否处于选定状态
Value	返回组合框或列表框中被选定的数据项

RowSourceType 属性用于指定列表框或组合框数据项的数据源类型,如表 9-12 所示。

表 9-12　RowSourceType 属性的数据源类型

类　　　型	作　　　用
0—无	若选择此项,则在程序运行时,可通过 AddItem 方法添加列表框或组合框的数据项,通过 RemoveItem 方法移去列表框或组合框中的数据项。此项为默认值
1—值	表示通过 RowSource 属性手工指定列表框或组合框的数据项,即选择此项后,应在 RowSource 属性中给出具体的数据项,如 RowSource＝"星期一,星期二,星期三,星期四,星期五"。
2—别名	表示将表中的字段作为列表框或组合框的数据项。ColumnCount 属性指定要取的字段数目,也就是列表框或组合框的列数。指定的字段总是表中最前面的若干字段
3—SQL 语句	表示将 SQL 语句的执行结果作为列表框数据项的数据源,由 RowSource 属性指定一条 SQL—SELECT 查询语句
4—查询(.qpr)	表示将 .qpr 文件的执行结果作为列表框数据项的数据源,由 RowSource 属性指定一个查询文件
5—数组	表示将数组中的内容作为列表框或组合框数据项的数据源
6—字段	表示将表中的一个或几个字段作为列表框或组合框数据项的数据源,由 RowSource 属性指定所需要的数据表字段

类　　型	作　　用
7—文件名	表示将某个目录下的文件名作为列表框或组合框数据项的数据源,运行时用户可以选择不同的驱动器和目录。可以利用文件名框架指定一部分文件
8—结构	将表中的字段名作为列表框或组合框的数据,由 RowSource 属性指定表。若 RowSource 属性值为空,则列表框或组合框显示当前表字段名清单
9—弹出式菜单	将弹出式菜单作为列表框或组合框数据项的数据源

列表框或组合框的设计可以调用相应的控件生成器来快速设置对象的有关属性,创建所需要的列表框或组合框。方法是:先在"表单控件"工具栏中单击"生成器锁定"按钮,再向表单添加列表框或组合框控件,系统自动打开相应的控件生成器对话框。也可以先在表单上放置一个列表框或组合框控件,然后右击该对象,从快捷菜单中选择"生成器"命令,打开"列表框生成器"或"组合框生成器"对话框,如图 9-28 和图 9-29 所示。通过在对话框内设置有关选项参数,系统会根据指定选项参数设置对象的属性。

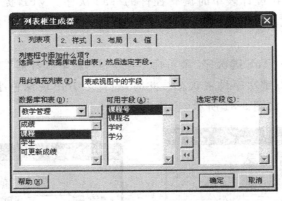

图 9-28　"列表框生成器"对话框

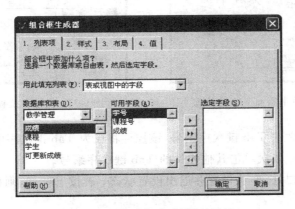

图 9-29　"组合框生成器"对话框

【例 9-5】　在"学生基本情况"表单中增加一个下拉列表框,用于选择学生的系别。
操作步骤如下:
(1) 在"表单设计器"窗口中显示"学生基本情况"表单。

（2）向表单添加标签控件,并设置其属性。

```
AutoSize:                    .T.
Caption:                     系别
```

（3）向表单添加下拉列表框控件,并设置其属性。

```
ControlSource:               学生.系别
ForeColor:                   0,0,255
Style:                       2—下拉列表框
RowSourceType:               1—值
RowSource:                   中文,计算机,法律,管理,旅游,数学
```

（4）保存表单文件并运行,结果如图 9-30 所示。

当表单运行时,用户可以按 Tab 键选择表单中的控件,使焦点在控件中移动。控件的 Tab 次序决定了选择控件的次序。如果用户希望按 Tab 键时,焦点能按照表单上各控件的排列顺序移动,则可以在设计表单时调整控件的 Tab 次序。VFP 提供了两种方式来设置 Tab 键次序:交互方式和列表方式。

1. 交互方式设置

（1）选择"显示"→"Tab 键次序"菜单命令或单击"表单设计器"工具栏上的"设置 Tab 键次序"按钮,进入 Tab 键次序设置状态。此时,控件上方出现深色小方块,里面显示该控件的 Tab 键次序编号,如图 9-31 所示。

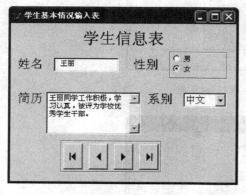

图 9-30　在表单中添加下拉列表框

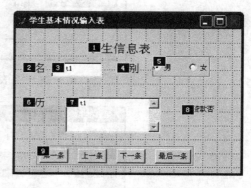

图 9-31　交互方式设置 Tab 键次序

（2）双击某个控件的 Tab 键次序编号,该控件将成为 Tab 键次序中的第一个控件。

（3）按希望的次序依次单击其他控件的 Tab 键次序编号。

（4）单击表单空白处,确认设置并退出设置状态;若按 Esc 键,则放弃设置并退出设置状态。

2. 列表方式设置

（1）选择"工具"→"选项"菜单命令,打开"选项"对话框。选择"表单"选项卡,在"Tab 键次序"下拉列表框中选择"按列表"选项。

（2）选择"显示"→"Tab 键次序"菜单命令或单击"表单设计器"工具栏上的"设置 Tab

键次序"按钮,打开"Tab 键次序"对话框,如图 9-32 所示,列表框中按 Tab 次序显示各控件。

（3）通过拖动控件左侧的移动按钮来移动控件,改变控件的 Tab 键次序。

（4）单击"按行"按钮,将按各控件在表单上的位置从左到右、从上到下自动设置各控件的 Tab 键次序;单击"按列"按钮,将按各控件在表单上的位置从上到下、从左到右自动设置各控件的 Tab 键次序。

使用上述任意一种方法设置 Tab 键次序,结果如图 9-33 所示。

图 9-32　列表方式设置 Tab 键次序

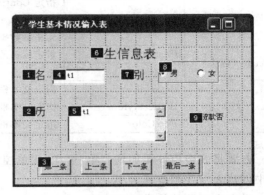

图 9-33　重新设置的 Tab 键次序

9.4.10　表格控件

表格（Grid）控件是一种容器对象,主要用来显示和操作多行数据。一个表格对象由若干列（Column）对象组成,每个列对象包含一个标头（Header）对象和若干其他控件。标头在列的顶部显示一个标题,并能响应一些事件。这些列除了包含标头和控件外,每一列还拥有自己的一组属性、事件和方法程序,可以配备适当的数据源,从而为表格提供极其灵活、广泛的使用功能。

表格对象能在表单或页面中显示并操作行和列中的数据,使用表格控件的一个非常有用的应用程序是创建一对多表单,例如一个发票表单。表格的一些常用属性如表 9-13 所示。

表 9-13　表格常用属性

对　　象	属　　性	作　　用
Grid（表格）	AllowAddNew	允许表格新增记录
	ColumnCount	指定表格对象的列数
	Name	指定表格对象的名称
	RecordSource	指定与表格对象建立联系的数据源
	RecordSourceType	指定数据源的类型
	SplitBar	指定在表格控件中是否显示拆分条
	LinkMaster	指定与表格控件中所显示子表相链接的父表名称
	RelationalExpr	指定基于父表字段而又与子表中的索引相关的关联表达式
	ChlildOrder	指定建立一对多的关联关系时子表所要用到的索引标识

对　　象	属　　性	作　　用
Column(列)	ControlSourcc	指定在列中显示的数据源
	Alignment	指定数据在对象中的显示对齐方式
	Name	指定列对象的名称
	CurrentControl	指定列对象中用来显示和接收活动单元格数据的控件
	Sparse	指定 ControlSource 属性是影响列中的所有单元格，还是只影响活动单元格。默认为.T.，只影响活动单元格，列中其他单元格的数据用默认的文本框显示
Header(标头)	Caption	指定标头的标题文字
	Name	指定标头对象的名称
Text(文本)	BackColor	指定文本框对象的背景颜色
	BorderStyle	指定文本框对象的边框
	ForeColor	指定文本框对象的前景颜色

若要将表格控件添加到表单，可在“表单控件”工具栏中单击“表格”按钮，并在“表单”窗口中创建表格并调整其大小。

设定表格控件的常用操作有：

1. 设定表格控件的列数

设计时在“属性”窗口中选择 ColumnCount 属性，输入需要的列数值。

在表格中加入列后应设置或调整列的宽度和行的高度。可以在“属性”窗口中人工设置列和行对象的高度（Height）和宽度（Width）属性，也可以在设计表格时以可视方式手动调整行高和列宽，操作方法是：

（1）调整表格中列的宽度。在表格设计方式下，将鼠标指针置于表格列的标头之间，这时指针变为带有左右两个方向箭头的竖条，按住鼠标左键，将列拖动到需要的宽度；或者在“属性”窗口中设置列的 Width 属性。

（2）调整表格中行的高度。在表格设计方式下，将鼠标指针置于“表格”控件左侧的第 1 个按钮和第 2 个按钮之间，这时指针将变成带有向上和向下箭头的横条。按住鼠标左键，将行拖动到需要的宽度；或者在“属性”窗口中设置列的 Height 属性。

2. 为整个表格设置数据源

（1）选择表格，然后单击“属性”窗口的 RecordSourceType 属性，设置表格数据源的类型。如果让 VFP 打开表，则将 RecordSourceType 属性设置为“0—表”；如果在表格中放入打开表的字段，则将 RecordSourceType 属性设置为“1—别名”。

（2）单击“属性”窗口中的 RecordSource 属性，指定与表格对象建立联系的数据源。如果没有指定表格的 RecordSource 属性，同时在当前工作区中有一个打开的表，那么表格将显示这个表的所有字段。

3. 为每个列设置数据源

如果想在特定的列中显示一个特定字段，可以为列单独设置数据源，方法是：选择列，然后单击“属性”窗口的 ControlSource 属性，输入作为列的数据源的别名、表名或字段名。例如，可以输入“课程表. 课程号”。

4．向表格添加记录

若将表格的 AllowAddNew 属性设置为.T.，则允许用户向显示的表格中添加新的记录。当用户选中了最后一个记录并且按下向下箭头键时，就向表中添加了新记录。

5．创建一对多表单

如果表单的数据环境包含两表之间的一对多关系，那么要在表单中显示这个一对多关系非常容易。表格最常见的用途之一是当文本框显示父记录数据时，表格显示子表的记录；当用户在父表中浏览记录时，表格将显示子表中的相应记录。

（1）设置具有数据环境的一对多表单。将需要的字段从"数据环境"中的父表拖动到表单中，或从"数据环境"中将相关的表拖动到表单中。

（2）创建没有数据环境的一对多表单。将文本框添加到表单中，显示主表中需要的字段，并设置文本框的 ControlSource 属性为"主表"，然后设置作为子表的表格属性。

① 将表格的 RecordSource 属性设置为相关表（子表）的名称。

② 设置表格的 LinkMaster 属性为主表的名称。

③ 设置表格的 ChildOrder 属性为相关表中索引标识的名称，索引标识和主表中的关系表达式相对应。

④ 将表格的 RelationalExpr 属性设置为连接相关表和主表的表达式。例如，如果 ChildOrder 标识是以"姓名＋DTOC(出生日期)"建立的索引，应将 RelationalExpr 也设置为相同的表达式。

6．在表格中嵌入控件

除了在表格中显示字段数据，还可以在表格的列中嵌入其他控件对象，如文本框、复选框、下拉列表框、微调按钮等。

默认情况下，表格中的一个具体列对象包含一个标头对象（默认名称为 Header1）和一个文本框对象（默认名称为 Text1）。标头用于显示该列的标题，文本框用于显示或接收数据。用户可以向列对象中添加其他类型的控件，并通过修改列对象的 CurrentControl 属性值，使该列可以用添加的新控件显示或接收数据。例如，在某列中添加一个复选框来显示或接收逻辑型字段的数据。

可以在"表单设计器"中交互式地向表格列中添加控件，方法是：

（1）右击表格控件，从快捷菜单中选择"编辑"命令，选中表格中要添加控件的列对象；也可以从"属性"窗口的对象框中选择表格中需要添加控件的列对象。

（2）从"表单控件"工具栏中选择所需控件，然后单击表格中需要添加该控件的列。新添加的控件可以在"属性"窗口的对象列表框中看到。

（3）将列的 CurrentControl 属性值指定为所添加的控件类型，并根据需要修改列的 Sparse 属性值，以确定添加的控件是影响列中的所有单元格，还是只影响活动单元格。

例如，向表格列中添加一个复选框控件，通常将复选框的 Caption 属性设置为空串，然后将该列的 CurrentControl 属性设置为复选框对象（默认名称为 Check1），若同时将列的 Sparse 属性设置为.F.，则该列中所有的单元格都使用 CurrentControl 属性指定的控件显示数据，活动单元格可接收数据。

（4）通过在事件代码中编写程序，可以在运行时向表格列中添加控件。

（5）也可以调用"表格生成器"来快速设置表格的有关属性，创建所需要的表格。方法是：先在"表单控件"工具栏中单击"生成器锁定"按钮，再向表单添加表格控件，系统自动打开"表格生成器"对话框。也可以先在表单上放置一个表格对象，然后右击该表格，从快捷菜单中选择"生成器"命令，打开"表格生成器"对话框，如图 9-34 所示。通过在对话框内设置有关选项参数，系统会根据指定选项参数设置表格的属性。

【例 9-6】 建立如图 9-35 所示的成绩浏览表单，在"姓名"文本框中输入学生姓名，单击"查询"按钮后，若"学生"表中有该学生的记录，则在表格中显示该同学各门课程的成绩；若没有输入姓名或输入的姓名不在学生表的记录中，则给出相应的提示信息。单击"退出"按钮，可关闭表单。

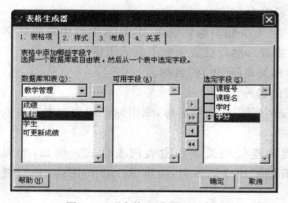

图 9-34 "表格生成器"对话框

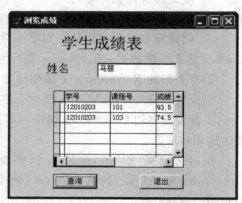

图 9-35 带表格的表单

操作步骤如下：

(1) 新建一个表单，进入"表单设计器"窗口。

(2) 设置表单属性。

```
AlwaysOnTop:          .T.
AutoCenter:           .T.
Caption:              浏览成绩
Width:                310
Height:               380
```

双击表单，打开"代码"窗口。

① 设置表单的 Init 事件代码。

```
OPEN DATABASE D:\教学管理
USE D:\教学管理\学生 IN 0
USE D:\教学管理\课程 IN 0
USE D:\教学管理\成绩 IN 0
```

注：没有添加数据环境，故要设置 Init 事件代码，如果添加了数据环境，则可不设置。

② 设置表单的 UnLoad 事件代码。

```
CLOSE DATABASE
```

(3) 向表单添加一个标签控件，其属性为：

```
AutoSize:              .T.
```

Caption:	学生成绩表
BackStyle:	0—透明
FontName:	黑体
FontSize:	20
ForeColor:	255,255,128

（4）向表单再添加一个标签控件，其属性为：

AutoSize:	.T.
Caption:	姓名

（5）向表单添加一个文本框控件，其属性为：

Name: txtXM

（6）向表单添加一个表格控件，其属性为：

ColumnCount:	3
RecordSourceType:	4—SQL 说明
ScrollBars:	2—垂直
Caption:	学号、课程号、成绩
Alignment:	2—居中

（7）向表单添加一个命令按钮控件，其属性为：

Caption:	查询
Default:	.T.

双击该按钮控件，打开代码编辑窗口，编写按钮的 Click 事件代码：

```
LOCAL cName
cName = Alltrim(Thisform.txtXM.Value)
SELECT 学生
IF !Empty(cName)                    && 判断输入是否为空
   LOCATE FOR 姓名 = cName
     IF FOUND()                     && 判断学生表中是否有这个学生记录
       Thisform.Gridl.RecordSource = "SELECT XS.学号,KC.课程号,CJ.成绩;
         FROM 学生 XS,课程 KC,成绩 CJ;
           WHERE XS.学号 = CJ.学号 and KC.课程号 = CJ.课程号 and XS.姓名 = cName ORDER BY CJ.课
程号 INTO CURSOR cjb "
     ELSE
       MessageBox("学生记录中没有" + cName + "同学",16,"提示信息")
       Thisform.txtXM.Value = " "
       Thisform.txtXM.Setfocus
     ENDIF
ELSE
     MessageBox("没有输入学生姓名,无法查询",16,"提示信息")
       Thisform.txtXM.Setfocus
ENDIF
```

（8）向表单添加另一个命令按钮控件，其属性为：

Cancel:	.T.
Caption:	退出(\<X)

说明：括号中的 X 称为该对象的访问键。在表单运行时,按 Alt＋X 组合键就相当于单击了该按钮。为对象设置访问键的方法是：在该字符前插入一个反斜杠(\)和一个小于号(＜)。

双击该按钮控件,打开代码窗口,输入 Click 事件代码：

```
Thisform.Release
```

(9) 保存表单文件"浏览成绩.scx"并运行,结果如图 9-35 所示。当在"姓名"文本框中输入"李华",并单击"查询"按钮或按回车键后,表格中即显示出李华同学各门课程的成绩。

9.4.11 页框控件

表单中的可用空间是有限的,在表单中需要显示的项目有时会很多,在用整个表单都无法容纳的情况下,利用页框控件是个很好的解决办法。

页框(PageFrame)控件是包含页面(Page)的容器对象,且页面本身也是一种容器,可以包含其他控件。由页框、页面和相应的控件可以组成 Windows 应用程序中常见的选项卡。

页框定义了页面的总体特性,如大小、位置、边框类型等,页面只能随页框一起在表单中移动。常用的页框属性如表 9-14 所示。

表 9-14　页框控件的常用属性

属　　　性	作　　　用
PageCount	指定一个页框对象所包含的页对象的数目,取值范围为 0~99
Pages	用于存取页框中某个页对象的数组
ActivePage	返回页框中活动页的页号,或使页框中的指定页成为活动页
Tabs	指定页面选项卡是否可见
TabStyle	指定选项卡是否大小相同

【例 9-7】　设计一个带有页框的表单。页框包含两个页面,一个名为"基本情况",一个名为"成绩"。选择"基本情况"页,显示"学生"表中各个学生的基本信息；选择"成绩"页,则显示"基本情况"页中当前选定学生的各门课程成绩信息。单击"退出"按钮,关闭表单,如图 9-36 所示。

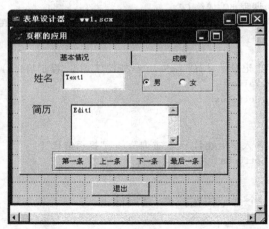

图 9-36　带页框的表单之一

操作步骤如下：

（1）新建一个表单，并在表单上添加一个页框控件和一个命令按钮控件，设置页框控件和命令按钮控件的相关属性，内容如下：

Command1:	Caption 属性设置为"退出"
Page1:	Caption 属性设置为"基本情况"
Page2:	Caption 属性设置为"成绩"

（2）选择 Page1 页面，在页面中添加相关控件，并设置对象的属性和事件过程。

（3）选择 Page2 页面，在页面中添加一个表格控件，如图 9-37 所示。

设置对象的属性如下：

Grid1：ColumnCount 的值为 3，RecordSourceType 设置为 4—SQL 说明
Header1：Caption 属性名为学号，Alignment 设置为 2—居中
Header2：Caption 属性名为课程号，Alignment 设置为 2—居中
Header3：Caption 属性名为成绩，Alignment 设置为 2—居中

（4）编写命令按钮的 Click 的事件代码。

```
THISFORM.Release
```

（5）编写页面 Page2 的 Activate 事件代码。

```
LOCAL CNAME
CNAME = ThisForm.PageFrame1.Page1.Text1.Value
ThisForm.PageFrame1.Page2.Grid1.RecordSource = ;
    "SELECT XS.学号,KC.课程号, CJ.成绩 FROM 学生 XS,课程 KC,成绩 CJ;
    WHERE XS.学号 = CJ.学号 AND KC.课程号 = CJ.课程号 AND XS.姓名 = CNAME;
    ORDER BY CJ.课程号 INTO CURSOR CJB"
```

（6）保存并运行表单，如图 9-38 所示。

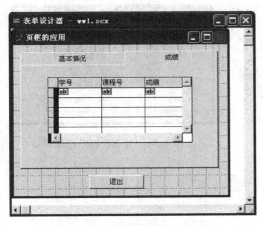

图 9-37　带页框的表单之二

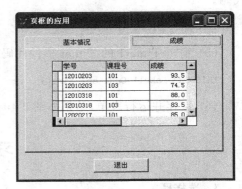

图 9-38　例 9-7 的运行结果

9.4.12　计时器控件

计时器（Timer）控件是由系统时钟控制，以一定的时间间隔重复触发计时器的 Timer 事件。计时器控件在设计时显示为一个小时钟图标，在运行时则不可见，常用来做一些后台处理。

1. 计时器控件的常用属性

(1) Enabled。若其值为真,则计时器在表单加载时开始计时,否则计时器停止计时。

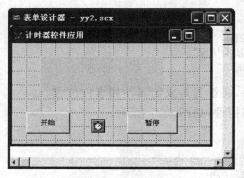

图 9-39 带有计时器控件的表单

(2) Interval。Timer 时间间隔的毫秒数。

2. 计时器控件的基本事件

Timer 事件每隔 Interval 属性的时间间隔发生一次。

【例 9-8】 使用计时器控件设计一个电子数字时钟,如图 9-39 所示。

操作步骤如下:

(1) 新建一个表单,在表单上添加一个标签控件 Label1,一个计时器控件 Timer1 和两个命令按钮 Command1、Command2。

(2) 设置对象属性,如表 9-15 所示。

表 9-15 要设置的主要对象属性及其值

对 象 名	属 性 名	属 性 值
Label1	Caption	" "
Command1	Caption	开始
Command2	Caption	暂停
Timer1	Interval	500

(3) 编写命令按钮 Command1 的 Click 事件代码。

```
THISFORM.TIMER1.Interval = 500
```

(4) 编写命令按钮 Command2 的 Click 事件代码。

```
THISFORM.TIMER1.Interval = 0
```

(5) 编写 Timer1 的 Timer 事件代码。

```
THISFORM.Label1.Caption = time()
```

(6) 保存并运行表单,结果如图 9-40 所示。

图 9-40 例 9-8 的运行结果

习　题

1. 选择题

(1) 在命令窗口执行"CREATE FORM"命令,能够(　　)。

　　A. 打开表单向导　　　　　　　　B. 打开表单设计器

　　C. 快速创建一个表单　　　　　　D. 保存表单

(2) 表单文件的扩展名为(　　)。

　　A. .fom　　　　B. .scx　　　　C. .vcx　　　　D. .frm

（3）用于指定列表框或组合框数据项的数据源类型的属性是（　　　）。

    A. RowSourceType　　　　　　　　　B. ControlSource

    C. RowSource　　　　　　　　　　　D. ControlSourceType

（4）在文本框中指定如何输入和显示数据的属性是（　　　）。

    A. DisplayFormat　　B. Alignment　　　C. DateFormat　　D. InputMask

（5）以下关于数据环境和数据环境中两个表之间的关系的叙述中，正确的是（　　　）。

    A. 数据环境不是对象，关系是对象

    B. 数据环境是对象，关系不是对象

    C. 数据环境和关系都不是对象

    D. 数据环境是对象，关系是数据环境中的对象

（6）Width 属性只接受（　　　）型数据。

    A. 字符　　　　　　　B. 逻辑　　　　　　C. 数值　　　　　　D. 日期

（7）标签的标题文本不能在表单上直接编辑修改，只能在（　　　）属性中指定。

    A. Caption　　　　　B. AutoSize　　　　C. FontSize　　　　D. BackStyle

（8）（　　　）控件是一种容器对象，主要用来显示和操作多行数据。

    A. 列表　　　　　　　B. 组合　　　　　　C. 表格　　　　　　D. 复选框

（9）若要复制控件，选定控件后按 Ctrl＋C 组合键，然后按（　　　）组合键可进行粘贴。

    A. Ctrl＋W　　　　　B. Ctrl＋P　　　　　C. Ctrl＋T　　　　　D. Ctrl＋V

（10）Caption 属性即显示的文本内容，最多为（　　　）个字符。

    A. 2　　　　　　　　　B. 256　　　　　　　C. 128　　　　　　　D. 1024

2. 填空题

（1）_____是应用程序中最常见的交互式操作界面。

（2）在"命令"窗口中可用命令_____启动表单设计器。

（3）运行表单的命令是_____。

（4）修改表单的命令是_____。

（5）当要选定多个控件时，可按住_____键，再依次单击要选定的控件。

（6）若要删除某控件，选定控件后，按_____键即可。

（7）如果创建一对多表单，则需要同时设置_____属性和_____属性。

（8）Caption 属性只接受_____型数据。

（9）标签控件中的_____属性是在代码中用于引用对象的名称。

（10）在 VFP 中，可以利用_____和_____可视化地创建表单文件。

3. 简述题

（1）简述利用表单设计器设计表单的一般步骤。

（2）如何保存、修改和运行表单？

（3）如何设置表单的基本属性？

（4）如何将控件对象添加到表单？

（5）在列表框控件中，数据源有几种类型？通过什么属性进行设置？

4. 操作题

（1）完成本章所有的例题。

（2）完成实验教材第 8 章所有的实验。

第10章　　菜单设计与应用

菜单系统是 Windows 应用程序必不可少的交互式操作界面工具之一,它将一个应用程序的功能有效地按类组织,并以列表的方式显示出来,便于用户快速访问应用程序的各项功能。本章主要介绍在 VFP 中如何设计与定制下拉式菜单和快捷菜单。

10.1　菜　单　系　统

10.1.1　菜单系统的类型

在 Windows 环境下,常见的菜单类型有两种:下拉式菜单和快捷菜单。

1. 下拉式菜单

下拉式菜单是典型的菜单系统,由一个条形菜单和一组弹出式菜单组成,其中条形菜单称为主菜单,弹出式菜单称为子菜单。当选择一个条形菜单选项时,将激活相应的弹出式菜单。

如图 10-1 所示为 VFP 应用系统的菜单,主菜单中列出了 VFP 常用的几大功能类别,有"文件"、"编辑"、"显示"等。单击主菜单项,如"编辑"菜单,可将它展开,显示其子菜单选项。

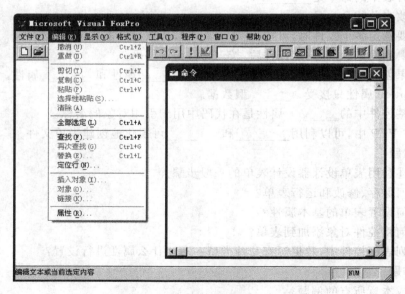

图 10-1　VFP 应用系统的系统菜单

2. 快捷菜单

当用鼠标右击某个界面对象时,通常会弹出快捷菜单,快速展示当前对象可用的命令功能。快捷菜单一般没有条形菜单,只有一个弹出式菜单。菜单组中的每个菜单项可直接对应于一条命令,也可对应于一个级联子菜单。在VFP"命令"窗口右击时弹出的快捷菜单,其中列出了与"命令"窗口操作有关的命令项,如图10-2所示。

图10-2　在VFP"命令"窗口右击时弹出的快捷菜单

从图10-1中可以看出,一个菜单系统通常包含以下几个菜单元素。

(1)菜单栏(MENU)。横放在窗口中的一栏,菜单栏中包含菜单项。

(2)菜单条(PAD)。菜单栏中的每一个菜单项,如系统菜单栏中的"编辑"菜单项。

(3)弹出式菜单(POPUP)。选中菜单项后所显示的选项列表。

(4)菜单选项(BAR)。弹出式菜单的各个选择项,如单击"编辑"菜单项所弹出的下拉菜单中的"剪切"、"复制"、"粘贴"等选项。

每一个菜单项都可以有选择地设置一个访问控制键或一个快捷键。访问键通常是一个字符,出现在菜单项名称后的括号内并带有下划线,当菜单激活时,可以按下访问键快速选择相应的菜单项。快捷键通常是Ctrl键和另一个字符组成的组合键,不论菜单是否激活,都可以通过快捷键选择相应的菜单项。

10.1.2　菜单系统的设计原则

1. 菜单系统的规划

菜单系统是菜单栏、菜单标题、菜单项和子菜单等的组合体。规划和设计菜单系统主要是确定需要哪些菜单项、出现在界面的何处,以及哪些菜单要有子菜单等。在创建菜单之前,首先要进行菜单系统的规划和设计。

(1)规划系统。确定需要哪些菜单、出现在界面的何处,以及哪几个菜单要有子菜单等。

(2)创建菜单和子菜单。使用菜单设计器或用编程方式定义菜单标题、菜单项和子菜单。

(3)按实际要求为菜单系统指定任务。指定菜单所要执行的任务,如显示表单或对话框等。

(4)生成菜单程序。运行生成的菜单程序,测试菜单系统。

此外,还需要考虑到以下8条原则:

(1)按照用户所要执行的任务组织系统,而不要按应用程序的层次组织系统。

通过查看菜单和菜单项,就应该使用户对应用程序的组织方法有一个感性认识。因此,必须清楚用户思考问题的方法和完成任务的方法,才能设计出好用的菜单和菜单项。

(2)给每个菜单定义一个有意义的菜单标题。

(3)按照估计的菜单项使用频率、逻辑顺序或字母顺序组织菜单项。

(4)在菜单项的逻辑组之间放置各项,将功能相关的菜单项显示在一个菜单组内。

（5）将菜单项的数目限制在一个屏幕之内。如菜单项的数目超过一屏，应为其中的一些菜单项创建子菜单。

（6）为菜单和菜单项设置访问键或快捷键，以便快捷、方便地利用键盘进行菜单操作。

（7）使用能够准确描述菜单项的文字。

描述菜单项时，最好使用日常用语而不要使用计算机术语。同时，菜单项说明应使用简单、生动的动词，而不要将名词当动词使用。另外，应使用相似语句结构说明菜单项。例如：如对所有菜单项的描述都使用了同一个词，则这些描述应使用相同的语言结构。

（8）对于英文菜单，可以在菜单项中混合使用大小写字母。只有强调时才全部使用大写字母。

2. 菜单设计的步骤

在 VFP 中，创建菜单系统的大量工作是在菜单设计器中完成的。利用菜单设计器设计菜单的一般步骤是：

（1）调用菜单设计器。

（2）定义菜单，包括定义菜单标题、子菜单和菜单选项的名称，设置相应的访问键或快捷键，为菜单项添加提示信息等内容。

（3）预览菜单。在预览状态下，VFP 系统菜单栏中将显示用户所设置的菜单内容。

（4）生成菜单程序。利用菜单设计器创建的菜单只是一个菜单定义文件(. mnx)，该文件本身是一个表，并不能够运行，通过菜单生成程序，可以将菜单定义文件编译为可执行的菜单程序文件(. mpr)，以便在 VFP 应用程序中使用。

（5）运行菜单程序。对于编译生成的菜单程序文件，可以在命令窗口或程序代码中用 DO 命令运行。格式如下：

DO <菜单程序文件名>

说明：菜单程序文件的扩展名为. mpr，在 DO 命令中不能省略。

10.2 下拉式菜单的设计

10.2.1 菜单设计器

菜单设计器是 VFP 提供的一个可视化设计工具，用户可以以交互方式设计应用程序的菜单系统。使用菜单设计器可以添加新的菜单选项到 VFP 的系统菜单中，定制已有的 VFP 系统菜单；也可以创建一个全新的自定义菜单，代替 VFP 的系统菜单。

1. 启动菜单设计器

（1）在项目管理器中单击"其他"选项卡，选择"菜单"选项，然后单击"新建"按钮，弹出"新建菜单"对话框，如图 10-3 所示，在该对话框中单击"菜单"按钮。

（2）选择"文件"→"新建"菜单命令，在"新建"对话框中选择"菜单"单选按钮，然后单击"新建文件"按钮，弹出"新建菜单"对话框，如图 10-3 所示，单击"菜单"按钮。

图 10-3 "新建菜单"对话框

（3）在命令窗口中输入命令：

MODIFY MENU <文件名>

其中的＜文件名＞指菜单定义文件，扩展名默认为.mnx。

使用以上三种方法之一都可以打开"菜单设计器"窗口，如图 10-4 所示。

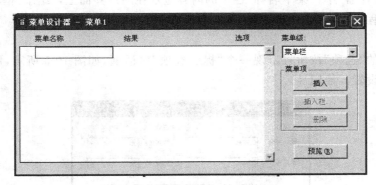

图 10-4　"菜单设计器"窗口

2．菜单设计器

"菜单设计器"窗口由以下几部分组成。

1）菜单名称

菜单名称用于指定各菜单项的名称及菜单项的访问键。例如，定义一个标题名称为"编辑"的菜单项，并设置其访问键的字符为 E，可在"菜单名称"栏中输入"编辑(\＜E)"。注意，在字符 E 前面必须加上"\"和"＜"两个符号。

为增强可读性，可使用分割线将内容相关的菜单项分割成组。在"菜单名称"栏中输入"\"和"－"，便可以创建一条分割线。

在每个菜单项左侧都有一个移动按钮，拖动此按钮可以调整菜单项在当前菜单中的显示位置。

2）结果

结果用于指定当用户选择该菜单项时的动作，有"命令"、"子菜单"、"过程"、"填充名称（或菜单项）"4 个选项。

（1）命令。表示当前菜单项的功能是执行某条命令。命令代码可在列表框右侧的文本框中输入。

（2）子菜单。表示所定义的当前菜单项包含子菜单。对于每个菜单项，都可以"创建"或"编辑"包含其他菜单的子菜单。单击"创建"或"编辑"按钮，"菜单设计器"窗口便切换到子菜单输入界面，然后在此窗口界面的"菜单名称"栏中定义子菜单项。子菜单建立完成后，可以从窗口右上方的"菜单级"下拉列表框中选择其上级菜单名称，返回上级菜单定义窗口，继续建立其他菜单项。如选择"菜单栏"选项，可直接返回主菜单定义窗口。

（3）过程。表示菜单被激活时将执行的过程代码。单击列表框右侧的"创建"按钮，可打开一个文本编辑窗口输入和编辑过程代码。"过程"与"命令"选项不同的是，过程可以包含多条命令语句。

（4）填充名称（或菜单项）。表示为所选的菜单项指定一个内部名称或序号。若当前定义的是主菜单,则该选项显示为"填充名称",可以为相应的菜单项指定一个内部名称;若当前菜单为子菜单,则该选项显示为"菜单项",可以为相应的菜单项指定一个序号。在程序中将通过该名称或序号引用相应的菜单项。

在"菜单设计器"中,"菜单名称"栏中的内容显示在用户界面上,"结果"框右栏中的内容则出现在生成程序中。

3) 选项

单击各列的"选项"按钮将出现一个"提示选项"对话框,如图 10-5 所示,用户可以为定制的菜单系统设置其他属性。

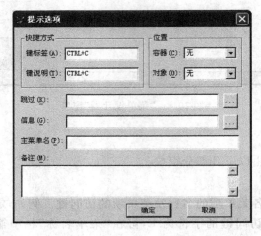

图 10-5 "提示选项"对话框

（1）快捷方式。设置菜单或菜单项的快捷键。其中,"键标签"文本框用于显示快捷键的名称。设置快捷键的方法是:先将光标置于"键标签"文本框中,然后在键盘上按下快捷键,文本框中便会自动显示该快捷键名称。如按 Ctrl＋C 组合键,文本框中就出现 Ctrl＋C。"键说明"文本框中的内容通常与用户所设置的快捷键名称相同,它显示在菜单项标题名称的右侧,用作对快捷键的说明。

若要取消已定义的快捷键,可以先用鼠标单击"键标签"文本框,然后按空格键。

（2）备注。用于添加对菜单项的注释,这种注释不影响生成的菜单程序代码及其运行。

（3）位置。用于指定在应用程序中编辑一个 OLE 对象时,菜单标题的位置,如表 10-1 所示。

表 10-1 菜单标题的 OLE 对象位置

位　　置	对　象　设　置
无	不选择任何选项,指定菜单标题不设置在菜单栏上
左	指定将菜单标题设置在菜单栏中左边的菜单标题组中
右	指定将菜单标题设置在菜单栏中右边的菜单标题组中
中	指定将菜单标题设置在菜单栏中中间的菜单标题组中

（4）跳过。设置一个表达式作为允许或禁止菜单项的条件。当菜单激活时,若表达式的值为真,则菜单项以灰色显示,表示当前不可用。例如,在使用"编辑"→"粘贴"菜单命令

时,若尚未执行一次"复制"或"剪切"操作,即剪贴板的内容为空时,"粘贴"菜单项就呈灰色显示,禁止用户使用。

(5)信息。定义菜单项的说明信息。当选中该菜单时,这些信息将显示在 VFP 主窗口的状态栏上。

(6)菜单项。指定主菜单项的内部名称或子菜单项的序号。默认状态下,VFP 系统会自动指定一个唯一的名称或序号。

当在"提示选项"对话框中定义过属性后,相应菜单项的选项按钮上就会显示"√"标记。

此外,"菜单设计器"窗口中还有以下按钮。

(1)插入。单击此按钮,可在当前菜单项之前插入一个新菜单项。

(2)插入栏。进入子菜单设计界面后,该按钮被激活,用于插入一个 VFP 系统菜单项。单击此按钮,打开"插入系统菜单栏"对话框,如图 10-6 所示。其中列出了各种 VFP 系统菜单命令。

(3)删除。单击此按钮,可删除当前菜单项。

(4)预览。单击此按钮,可预览当前定义的菜单,该菜单出现在原来系统菜单的地方。

3."菜单"菜单

在菜单设计器环境下,系统菜单中将会添加一个"菜单"项,主要功能有:

(1)快速菜单。用于快速设计菜单。打开菜单设计器后,在尚未输入任何其他内容时,执行该菜单命令将把系统菜单的内容提取到当前菜单设计器中,对该菜单进行修改调整后,可以形成一个新的菜单系统。

(2)生成。执行该命令后运行菜单生成程序,将当前定义的菜单文件(.mnx)生成对应的可执行的菜单程序文件(.mpr)。菜单程序文件与菜单定义文件具有相同的主文件名,默认情况下存放在同一个文件夹中。

其他菜单选项与菜单设计器中的相应命令按钮作用相同。

4."显示"菜单

在菜单设计器环境下,系统的"显示"菜单会出现两条命令:"常规选项"和"菜单选项"。

1)常规选项

选择"显示"→"常规选项"菜单命令,弹出"常规选项"对话框,如图 10-7 所示,可以为整个菜单系统指定代码。该对话框有以下几个选项:

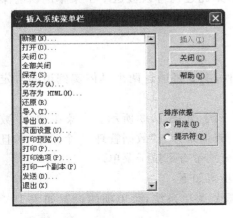

图 10-6 "插入系统菜单栏"对话框

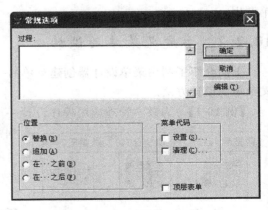

图 10-7 "常规选项"对话框

菜单设计与应用

222

（1）过程。在该编辑框中可以为整个菜单系统设置一个过程代码。如菜单系统中的某个菜单项没有规定具体的动作，则在选择该菜单项时执行此处设置的菜单过程代码。当代码过多超出编辑区域时，将自动激活右侧的滚动条。也可以单击"编辑"按钮，打开一个代码编辑窗口，单击"确定"按钮激活该编辑窗口，输入菜单过程的代码。

（2）位置。指明正在定义的下拉菜单与当前系统菜单的关系。其中，"替换"表示用定义的菜单系统内容去替换当前菜单的内容；"追加"表示将定义的菜单内容附加在当前系统菜单内容的后面；"在…之前"表示将用户定义的菜单内容插入到当前系统菜单中某个指定菜单项的前面；"在…之后"表示将定义的菜单内容插入到当前系统菜单中某个指定菜单项的后面。

（3）菜单代码。包括"设置"和"清理"两个复选框。"设置"代码在菜单程序文件中菜单定义代码的前面，在菜单产生之前执行；"清理"代码在菜单程序文件中菜单定义代码的后面，在菜单产生之后执行。

（4）顶层表单。菜单设计器创建的菜单系统默认显示在 VFP 系统窗口中，如希望定义的菜单出现在表单中，可选中"顶层表单"复选框，同时将表单设置为"顶层表单"。

2）菜单选项

选择"显示"→"菜单选项"菜单命令，弹出"菜单选项"对话框，如图 10-8 所示，可以为菜单栏（即主菜单）或各子菜单项输入代码。该对话框包含以下几个选项：

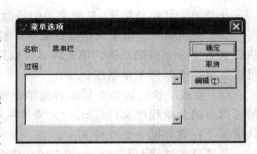

图 10-8 "菜单选项"对话框

（1）名称。显示菜单的名称。如当前只能正在编辑子菜单，则名称可以改变；如当前正在编辑主菜单，则名称是不可改变的。默认时，这里的名称与"菜单设计器"窗口中"菜单名称"中的内容一样。

（2）过程。在过程编辑框中可以输入或显示菜单的过程代码。单击"编辑"按钮，将打开一个代码编辑窗口，输入过程代码。

当用户正在定义的是主菜单上的一个菜单项时，这个过程文件可以被主菜单中的所有菜单调用；如正在定义的是子菜单中的一个菜单项，则此过程可以被这个子菜单的所有菜单调用。

10.2.2 自定义菜单的设计

上面介绍了利用菜单设计器创建菜单的一般过程，本节将通过两个具体实例说明自定义菜单的设计方法。

【例 10-1】 为教学管理应用程序设计一个菜单系统，如图 10-9 所示。主菜单包含"数据录入"、"查询统计"、"数据管理"3 个菜单项，且各菜单项分别带有下拉子菜单。

操作步骤如下：

（1）规划菜单系统，菜单项的设置如表 10-2 所示。

图 10-9 自定义菜单结构

表 10-2 例 10-1 的菜单项设置

菜 单 名 称	结 果	菜 单 级
数据录入(\<E)	子菜单	菜单栏
学生名单	过程	数据录入 E
课程信息	过程	数据录入 E
学生成绩	过程	数据录入 E
查询统计(\<Q)	子菜单	菜单栏
成绩查询	过程	查询统计 Q
课程查询	过程	查询统计 Q
\-	菜单项♯	查询统计 Q
信息汇总	过程	查询统计 Q
数据管理(\<M)	子菜单	菜单栏
数据库维护	过程	数据管理 M
退出(\<X)	命令	数据管理 M

(2) 创建菜单系统。

① 打开"教学管理.pjx"项目文件,启动项目管理器,选择"其他"选项卡中的"菜单"项,单击"新建"按钮,弹出"新建菜单"对话框,然后单击"菜单"按钮,打开"菜单设计器"窗口,定义主菜单,如图 10-10 所示。

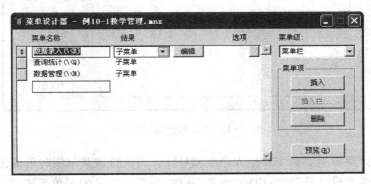

图 10-10 定义主菜单

② 定义子菜单,单击"数据录入"菜单项中的"创建"按钮,进入子菜单定义界面,定义子菜单,如图 10-11 所示。

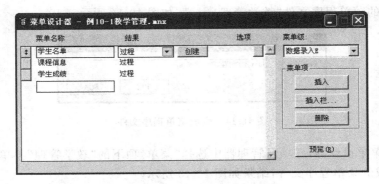

图 10-11 "数据录入"子菜单

③ 从"菜单级"列表框中选择"菜单栏"选项，返回主菜单定义界面，并按同样方法分别定义另外两个子菜单，如图 10-12 和图 10-13 所示。

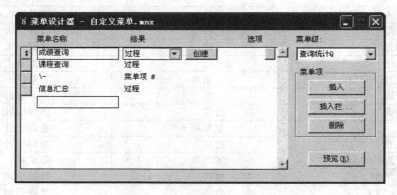

图 10-12　"查询统计"子菜单

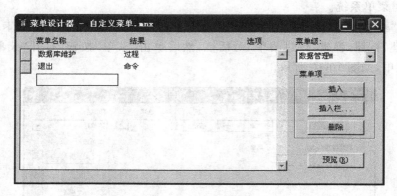

图 10-13　"数据管理"子菜单

④ 在"退出"菜单项的命令处输入命令 QUIT。当执行该菜单项时可退出 VFP 系统。

（3）单击"菜单设计器"窗口中的"预览"按钮，预览自定义的菜单系统。

（4）选择"文件"→"另存为"菜单命令，将菜单文件保存在"D:\教学管理"文件夹中，输入文件名"教学管理.mnx"。

（5）选择"菜单"→"生成"菜单命令，生成菜单程序，将"教学管理.mnx"菜单定义文件生成为可执行的菜单程序文件"教学管理.mpr"，如图 10-14 所示。

图 10-14　生成菜单程序文件

（6）关闭菜单设计器，在项目管理器中选择"菜单"项下的"教学管理"菜单，单击"运行"按钮，运行生成的菜单程序文件，结果如图 10-15 所示。

图 10-15 "教学管理"菜单

【例10-2】 利用菜单设计器创建一个下拉式菜单,结构如图 10-16 所示。主菜单包含 3 个菜单项,且各菜单项分别带有下拉子菜单。

图 10-16 自定义菜单系统

当选择"浏览名单"菜单项时,运行例 9-5 创建的表单"学生情况.scx";当选择"成绩查询"菜单项时,运行例 9-6 创建的表单"成绩查询.scx"。选择"退出"按钮返回。"编辑"菜单下拉子菜单中的"剪切"、"复制"、"粘贴"3 个选项分别调用相应的系统标准菜单项。

操作步骤如下:

(1)选择"文件"→"新建"菜单命令,在"新建"对话框中选择"菜单"单选按钮。单击"新建文件"按钮,打开"菜单设计器"窗口。

(2)定义主菜单,如图 10-17 所示。

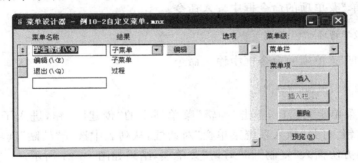

图 10-17 定义主菜单

(3)单击"退出"菜单项中的"创建"按钮,打开代码编辑窗口,定义如下代码:

```
SET SYSMENU NOSAVE
SET SYSMENU TO DEFAULT && 将菜单系统恢复为 VFP 系统菜单的标准配置
```

(4)为"学生管理"菜单项定义下拉子菜单,如图 10-18 所示。

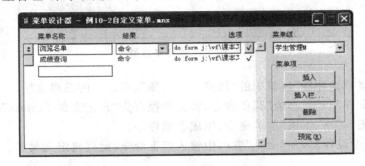

图 10-18 "学生管理"子菜单

菜单设计与应用

单击"浏览名单"菜单项中的"选项"按钮，弹出如图 10-19 所示的"提示选项"对话框。单击"键标签"文本框，为菜单项设置快捷键，并在"信息"文本框中输入激活此菜单项时在窗口状态栏中显示的提示信息。按同样方法为"成绩查询"菜单项设置快捷键和信息提示，如图 10-20 所示。

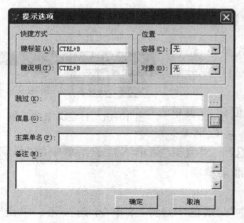
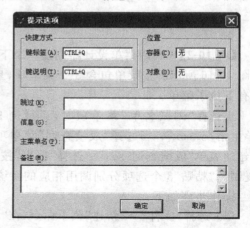

图 10-19 "提示选项"对话框（1）　　　　　　图 10-20 "提示选项"对话框（2）

在"浏览名单"菜单项的命令框中输入命令：

DO FORM D:\教学管理\学生情况

在"成绩查询"菜单项的命令框中输入命令：

DO FORM D:\教学管理\成绩查询

（5）返回主菜单定义窗口，单击"编辑"菜单项中的"创建"按钮，进入子菜单定义界面。单击"插入栏"按钮，打开"插入系统菜单栏"对话框，从列表中选择"粘贴"选项并单击"插入"按钮。用同样的方法插入"复制"和"剪切"菜单项，结果如图 10-21 所示。

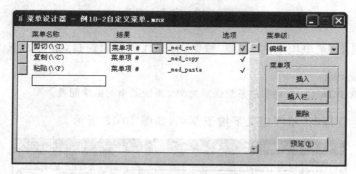

图 10-21 编辑子菜单

（6）单击"菜单设计器"窗口中的"预览"按钮，预览自定义的菜单系统。

（7）选择"文件"→"另存为"菜单命令，将文件保存为"自定义菜单.mnx"。

（8）选择"菜单"→"生成"菜单命令，生成菜单程序。

（9）关闭菜单设计器，在"命令"窗口中输入以下命令，运行自定义菜单。

DO D:\教学管理\自定义菜单.MPR

10.2.3 为顶层表单添加菜单

使用菜单设计器创建的用户菜单默认显示在 VFP 系统窗口中，不是显示在窗口的顶层，而是在第二层。如果希望定义的菜单出现在窗口的顶层，可以创建一个顶层表单，并将用户定义的菜单添加在顶层表单中。具体方法是：

（1）在菜单设计器中定义用户菜单。

（2）在 VFP 系统菜单中选择"显示"→"常规选项"菜单命令，在"常规选项"对话框中选中"顶层表单"复选框。

（3）生成菜单程序（.mpr）。

（4）在表单设计器中设计一个表单，然后将表单的 ShowWindows 属性设置为 2，使其成为顶层表单。

（5）在表单的 Init 事件代码中输入以下命令：

```
DO <菜单程序名> WITH THIS, .T.
```

说明：可以进一步将表单的 Caption 属性设置为用户指定的标题。

【**例 10-3**】 将例 10-1 设计的"教学管理"菜单添加到顶层表单中。

操作步骤如下：

（1）打开"教学管理.mnx"文件，进入"菜单设计器"窗口。

（2）选择"显示"→"常规选项"菜单命令，在"常规选项"对话框中选中"顶层表单"复选框。

（3）单击常用工具栏中的"保存"按钮，保存修改后的自定义菜单；然后选择"菜单"→"生成"菜单命令，重新生成菜单程序"教学管理.mpr"。

（4）选择"文件"→"新建"菜单命令，在"新建"对话框中选择"表单"单选按钮。单击"新建"按钮，打开表单设计器，如图 10-22 所示，设置表单属性。

```
Caption:              顶层表单
AlwaysOnTop:          .T.
AutoCenter:           .T.
ShowWindows:          2—作为顶层菜单
```

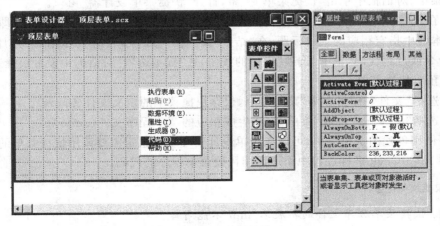

图 10-22 表单属性设置

227

（5）为表单的 Init 事件过程添加如下代码。

DO D:\学生管理\教学管理.MPR WITH THIS, .T.

（6）选择"文件"→"另存为"菜单命令，输入文件名"顶层表单.scx"。

（7）运行顶层表单，结果如图 10-23 所示。

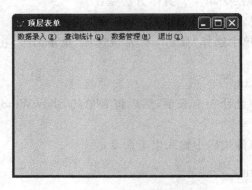

图 10-23　运行结果

10.3　快捷菜单的设计

快捷菜单是附加在表单控件上的通过鼠标右键访问和使用的一种菜单，一般从属于某个界面对象。当右击对象时，就会在单击处弹出快捷菜单。快捷菜单能快速展示当前控件中对象有关的功能命令。与下拉式菜单相比，快捷菜单没有条形菜单栏，只有弹出式菜单。

利用菜单设计器可以创建快捷菜单，并可以将这些菜单附加在控件中。例如，可创建包含"剪切"、"复制"、"粘贴"命令的快捷菜单，当用户在表格控件所包含的数据上右击时，出现此快捷菜单。

建立快捷菜单的具体方式是：

（1）选择"文件"→"新建"菜单，弹出"新建"对话框，然后单击"新建菜单"按钮，在弹出的"新建菜单"对话框中单击"快捷菜单"按钮，打开"快捷菜单设计器"窗口。

（2）在"快捷菜单设计器"中添加菜单项的过程与建立下拉式菜单完全相同，即在"菜单名称"文本框中指定相应的菜单标题，在"结果"文本框中选择菜单单项激活后的动作并编写相应的命令或过程代码，单击"选项"栏中的按钮，在"提示选项"对话框中设置快捷键等。

（3）预览快捷菜单。

（4）选择"文件"→"另存为"菜单命令，保存快捷菜单的定义文件(.mnx)。

（5）选择"菜单"→"生成"菜单命令，生成相应的菜单程序文件(.mpr)。

若要使用创建的快捷菜单，可以在表单设计器环境下选定需要调用快捷菜单的对象，在该对象的 RightClick 事件过程中添加调用快捷菜单程序的代码。

DO<快捷菜单程序名>

说明：快捷菜单程序文件的扩展名.mpr 不能省略。

【例 10-4】　为表单的一个标签控件建立快捷菜单。快捷菜单中包含 3 个菜单项：字体(<u>F</u>)、颜色(<u>C</u>)、大小(<u>S</u>),它们分别带有下级子菜单。选择不同的字体、颜色、大小时,标签标题随之发生相应的改变。

操作步骤如下:

(1)选择"文件"→"新建"菜单命令,从"新建"对话框中选择"菜单"单选按钮,在"新建菜单"对话框中单击"快捷菜单"按钮,打开"快捷菜单设计器"窗口,如图 10-24 所示。

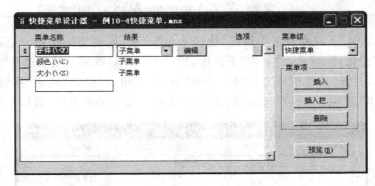

图 10-24 "快捷菜单设计器"窗口

(2)定义快捷菜单各选项的名称,如表 10-3 所示。3 个子菜单的设置结果如图 10-25所示。

表 10-3 快捷菜单项的设置

菜 单 名 称	结果菜单级
字体(\<F)	子菜单
宋体 黑体 隶书 楷体	过程: DO CASE 　　　　CASE BAR() = 1 　　　　　ft = "宋体" 　　　　CASE BAR() = 2 　　　　　ft = "黑体" 　　　　CASE BAR() = 3 　　　　　ft = "隶书" 　　　　CASE BAR() = 4 　　　　　ft = "楷体_GB2312" 　　　　ENDCASE _VFP.ActiveForm.Label1.FontName = ft
颜色(\<C)	子菜单
黑色 红色 蓝色 黄色	过程: DO CASE 　　　　CASE BAR() = 1 　　　　　c1 = RGB(0,0,0) 　　　　CASE BAR() = 2 　　　　　c1 = RGB(255,0,0) 　　　　CASE BAR() = 3 　　　　　c1 = RGB(0,0,255) 　　　　CASE BAR() = 4 　　　　　c1 = RGB(255,255,0) 　　　　ENDCASE _VFP.ActiveForm.Label1.ForeColor = c1

菜 单 名 称	结果菜单级
大小(\<S)	子菜单
12	命令：_VFP. ActiveForm. Label1. FontSize= 12
16	命令：_VFP. ActiveForm. Label1. FontSize= 16
20	命令：_VFP. ActiveForm. Label1. FontSize= 20

（3）在"菜单级"下拉列表框中选择"快捷菜单"选项，回到顶层菜单。选择"字体"菜单项，单击"编辑"按钮，重新进入"字体"子菜单，如图 10-25(a)所示。然后选择"显示"→"菜单选项"菜单命令，打开"菜单选项"对话框，单击"编辑"按钮，再单击"确定"按钮，进入代码编辑窗口，为"字体"编写通用过程，代码如表 10-3 所示。关闭编辑窗口，返回菜单设计器。

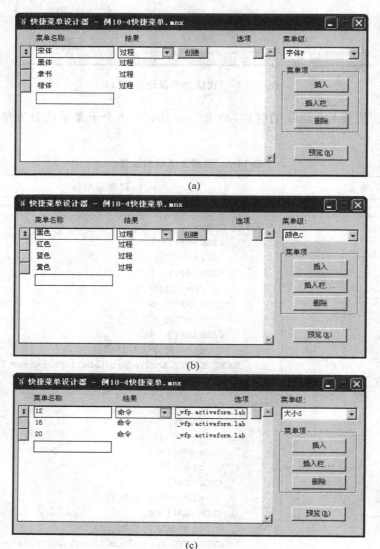

(a)

(b)

(c)

图 10-25　定义子菜单

在"菜单级"下拉列表框中选择"快捷菜单"选项,回到顶层菜单。选择"颜色"菜单项,单击"编辑"按钮重新进入"颜色"子菜单,如图 10-25(b)所示。按同样方法,为"颜色"子菜单中的各菜单项编写通用过程,代码如表 10-3 所示。关闭编辑窗口,返回菜单设计器。

在"菜单级"下拉列表框中选择"快捷菜单"选项,回到顶层菜单。选择"大小"菜单项,单击"编辑"按钮重新进入"大小"子菜单,如图 10-25(c)所示。在各子菜单项的命令框中输入相应的代码,内容如表 10-3 所示。

(4) 单击"预览"按钮,预览快捷菜单。

(5) 选择"文件"→"另存为"菜单命令,保存创建的快捷菜单,输入文件名"快捷菜单.mnx"。

(6) 选择"菜单"→"生成"菜单命令,生成相应的菜单程序文件"快捷菜单.mpr"。

(7) 选择"文件"→"新建"菜单命令,在"新建"对话框中选择"表单"单选按钮。单击"新建文件"按钮,打开表单设计器,设置表单属性。

```
Caption:              调用快捷菜单
AlwaysOnTop:          .T.
AutoCenter:           .T.
Left:                 50
```

(8) 在表单中添加一个标签控件,设置标签属性。

```
AutoSize:             .T.
BackStyle:            0—透明
Caption:              欢迎进入教学管理系统
FontName:             宋体
FontSize:             12
ForeColor:            0,0,0
```

双击标签控件,打开代码编辑窗口,为标签的 RightClick 事件过程添加以下代码:

```
DO D:\学生管理\快捷菜单.MPR
```

(9) 选择"文件"→"另存为"菜单命令,输入文件名"调用快捷菜单.scx",保存表单文件。

运行"调用快捷菜单"表单,当右击标签对象时,弹出如图 10-26 所示的快捷菜单,选择不同的菜单项可使标签的标题文字做出相应的改变。

图 10-26　在表单中调用快捷菜单

菜单设计与应用

习 题

1. 选择题

(1) 打开"菜单设计器"窗口后,在 VFP 主窗口的系统菜单中增加的菜单项是( )。

　　A. 菜单　　　　　　B. 屏幕　　　　　　C. 浏览　　　　　　D. 数据库

(2) 在"菜单设计器"窗口中,如果要为某个菜单项设计一个子菜单,则该项的"结果"列应选择( )。

　　A. 命令　　　　　　B. 过程　　　　　　C. 子菜单　　　　　　D. 菜单项

(3) 在 Visual FoxPro 中,可以执行的菜单文件的扩展名为( )。

　　A. .mnx　　　　　　B. .prg　　　　　　C. .mpr　　　　　　D. .mnt

(4) 要将 Edit 菜单项中的字符 E 设置为访问链(结果为 E̲dit),下列说法中正确的是( )。

　　A. Edit(\<E)　　　B. \<Edit　　　　　C. Edit(\>E)　　　D. \>Edit

(5) 下面不属于菜单系统元素的是( )。

　　A. 菜单栏　　　　　B. 菜单条　　　　　C. 菜单选项　　　　D. 下拉式菜单

2. 填空题

(1) 在"命令"窗口中执行_____命令可以启动菜单设计器,建立或修改菜单文件。

(2) "菜单设计器"窗口中的_____组合框可用于上、下级菜单之间的切换。

(3) 若要将表单设置为顶层表单,其 ShowWindows 属性应设置为_____。

(4) 要将一个弹出式菜单作为某个控件的快捷菜单,通常是在该控件的_____事件代码中添加调用该弹出式菜单程序的命令。

(5) 在 Windows 环境下,常见的菜单类型有两种:_____和_____。

3. 简述题

(1) 简述如何创建下拉式菜单。

(2) 什么是快捷菜单? 何时使用快捷菜单?

(3) 如何在用户菜单中加入系统菜单?

(4) 如何在顶层表单中添加菜单?

(5) 如何在弹出菜单的菜单项之间插入分隔线?

4. 操作题

(1) 完成本章所有的例题。

(2) 完成实验教材第 9 章所有的实验。

第 11 章　报表设计与应用

报表（Report）是数据库管理系统中各种统计信息最常用的输出形式，它可以直接和数据库相联系，利用已定义好的格式、布局和数据源，生成用户需要的各种打印样式打印输出。在 VFP 中，打印报表不像其他软件一样将文件内容直接打印出来，而是先建立一个报表布局文件，在打印时将数据源自动填充到打印结果中。因此，报表设计是数据库管理的一项很重要的技术。

11.1　报表的创建

报表主要由报表的数据源和报表布局两个部分组成。数据源通常是数据库中的表、视图、查询或自由表。报表布局通常是指报表的打印格式。设计报表就是根据报表的数据源和应用需要来设计报表的布局。

11.1.1　概述

1. 报表的基本结构

报表是数据库管理系统中输出数据的一种特殊方式。报表的机构分为表头、表体和表尾三部分。表体由若干行和列组成，一般每一行是一条记录的内容。每一张表有一个总标题和几个小标题，如图 11-1 所示。

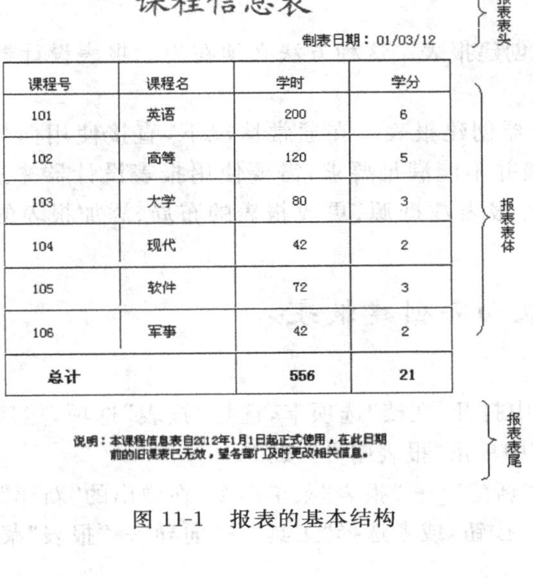

图 11-1　报表的基本结构

（1）表头：指报表上方的有关内容描述，通常包括表名或标题、报表编辑单位、日期和横栏项目等。

（2）表体：是报表中的主体部分，其内容通常就是数据表、查询和视图中的数据。

（3）表尾：是报表底部的说明内容，通常包括编制人、审核人、备注等信息。

VFP 提供了一种可视化的报表设计工具，使用户可以通过直观的操作来设计和修改报表格式。在输出报表时，系统将使用报表文件中的格式设置，自动填写记录。

2．报表布局的类型

在创建报表之前，应该确定所需报表的常规格式。报表的总体布局大致上可分为列报表、行报表、一对多报表、多栏报表和标签 5 大类。

（1）列布局。每行一条记录，每个字段一列，字段名在页面上方，是一种常用的报表布局类型。各种分组、汇总报表、财务报表、各种清单等都可以使用这种布局格式，如学生成绩表、人事档案表、统计报表等。

（2）行布局。每个字段一行，字段名在数据左侧，字段与其数据在同一行。这类报表布局适用于各类清单、列表使用，如学生登记卡、邮政标签、货物清单、产品目录、发票等。

（3）一对多布局。报表基于一条记录及一对多关系生成。打印时在父表中取得一条记录后，必须将子表中与其相关的多条记录取出打印。这类报表布局多用于基于表间一对多关系的货运清单、会计报表、票据等。

（4）多栏布局。报表拥有多栏记录，可以是多栏行报表，也可以是多栏列报表，如电话本、名片等。

（5）标签布局。这类布局一般拥有多栏记录，记录的字段沿左侧竖直放置对齐，向下排列，一般打印在特殊纸上，多用于邮件标签、名字标签等。

3．创建报表的方法

VFP 提供了 3 种创建报表的方法：

（1）使用报表向导创建报表。VFP 中文版提供了 4 种类型的报表向导：报表向导、一对多报表向导、标签向导和邮件向导，可根据报表的复杂性和总体布局选择合适的向导。

（2）使用快速报表创建报表。这种方法必须在启动报表设计器后使用，以快速创建简单规范的报表。

（3）使用报表设计器创建报表。在通常情况下，直接使用向导所获得的结果及用快速报表建立的简单报表并不能满足要求，需要使用报表设计器来进一步修改和完善。在报表设计器中可以设置报表数据源、更改报表的布局、添加报表的控件，以及设置数据分组等。

11.1.2 使用报表向导创建报表

1．启动报表向导

（1）在项目管理器中打开"文档"选项卡，选择"报表"选项，然后单击"新建"按钮，在弹出的"新建报表"对话框中单击"报表向导"按钮。

（2）选择"文件"→"新建"→"报表"菜单命令，在弹出的"新建"对话框中选择"报表"单选按钮，然后单击"向导"按钮，或者选择"工具"→"向导"→"报表"菜单命令。

用上述方法都可以打开如图 11-2 所示的"向导选取"对话框,从中选择报表向导。

2. 单一报表

单一报表是用一个单一的表创建的报表,从"向导选取"对话框中选择"报表向导"选项,即可启动单一报表向导。

【例 11-1】 利用报表向导创建一个反映学生基本情况的报表。

操作步骤如下:

图 11-2 "向导选取"对话框

(1)在项目管理器中选择"报表"选项,单击"新建"按钮,在弹出的"新建报表"对话框中单击"报表向导"按钮。弹出"向导选取"对话框,选择"报表向导"选项,单击"确定"按钮,弹出"报表向导"对话框。

(2)在"步骤 1-字段选取"界面,如图 11-3 所示,从"数据库和表"下拉列表框中选择"教学管理"数据库中的"学生"表,并选定在报表中使用的字段:学号、姓名、性别、出生日期、系别、贷款否,单击"下一步"按钮。

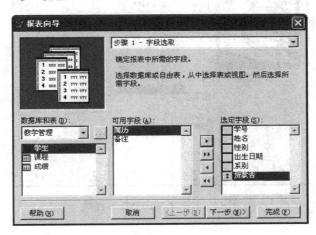

图 11-3 步骤 1-字段选取

(3)在"步骤 2-分组记录"界面,如图 11-4 所示,选择对数据进行分组的字段,如"系别"。注意,只有按照分组字段建立索引后才能正确分组,最多可建立三层分组,然后单击"下一步"按钮。

(4)在"步骤 3-选择报表样式"界面,如图 11-5 所示,VFP 提供了 5 种输出样式,本例选择"经营式"选项,单击"下一步"按钮。

(5)在"步骤 4-定义报表布局"界面,如图 11-6 所示,选择纵向、单列的报表布局,单击"下一步"按钮。

(6)在"步骤 5-排序记录"界面,如图 11-7 所示,记录排序是数据信息编排顺序的重点,用以确定记录在报表中出现的顺序。注意,排序字段必须已经建立索引。本例选用"学号",并按"升序"方式排列,然后单击"下一步"按钮。

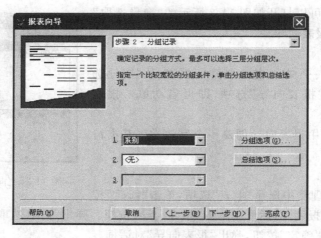

图 11-4　步骤 2-分组记录

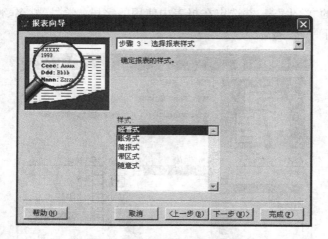

图 11-5　步骤 3-选择报表样式

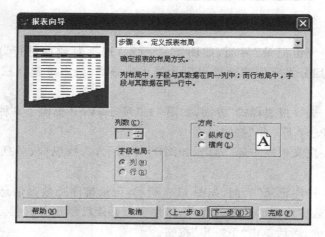

图 11-6　步骤 4-定义报表布局

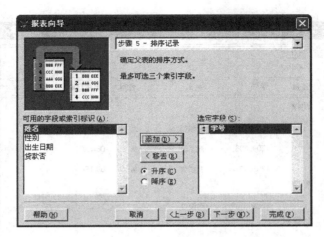

图 11-7　步骤 5-排序记录

（7）在"步骤 6-完成"界面，如图 11-8 所示，单击"预览"按钮可查看报表效果。如果效果满意，就保存报表。预览结果如图 11-9 所示。

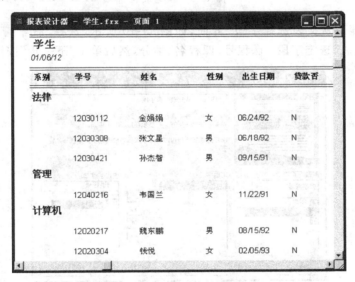

图 11-8　步骤 6-完成

3．一对多报表

一对多报表向导用于生成分组报表，其中用于分组的记录来自父表文件，而组中包含的记录来自子表文件。在"向导选取"对话框中选择"一对多报表向导"选项，单击"确定"按钮即可启动该向导。

【例 11-2】　以"课程"为父表，"成绩"为子表，建立一个一对多报表。

操作步骤如下：

（1）在项目管理器中选择"文档"选项中的"报表"选项，单击"新建"按钮弹出"新建报表"对话框。单击"报表向导"按钮，在弹出的"向导选取"对话框中选择"报表向导"选项，然后单击"确定"按钮，弹出"一对多报表向导"对话框。

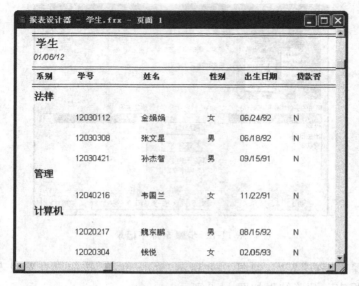

图 11-9　预览报表

　　(2) 在"步骤 1-从父表选择字段"界面,如图 11-10 所示,选择"教学管理"数据库中的"课程"表作为父表,选定字段:课程号、课程名、学分,然后单击"下一步"按钮。

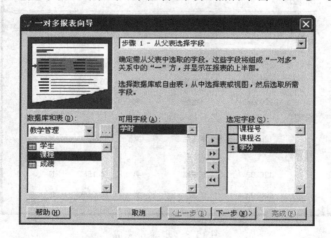

图 11-10　步骤 1-从父表选择字段

　　(3) 在"步骤 2-从子表选择字段"界面,如图 11-11 所示,从子表"成绩"中选取字段:学号、成绩,单击"下一步"按钮。

　　(4) 在"步骤 3-为表建立关系"界面,如图 11-12 所示,建立父表与子表之间的关联:"课程.课程号=成绩.课程号",单击"下一步"按钮。

　　(5) 在"步骤 4-排序记录"界面,选择"课程号"为排序索引,采用"降序"方式。

　　(6) 在"步骤 5-选择报表样式"界面中,选择"账务式"报表。

　　(7) 在"步骤 6-完成"界面中,设置报表标题为"学生成绩表"。

　　创建的一对多报表如图 11-13 所示。

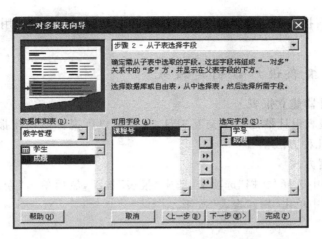

图 11-11　步骤 2-从子表选择字段

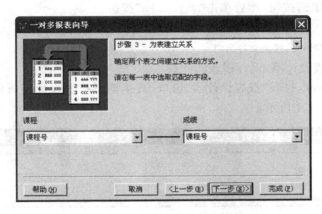

图 11-12　步骤 3-为表建立关系

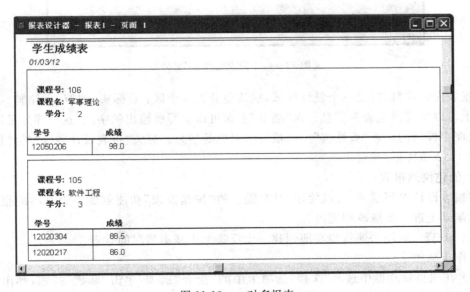

图 11-13　一对多报表

报表设计与应用

通常情况下,直接使用向导所获得的结果并不能满足需求,需要使用报表设计器来进一步修改。

11.1.3 使用报表设计器创建报表

1. 用报表设计器建立报表

VFP 提供的报表设计器是一个交互工具,允许用户可视化地创建报表。打开“报表设计器”窗口有以下几种方法:

1) 项目管理器方式

在项目管理器中选择“文档”选项卡,选中“报表”选项,然后单击“新建”按钮,在弹出的“新建报表”对话框中单击“新建报表”按钮。

2) 菜单方式

选择“文件”→“新建”菜单命令,或者单击“常用”工具栏中的“新建”按钮,在“新建”对话框中选择“报表”单选按钮,然后单击“新建文件”按钮。

3) 命令方式

格式: **CREATE REPORT**[<报表文件名>]

功能:启动报表设计器,设计报表。

用上述方法都可以打开“报表设计器”窗口,直接调用报表设计器所创建的报表是一个空白的报表,如图 11-14 所示。

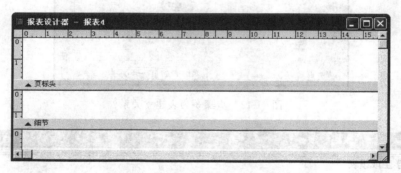

图 11-14 “报表设计器”窗口

“报表设计器”窗口是一个设计区域,默认划分为 3 个区:页标头、细节、页注脚。在“页标头”上可以填写报表表头信息。在“细节”上面可以填写要输出的字段,这一部分是以行方式在页面中伸展的。在“页注脚”上面填写本页内的信息。有关“报表设计器”的具体使用方法将在 11.2 节详细介绍。

2. 创建快速报表

在报表设计器环境下,可以使用 VFP 提供的“快速报表”功能创建一个基本的报表,然后在此基础上进一步修改和完善。

【例 11-3】 利用快速报表功能创建一个反映学生基本情况的报表。

操作步骤如下:

(1)在项目管理器中选择“文档”选项卡中的“报表”选项,单击“新建”按钮,弹出“新建报表”对话框,然后单击“新建报表”按钮,打开“报表设计器”窗口。

（2）选择"报表"→"快速报表"菜单命令，弹出"打开"对话框，选择报表的数据源为"学生.dbf"。

（3）在"快速报表"对话框中选择字段布局、标题和字段，如图 11-15 所示。

单击"字段布局"中的左侧按钮将产生列报表（即字段在报表中横向排列），单击右侧按钮将产生行报表（即字段在报表中纵向排列）。选择"标题"复选框，可以在报表中为每一个字段添加一个字段标题。选择"添加别名"复选框，可以在字段前添加表的别名；如果数据源只有一个表，可以不选此项。选择"将表添加到数据环境中"复选框，可以把打开的表文件添加到报表的数据环境中作为表的数据源。

（4）单击"字段"按钮，在弹出的"字段选择器"对话框中为报表选择可用的字段，如图 11-16 所示。选择除简历和照片以外的所有字段。单击"确定"按钮，关闭"字段选择器"对话框，返回"快速报表"对话框。

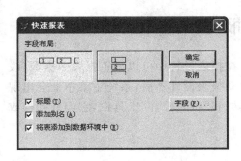

图 11-15　"快速报表"对话框

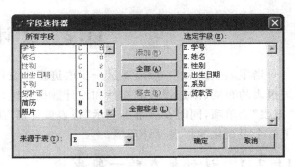

图 11-16　"字段选择器"对话框

（5）在"快速报表"对话框中单击"确定"按钮，创建的快速报表便出现在"报表设计器"窗口中，如图 11-17 所示。

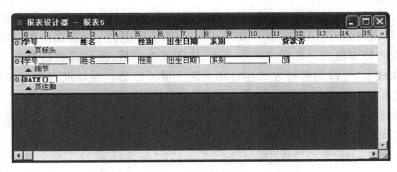

图 11-17　快速报表

（6）选择"显示"→"预览"菜单命令预览快速报表。

11.1.4　报表的保存与预览

1. 保存报表

每个报表都有一定的格式，保存在扩展名为.frx 的报表文件中，同时系统生成一个扩展名为.frt 的相关文件。报表文件存储了将要打印输出的字段、相关文本及它们在纸张页

报表设计与应用

面上的输出位置和格式等信息。

无论用何种方法建立的报表文件，都可以保存在磁盘上以备将来使用。新建的报表文件具有系统默认的文件名"报表 1. frx"、"报表 2. frx"、……，用户可以根据需要重新命名并保存在指定的磁盘位置。方法是：从"文件"菜单中选择"保存"或"另存为"命令，然后在"另存为"对话框中选择文件的存放位置并输入新的文件名，最后单击"保存"按钮。

2. 预览报表

创建好的报表文件，在正式输出到打印机之前，通常都要先预览，检查实际打印的效果。预览报表有以下几种方法：

（1）在项目管理器中展开"报表"项，选择要预览的报表，单击"预览"按钮。

（2）在报表设计器环境下选择"显示"→"预览"命令，或右击"报表设计器"窗口，从快捷菜单中选择"预览"命令，也可以直接单击"常用"工具栏中的"打印预览"按钮。

11.2 设 计 报 表

当报表生成后，一般需要进一步改进报表设计。在报表设计中可以设置报表数据源、改进报表的布局、添加报表的控件和设计数据分组。启动报表设计器后，系统主菜单上会出现"报表"菜单项，同时在屏幕上显示"报表设计器"工具栏和"报表控件"工具栏，它们共同构成了一个可视化的报表设计环境。

11.2.1 设计报表的一般步骤

VFP 提供了非常方便的报表设计器，用于报表的设计、生成和修改。报表设计器的作用是利用设计器窗口设计一个报表的格式，然后通过报表运行机制将设计好的报表格式生成一个具体的报表。

报表的设计过程包括两个基本要点：选择数据源和设计布局。数据源通常是数据库中的表，也可以是视图、查询或临时表。视图和查询将筛选、排序、分组数据库中的数据。报表布局即是报表的打印格式。在定义了一个表、视图或查询后，便可以创建报表。

通过设计报表，可以用各种方式在打印页面上显示数据。设计报表的一般步骤是：

（1）决定要创建的报表类型。

（2）选择报表的数据来源。

（3）创建和定制报表布局。

（4）预览和打印报表。

11.2.2 报表设计器

1. "报表设计器"窗口

"报表设计器"窗口是一个设计区域，在其中可以放置或格式化一些报表控件。报表设计器默认划分为 3 个部分：页标头、细节和页注脚，如图 11-14 所示。在窗口的左部和顶部都可以显示标尺刻度，以便精确定位控件。

（1）报表窗口中的带区。一个完整的报表设计器窗口分为 9 个带区，如图 11-18 所示，可以控制数据在页面上显示或打印的具体位置。在打印和预览报表时，系统会以不同的方式处理各个带区的数据。表 11-1 列出了报表各个带区的主要功能。

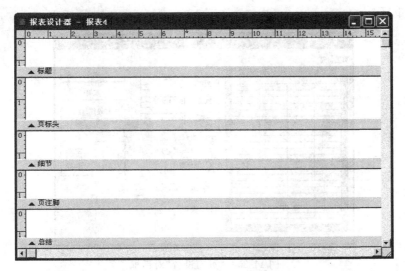

图 11-18 "报表设计器"窗口的带区

表 11-1 报表带区及其功能

带区	作　　用	输出情况
标题	放置报表标题、日期、页数、公司标志及修饰报表标题的边框等	每表开头打印一次
页标头	放置报表列标题或日期、页码等控件	每页开头打印一次
列标头	在多栏报表中使用,放置栏标题等控件	每列开始打印一次
组标头	在数据分组中使用,放置分组字段、分隔线等控件	每组开头打印一次
细节	放置报表的主要数据和一些描述性文字	每记录打印一次
组注脚	"组注脚"区与"组标头"区对应,放置各分组的总计和小计的文本	每组结束打印一次
列注脚	"列注脚"区与"列标头"区对应,放置各栏的总计或小计的文本	每列末尾打印一次
页注脚	放置日期、页码、分类总计线、分类总计以及一些说明性文本	每页末尾打印一次
总结	放置对整个内容进行统计的一些控件,如各种数据的总结、平均值等	每表末尾打印一次

　　系统默认的"页标头"、"细节"和"页注脚"3 个带区,在新建报表时自动显示在"报表设计器"窗口中,如果用户要使用其他带区,可按以下方法设置:

　　① 添加"标题"和"总结"带区。选择"报表"→"标题/总结"菜单命令,弹出如图 11-19 所示的"标题/总结"对话框。选择"标题带区"复选框,系统自动在报表中的最顶部添加一个"标题"带区。若要使标题内容单独打印一页,可以选择"新页"复选框。选择"总结带区"复选框,系统将自动在报表的最后添加一个"总结"带区。若要使总结内容单独打印一页,可以选择"报表总结"选项组中的"新页"复选框。

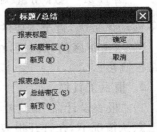

图 11-19 "标题/总结"对话框

　　② 添加"列标头"和"列注脚"带区。如要创建多栏报表,需要设置"列标头"或"列注脚"带区,方法是:选择"文件"→"页面设置"菜单命令,弹出如图 11-20 所示的"页面设置"对话

框。在"列数"框中增加列数,使其值大于1,系统就会在报表中添加一个"列标头"带区和一个"列注脚"带区。

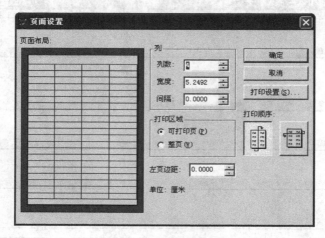

图 11-20　"页面设置"对话框

③ 添加"组标头"和"组注脚"带区。当需要对数据进行分组显示或打印时,就要使用"组标头"或"组注脚"带区。方法是:选择"报表"→"数据分组"菜单命令,弹出如图 11-21 所示的"数据分组"对话框。在"分组表达式"框中输入分组表达式或单击"…"按钮打开表达式生成器,设置分组表达式,系统将在报表设计器中添加一个"组标头"和一个"组注脚"带区,若设置多个分组表达式,就会添加多个"组标头"和多个"组注脚"带区。

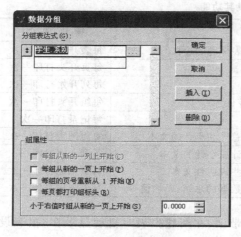

图 11-21　"数据分组"对话框

（2）调整带区高度。"报表设计器"窗口中各带区的高度可以根据需要调整,但不能使带区的高度小于添加到该带区中的控件的高度。调整带区高度的方法有以下两种:

① 用鼠标选中需要调整高度的带区标识栏,上下拖动该带区,直至需要的高度。

② 双击带区的标识栏,在弹出的对话框中直接输入高度值。使用这种方法可以精确设置带区高度。

2．报表工具栏

1）"报表设计器"工具栏

默认情况下,在打开报表设计器时,主窗口中会自动出现"报表设计器"工具栏,如图 11-22 所示。也可以选择"显示"→"工具栏"菜单命令,在弹出的"工具栏"对话框中选择"报表设计器"复选框将其显示。

该工具栏上各按钮的功能如表 11-2 所示。在设计报表时,利

图 11-22　"报表设计器"
工具栏

用"报表设计器"工具栏中的工具按钮可以方便地进行操作。

表 11-2 "报表设计器"工具栏及其功能

按　　钮	功　　能	按　　钮	功　　能
数据分组	打开"数据分组"对话框	调色板工具栏	打开"调色板"工具栏
数据环境	打开"数据环境设计器"窗口	布局工具栏	打开"布局"工具栏
报表控件工具栏	打开"报表控件"工具栏		

2）"报表控件"工具栏

"报表控件"工具栏是报表设计必不可少的。默认情况下，打开报表设计器即会打开"报表控件"工具栏，如图 11-23 所示。也可以选择"显示"→"报表控件工具栏"菜单命令，或单击"报表设计器"工具栏中的"报表控件工具栏"按钮。使用"报表控件"工具栏，可以以交互方式在报表上创建控件。表 11-3 列出了各报表控件按钮的功能。

图 11-23 "报表控件"工具栏

表 11-3 "报表控件"工具栏及其功能

按　　钮	功　　能
选定对象	移动或调整控件大小
标签	用于显示不希望用户改动的文本
字段或域	用于显示字段、内存变量或其他表达式的值
线条	用于在设计时绘制各种样式的线条
矩形	用于绘制矩形
圆角矩形	绘制椭圆或圆角矩形
图片/ActiveX 绑定	用于在报表上显示、插入图片或通用型字段的内容
按钮锁定	允许连续添加多个相同类型的控件，而无须多次选中该控件

3. 报表的数据环境

报表是数据信息的输出形式，因此，报表总是和一定的数据源相联系。例如，一个报表总是使用相同的数据源（表、视图或临时表），可把数据源添加到报表的数据环境中，它们会随着报表的运用而自动打开，随着报表的关闭而自动关闭。使用"数据环境设计器"能够可视化地创建和修改报表的数据环境。

启动"数据环境设计器"的方法是：打开"报表设计器"窗口，选择"显示"→"数据环境"菜单命令，或者单击"报表设计器"工具栏上的"数据环境"按钮，也可以右击"报表设计器"窗口，从快捷菜单中选择"数据环境"命令。

当"数据环境设计器"窗口处于活动状态时，系统主菜单中显示"数据环境"菜单项，用以处理数据环境对象。报表数据环境的建立与表单数据环境的建立基本相同，可以在"数据环境"中添加多个表或视图，以及在它们之间建立适当的连接（用鼠标拖动父表字段到子表的索引项上，在父表字段与子表相应索引项之间出现一条关系线）。

通过选择数据源，可以控制表中所需要包含的数据，以及控制报表中数据的显示顺序（按照在表、视图或查询中的顺序处理和显示）。若要在表中排序记录，可以在代码或报表的数据环境中建立一个索引。对于视图、查询、或 SQL-SELECT 代码，可以使用 ORDER BY 子句排序。如不使用数据源对记录进行排序，可利用在数据环境中的临时表上的 ORDER

属性。

　　报表的数据环境与报表文件一起存储,将数据源添加到数据环境中使得在每次运行报表时系统自动激活指定的数据源,且当数据源中的数据更新时,打印的报表会以相同的格式自动反映新的数据内容。

11.3　在报表中使用控件

　　设计报表格式时,在确定了报表的类型并创建了数据环境后,要在相应带区内设置所需要的控件。通过在报表中添加控件,可以灵活安排所要打印的内容。

11.3.1　标签控件

　　标签控件用来保存不希望用户改动的文本,如可以为各种对象设计标题或页标头、页标题等。

　　(1) 添加标签控件。在"报表控件"工具栏中选择"标签"控件,然后在报表的合适位置单击鼠标,会出现一个插入点(光标),即可输入标签内容。输入完毕后,在控件外的任意位置单击,该标签就设计好了。

　　(2) 格式化标签文本。单击选定要格式化的标签控件(控件周围出现 4 个黑色控点),然后选择"格式"→"字体"菜单命令,弹出"字体"对话框,从中选择合适的字体、样式、大小和颜色。

　　【例 11-4】　利用"报表设计器"创建一个名为"课程.frx"的报表文件,在标题带区输入标题"课程信息表"。

　　操作步骤如下:

　　(1) 打开"教学.pjx"项目文件,启动项目管理器,在"文档"选项卡中选择"报表"选项后,单击"新建"按钮,弹出"新建报表"对话框,单击"新建报表"按钮,打开"报表设计器"窗口。

　　(2) 选择"报表"→"标题/总结"菜单命令,在弹出的"标题/总结"对话框中选择"标题带区"复选框,然后单击"确定"按钮,在"报表设计器"顶端将出现标题带区。

　　(3) 选择"显示"→"报表控件工具栏"菜单命令,在"报表控件"工具栏上单击"标签"控件,然后把鼠标移动到"标题"带区,在适当的位置单击定位,并输入报表标题"课程信息表"。

　　(4) 选择"格式"→"字体"菜单命令,在弹出的"字体"对话框中选择楷体、二号、红色,然后单击"确定"按钮,结果如图 11-24 所示。

图 11-24　添加标签控件

　　(5) 选择"文件"→"另存为"菜单命令,在弹出的"另存为"对话框中将文件保存在"D:\教学管理"文件夹中,并输入文件名"课程.frx",然后单击"保存"按钮保存文件。

11.3.2　域控件

域控件是报表设计中最重要的控件,用于表达式、字段、内存变量的显示,通常用来表示表中字段、变量和计算结果的值。

1. 添加域控件

添加域控件有以下两种方法:

(1)从"数据环境设计器"中将相应的字段名拖入到"报表设计器"窗口中。

(2)在"报表控件"工具栏中单击"域控件"按钮,然后在报表带区的指定位置上单击鼠标,此时会弹出"报表表达式"对话框,如图11-25所示。

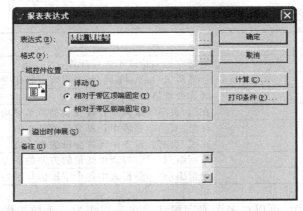

图11-25　"报表表达式"对话框

可以在"表达式"文本框中输入表达式。如某个字段名,或者单击"表达式"文本框右侧的"…"按钮,弹出"表达式生成器"对话框,设置表达式。例如,在"字段"列表框中双击某个字段名(如"表达式生成器"对话框的"字段"列表框为空,说明没有设置数据源,应该向数据环境添加表或视图),表名和字段名便会出现在"报表字段的表达式"编辑框内,如图11-26所示。

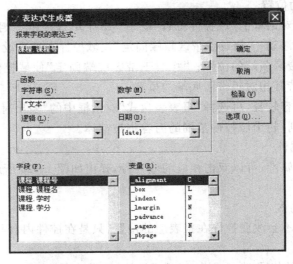

图11-26　"表达式生成器"对话框

若从"函数"选项组的"日期"下拉列表框中选择 DATE() 函数，则可以在域控件中显示系统日期。若从"变量"下拉列表框中选择系统变量_Pageno，则可以在域控件中显示页码；通常把该域控件放置在"页标头"带区或者"页注脚"带区，以便每页上都显示出一个页码。

单击"报表表达式"对话框中的"计算"按钮，弹出"计算字段"对话框，如图 11-27 所示。在该对话框中可以选择一种数学运算，用计算结果来创建一个字段。"计算"选项组中各选项含义如表 11-4 所示。

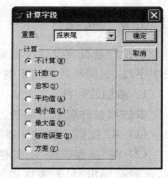

图 11-27　"计算字段"对话框

表 11-4　"计算"选项组中各计算项及其含义

计　算　项	含　　义
不计算	对指定的表达式不进行计算
计数	计算每组/每页/每列/每个报表中打印变量的次数
总和	计算变量值的总和
平均值	在组/页/列/报表中计算变量的算术平均值
最小值	在组/页/列/报表中计算变量的最小值
最大值	在组/页/列/报表中计算变量的最大值
标准误差	返回组/页/列/报表中变量的方差的平方根
方差	衡量组/页/列/报表中各个字段值与平均值的偏差程度

在"报表设计器"中，可以将多个表字段结合在一起作为一个域控件加入到报表布局中。

2. 定义域控件的格式

在"报表表达式"对话框中单击"格式"框右侧的"…"按钮，弹出"格式"对话框，为该字段选择数据类型：字符型、数值型或日期型。在该对话框的"编辑选项"选项组中将会显示该数据类型下的各种格式选项。

注意：格式只决定打印报表时域控件如何显示，不会改变字段原有的数据类型。

3. 设置域控件的位置

在"报表表达式"对话框的"域控件位置"框中有 3 个单选按钮："浮动"指定域控件相对于周围域控件的大小浮动；"相对于带区顶端固定"使域控件在报表设计器中保持固定的位置，并维持其相对于带区顶端的位置；"相对于带区底端固定"使域控件在报表设计器中保持固定的位置，并维持其相对于带区底端的位置。

如果域控件的内容较长，可选择"报表表达式"对话框中的"溢出时伸展"复选框，以显示字段的全部内容，否则，超出域控件范围的内容将被截掉。

4. 修改域控件属性

要修改域控件的属性，可以双击相应的域控件，弹出如图 11-25 所示的"报表表达式"对话框，然后重新设置。

5. 在域中对齐文本

在域中对齐文本不会改变控件在报表上的位置，只是在控件内对其内容进行格式调整，有以下两种方法：

（1）定义域控件的格式时，在"格式"对话框的"编辑选项"选项组中选择对齐方式。

（2）选择要调整的控件，然后选择"格式"→"文本对齐方式"命令，再从其级联菜单中选择合适的选项。

对于每个域控件，还可以改变字体和文本大小，方法和标签控件的格式化方法相同。

6. 域控件的操作

（1）选定控件。单击域控件即可选定，域控件四周出现 8 个控点。按住 Shift 键再依次单击各控件，可同时选定多个控件；或者在控件周围拖动鼠标，凡圈在虚线框内的控件都被选中。同时选定的控件可以作为一个整体完成移动、复制或删除等操作。

（2）调整域控件大小。选定域控件，然后拖动控件四周的某个控点即可改变控件的宽度或高度。按住 Shift 键，再单击左/右方向键可以精确调整控件宽度。

（3）移动、复制、删除控件。选定控件后用鼠标拖动到目标位置可移动控件；利用"编辑"菜单中的"复制"和"粘贴"命令，可复制控件；直接按 Delete 键可删除控件。

（4）设置控件布局。利用"布局"工具栏中的各种工具按钮，或者选择"格式"→"对齐"菜单命令，可以方便地对多个选定的控件调整相对位置或大小。

【例 11-5】 在"课程"报表的页标头区添加报表输出字段标题，在细节区放置课程号、课程名、学时、学分 4 个字段变量，在总结区显示总学时和总学分。

（1）在项目管理器中选择"报表"中的"课程"选项，然后单击"修改"按钮，打开"报表设计器"窗口。在"报表控件"工具栏中选择"标签"控件并放置在页标头区，输入"课程号"。按图 11-28 所示，依次在页标头区添加"课程名"、"学时"、"学分"3 个标签控件。

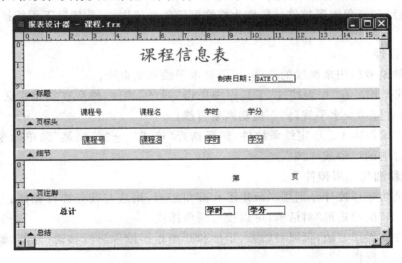

图 11-28　添加域控件

（2）选择"显示"→"数据环境"菜单命令，打开"数据环境设计器"窗口。在"数据环境设计器"窗口上右击，从快捷菜单中选择"添加"命令，然后在打开的"添加表或视图"对话框中选择"课程"表，将其添加到数据环境设计器中，最后单击"关闭"按钮关闭该对话框。

（3）从"数据环境设计器"中直接将"课程号"字段拖入报表设计器的细节区，或者选择"报表控件"工具栏中的"域控件"按钮，在细节区的指定位置单击后，弹出"报表表达式"对话框，在"表达式"文本框中输入"课程.课程号"，也可以通过"表达式生成器"选择相应的字段名。

依次将课程名、学时、学分 3 个字段变量放置到细节区的合适位置。

（4）将鼠标移至"标题"带区标识栏向下拖动，增大"标题"带区的高度；然后在"标题"带区添加一个标签控件，内容为"制表日期："，再添加一个域控件显示系统日期。

（5）在"页注脚"带区添加两个标签控件，分别为"第"和"页"，然后在两个标签控件之间添加一个域控件显示页码。

（6）选择"报表"→"标题/总结"菜单命令，在"标题/总结"对话框中选择"总结带区"复选框，在报表设计器的最底部将出现"总结"带区。

（7）从"报表控件"工具栏中选择"标签"控件，放置在"总结"带区的合适位置并输入"总计"，然后从"报表控件"工具栏中选择"域控件"，在"总结"带区的合适位置单击，弹出"报表表达式"对话框，单击"表达式"文本框右侧的"…"按钮打开"表达式生成器"，在"字段"列表框中双击"课程.学时"字段名。返回"报表表达式"对话框，再单击"计算"按钮弹出"计算字段"对话框，将"重置"选为"报表尾"，将"计算"选为"总和"。按同样方法，在"总结"带区放置域控件以计算学分的总和。

（8）同时选中"总结"带区中的 3 个控件，然后选择"格式"→"字体"菜单命令，在弹出的"字体"对话框中选择"宋体"、"粗体"、"10 磅"。

（9）利用"布局"工具栏调整好各控件的布局。

（10）单击"常用"工具栏中的"保存"按钮，保存修改后的报表文件。

11.3.3 线条、矩形和圆角矩形控件

线条、矩形和圆角矩形控件一般作为修饰型控件来使用，多数情况下用作报表边框和分隔线。

1. 线条控件

线条控件是专门用来画线的控件，可以画水平线和垂直线。

（1）画线操作。在"报表控件"工具栏中单击"线条"控件，然后在指定带区拖动鼠标画出一条线，向右拖动画水平线，向下拖动画垂直线。

（2）更改线条样式。选定线条控件，然后选择"格式"→"绘画笔"菜单命令，再从其子菜单中选择合适的线型或样式。

2. 矩形和圆角矩形控件

矩形和圆角矩形控件分别用来画矩形和圆角矩形，用法与线条控件相同。双击圆角矩形控件，将弹出"圆角矩形"对话框，可以设置圆角样式。

按域控件的操作方法，可以对线条、矩形和圆角矩形控件进行移动、复制、删除、调整大小及设置布局等操作。

【例 11-6】 在已设计好的"课程"报表的格式上添加边框线。

操作步骤如下：

（1）在项目管理器中单击"报表"下的"课程"选项，单击"修改"按钮，打开"报表设计器"窗口。

（2）在"报表控件"工具栏中双击"线条"控件，在"页标头"带区沿水平方向拖动鼠标画出一条长横线，然后分别在垂直方向画 5 条短的竖线，如图 11-29 所示。

（3）将鼠标移至"细节"带区，分别画一条长横线和 5 条短竖线。

（4）在"报表控件"工具栏中单击"矩形"控件，在"总结"带区拖动鼠标画出一个矩形，再用"线条"控件工具画两条短的竖线。

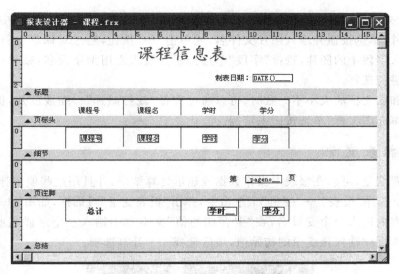

图 11-29　在报表中添加线条控件

（5）选择"格式"→"对齐"菜单命令或利用"布局"工具栏并参照水平标尺，调整各图形控件的布局。

（6）同时选定"页标头"带区中的横线和两边的竖线、"细节"带区两边的竖线、"总结"带区中的矩形等控件，然后选择"格式"→"绘图笔"菜单命令，将线型设置为"2 磅"。

（7）保存修改后的报表文件。

11.3.4　图片/ActiveX 绑定控件

使用图片/ActiveX 绑定型控件可以在报表中插入用户所需的图片，该图片可取自文件，也可以取自通用型字段，具体操作是：单击"报表控件"工具栏中的"图片/ActiveX 绑定控件"按钮，在报表的合适位置拖动鼠标选定图文框的大小，会弹出如图 11-30 所示的"报表图片"对话框。

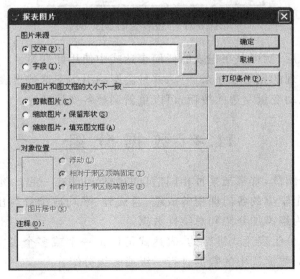

图 11-30　"报表图片"对话框

报表设计与应用

在"图片来源"选框组中可以选择"文件"或"字段"单选按钮。如要在报表中插入图片文件，选择"文件"单选按钮并输入图片文件名，或单击"…"按钮，通过对话框进行选择。如要在报表中插入字段中的图片，选择"字段"单选按钮并输入通用型字段名，或单击"…"按钮，通过对话框进行选择。

但图片和图文框的大小不一致时，可以通过选择"裁剪图片"、"缩放图片，保留形状"或"缩放图片，填充图文框"单选按钮来定制。

11.3.5　报表变量

通过设置变量，可以在报表中操作数据或显示计算结果，并且用这些值来计算其他相关值。方法是：选择"报表"→"变量"菜单命令，弹出"报表变量"对话框，如图 11-31 所示。在"变量"列表框内输入一个变量名，在"要存储的值"文本框中输入一个字段名或表达式，在"初始值"文本框中输入该变量的初始值，最后选择一个计算选项。

图 11-31　"报表变量"对话框

定义报表变量之后，就可以在报表的任何表达式中使用此变量。

报表变量根据出现的先后顺序来计算，并且会影响引用了这些报表变量的表达式的值。在"变量"列表框中拖动变量左边的按钮，可以重新调整各变量顺序。

11.4　数　据　分　组

为了使报表易于阅读，常常把某种相同信息的数据打印在一起。例如，可以按照学生的学号分组，以便把每个学生的各门课程的成绩、总成绩、平均成绩计算出来。分组可以明显地分隔每组记录，并为组添加介绍和总结性数据。

分组是基于某个分组表达式进行的，表达式可以由一个或多个表字段组成。根据分组表达式的个数，可以对数据源中的数据进行一级或多级分组。

11.4.1 一级数据分组

一个单组报表可以基于选择的表达式进行一级数据分组,数据分组是在"数据分组"对话框中完成的。具体操作如下:

(1)选择"报表"→"数据分组"菜单命令,或者单击"报表设计器"工具栏中的"数据分组"按钮,弹出"数据分组"对话框,如图11-32所示。

(2)在"分组表达式"列表框中输入字段名或表达式作为分组依据,也可以单击"…"按钮,打开"表达式生成器"对话框来建立分组表达式。

通常,报表布局并不给数据排序,它只是按数据在数据源中存在的顺序处理数据。所以,如数据源是表,则记录的物理顺序可能不适合分组。而表中索引关键字值相同的记录是排列在一起的,所以只有对表的索引字段设置分组才能使报表中的数据组织在一起,从而得到预想的分组效果。

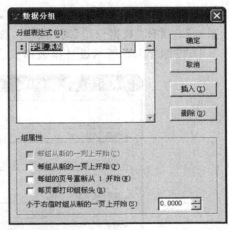

图 11-32 "数据分组"对话框

设置分组字段后,可以在数据环境中为数据源的表指定当前索引。方法如下:

① 选择"显示"→"数据环境"菜单命令,或者右击报表设计器,从快捷菜单中选择"数据环境"命令,打开"数据环境设计器"窗口。

② 在"数据环境设计器"窗口中右击要设置索引的表,从快捷菜单中选择"属性"命令,打开"属性"窗口。

③ 在"属性"窗口中选择 Order 属性项,从索引列表中选择一个索引。

(3)设置组属性,以确定如何分页,如表 11-5 所示。

表 11-5 组数性及其功能

项　　目	功　　能
每组从新的一列开始	表示新组自动打印到下一列,只适用于列格式的报表
每组从新的一页开始	表示新组自动换页打印
每组的页号重新从 1 开始	表示新组重置页号
每页都打印组表头	表示在每页上都打印该组的组标头内容

设置分组表达式后,"报表设计器"窗口自动出现"组标头"带区和"组注脚"带区。"组标头"带区一般放置用于分组的字段或表达式的域控件,也可以是作为组中字段文字标题的标签控件。"组注脚"带区一般放置分组的汇总信息。

【例 11-7】 设计一个名为"学生名单.frx"的报表,按系别输出各系学生的基本情况。

操作步骤如下:

(1)打开"教学管理.pjx"项目文件,启动项目管理器,选择"报表"选项,单击"新建报表"按钮,打开"报表设计器"窗口。

(2)在设计器窗口右击,从快捷菜单中选择"数据环境"命令,打开"数据环境设计器"窗口。在"数据环境设计器"窗口中右击,从快捷菜单中选择"添加"命令,在"添加表和视图"对话框中选择"学生"表,将其添加到报表的数据环境中。

（3）选择"报表"→"标题/总结"命令,在弹出的"标题/总结"对话框中选择"标题带区"复选框,则报表设计器顶端会出现"标题"带区。

（4）选择"报表"→"数据分组"命令,在弹出的"数据分组"对话框中设置分组表达式"学生.系别"。关闭"数据分组"对话框后,报表设计器中即出现"组标头"带区和"组注脚"带区。

（5）按图 11-33 所示设计报表格式。

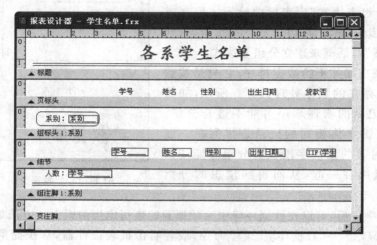

图 11-33　设计分组报表

①"标题"带区。添加一个标签控件,内容为"各系学生名单"。字体格式设置为宋体、加粗、三号;在标签控件的左边,添加一个"图片/ActiveX 绑定控件",内容取自一个图像文件。在标签控件下,用"线条"工具画两条水平线。

②"页标头"带区。添加个标签控件,内容分别是"学号"、"姓名"、"性别"、"出生日期"和"贷款否"。

③"组标头 1"带区。添加一个标签控件,内容为"系别";添加一个域控件,与之对应的表达式为"学.系别";用"圆角矩形"工具画出一个圆角矩形。

④"细节"带区。分别添加 4 个域控件,对应的前 3 个域控件表达式分别为"学生.学号"、"学生.姓名"、"学生.出生日期";第 4 个域控件表达式为 IIF(学生.贷款否,"√","—"),其含义是:如该学生贷款,则打印一个"√"号,否则打印一个"—"号。

⑤"组注脚 1"带区。添加一个标签控件,内容为"人数";添加一个域控件,用于统计各系人数。方法是:在"报表表达式"对话框的"表达式"文本框中输入"学生.学号",然后单击"计算"按钮,弹出"计算字段"对话框,选择"计数"选项,最后用"线条"工具画出两条水平线。

⑥"页注脚"带区。添加两个标签控件,内容为"第"、"页";在两个标签控件之间添加一个域控件,并选择系统变量_Pageno 作为表达式。

（6）调整各控件布局。

（7）选择"文件"→"另存为"菜单命令,将文件保存在"D:\教学管理"文件夹中,并输入文件名"学生名单.frx"。报表预览结果如图 11-34 所示。

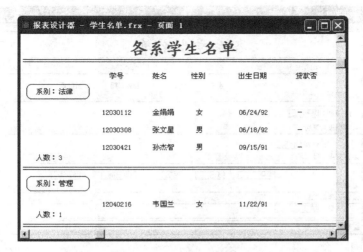

图 11-34　例 11-7 预览效果

11.4.2　多级数据分组

　　VFP 中文版的报表支持对数据的多级嵌套分组,在报表中最多可以定义 20 级的数据分组。嵌套分组有助于组织不同层次的数据和总计表达式。

　　进行嵌套分组,首先要确定参加分组的各分组表达式,然后确定各分组的嵌套级别,即选择一个分组层次,一般是将最经常更改的组设置为第 1 层。

　　进行多级嵌套分组的方法是:在"数据分组"对话框的"分组表达式"列表框中按从里到外的嵌套分组级别依次输入表达式,拖动"分组表达式"前面的移动块可以改变分组次序。

　　【例 11-8】　对"学生名单"报表按学生的性别进行二级分组。

　　操作步骤如下:

　　(1) 打开"学生名单"报表。

　　(2) 选择"报表"→"数据分组"命令,弹出"数据分组"对话框,在"分组表达式"列表框中增加一个分组表达式"学生.性别",如图 11-35 所示。

　　(3) 打开"数据环境设计器"窗口,右击"学生"表,从快捷菜单中选择"属性"命令,打开"属性"窗口,将 Order 属性设置为"系别_性别"。

　　(4) 在"组标头 2"中添加一个标签,内容为"性别",然后再添加一个域控件,相关表达式为"学生.性别",如图 11-36 所示。

　　(5) 将文件另存为"学生.frx",预览结果如图 11-37 所示。

图 11-35　设置多级分组

256

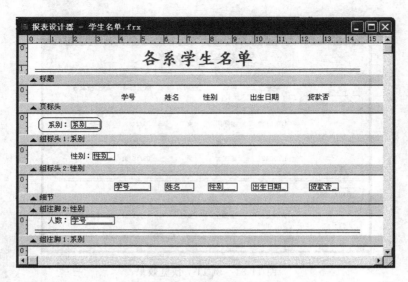

图 11-36　设计多级数据分组

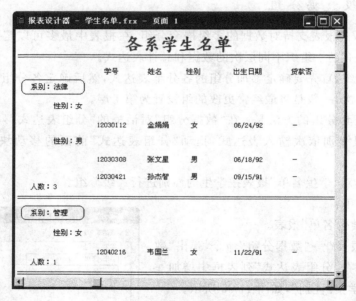

图 11-37　例 11-8 预览效果

11.5　多栏报表的设计

多栏报表是一种可以分为多个栏目打印输出的报表，其设计方法与前面介绍的列报表基本相同。具体操作如下：

（1）选择"文件"→"页面设置"菜单命令，在弹出的"页面设置"对话框中设置分栏的列数和打印顺序。注意，打印顺序必须选择为"从左到右"的方式，否则无法在页面上真正打印出多个栏目。

(2)页面设置完毕后,在报表设计器中会自动增加一个"列标头"带区和"列注脚"带区,同时"细节"带区相应缩短。

(3)根据需要向各带区添加控件,完成多栏报表的格式设计。

【例11-9】 设计一个名为"登记卡.frx"的报表文件,分两栏显示学生的学号、姓名、性别和系别信息。

操作步骤如下:

(1)打开"教学管理.pjx"项目文件,启动项目管理器,选择"报表"选项,然后单击"新建"按钮,弹出"新建报表"对话框,单击"新建报表"按钮,打开"报表设计器"窗口。

(2)选择"显示"→"数据环境"命令,打开"数据环境设计器"窗口。在"数据环境设计器"窗口中右击,从快捷菜单中选择"添加"命令,在弹出的"添加表和视图"对话框中选择"学生"表,将其添加到报表的数据环境中。

(3)选择"文件"→"页面设置"菜单命令,弹出"页面设置"对话框,如图11-38所示。将分栏列数设置为2,打印顺序选为"从左到右"的方式。

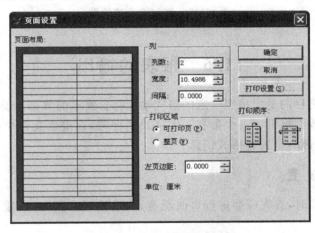

图11-38 "页面设置"对话框

(4)按图11-39所示,在"页标头"带区输入报表标题"学生登记卡",在"细节"带区分别添加4个标签和4个相应的域控件,用于显示学生的学号、姓名、性别和系别信息。并将这些控件放置于一个矩形框中。

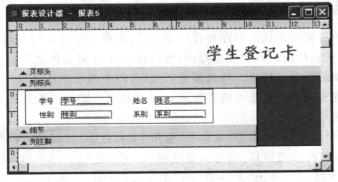

图11-39 设置多栏报表

（5）选择"文件"→"另存为"菜单命令，将该文件保存在"D:\教学管理"文件夹中，输入文件名"登记卡.frx"。报表预览结果如图 11-40 所示。

图 11-40　例 11-9 预览效果

11.6　报表的输出

设计报表的最终目的是要按照一定的格式输出符合要求的数据。使用报表设计器创建的报表文件仅仅为数据提供了一个带有一定格式的框架，在报表文件中并不包含要打印的数据，它只存储数据源的位置和格式信息。

11.6.1　页面设置

在设计报表格式时，首先需要进行页面设置，如选择纸张类型、设置页边距等。具体操作如下：

（1）选择"文件"→"页面设置"菜单命令，弹出"页面设置"对话框，进行页面的布局，如选择打印列数（主要用于分栏打印）、打印区域、打印顺序及设置页边距等。

（2）单击"打印设置"按钮，弹出"打印设置"对话框，选择打印机类型、纸张类型和打印方向。注意：不同的打印机所使用的纸张类型有所不同，所以应先选择打印机，再选择纸张类型。

11.6.2　预览报表

报表按数据源中记录出现的顺序处理记录，在对数据分组打印时，如直接使用表内的数据，数据可能不会在布局内正确地按组排序，所以在打印报表文件之前，应确认数据源中已对数据进行了正确的索引或排序。通过预览功能，可以将报表在正式输出到打印机之前，检查页面设置和数据输出的结果是否符合要求。如果效果不满意或数据输出不正确，还可返回报表设计器重新修改。

选择"显示"→"预览"菜单命令，或单击"常用"工具栏中的"预览"按钮进入打印预览窗口，同时屏幕显示"打印预览"工具栏，如图 11-41 所示。单击"上一页"或"下一页"按钮，

图 11-41　"打印预览"工具栏

可以前后翻页；使用"缩放"列表，可以改变显示比例。单击"预览"窗口右上角的"关闭"按钮，可退出预览状态，返回设计状态。

11.6.3 打印输出报表

设计好的报表经过预览后，若效果符合要求，就可以输出到打印机打印。方法是：选择"文件"→"打印"菜单命令，在弹出的"打印"对话框中单击"选项"按钮，弹出如图 11-42 所示的"打印选项"对话框。在"类型"下拉列表框中选择打印类型为"报表"，在"文件"文本框中输入报表文件名；或单击其右侧的"…"按钮，通过"打开"对话框选择报表文件。最后单击"确定"按钮，系统就将数据源中的全部记录送往打印机打印。

如只打印部分记录，可在"打印选项"对话框中单击"选项"按钮，在随后打开的"报表和标签打印选项"对话框中设定打印记录的范围和条件，如图 11-43 所示。

图 11-42 "打印预览"对话框

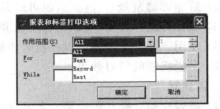

图 11-43 设置打印范围和条件

在"命令"窗口或程序中可以使用 REPORT 命令预览或打印选定的报表。

格式：REPORT FORM <报表文件名>[PREVIEW] [TO PRINTER [PROMPT]]

说明：带 PREVIEW 子句表示对指定的报表进行打印预览，带 TO PRINTER 子句表示把表输出到打印机打印，带 PROMPT 子句表示在打印开始前显示设置打印机的对话框（PROMPT 子句应紧跟在 TO PRINTER 子句之后）。

例如，在"学生情况"表单中，可以添加一个"打印"按钮，并在该按钮的 Click 事件过程中添加以下代码，打印或预览报表"学生.frx"

```
LOCAL NANSWER
NANSWER = MESSAGEBOX("是否打印预览?",1 + 32,"提示信息")
IF NANSWER = 1
    REPORT FORM D:\教学管理\学生 PREVIEW        && 预览"学生"报表
ELSE
    REPORT FORM D:\教学管理\学生 TO PRINTER     && 打印"学生"报表
ENDIF
```

习　　题

1. 选择题

(1) 创建报表的命令是(　　　)。

    A. CREATE REPORT   B. MODIFY REPORT

    C. RENAME REPORT   D. CREATE FORM

(2) 利用报表设计器创建报表时,系统默认的 3 个带区是( )。

    A. 标题、细节和页注脚   B. 页标头、细节和页注脚

    C. 页标头、细节和总结   D. 页标头、细节和总结

(3) 利用域控件可以在报表中显示以下各项的值,除了( )。

    A. 表达式   B. 字段   C. 标签   D. 内存变量

(4) 下列用于定义报表打印格式的是( )。

    A. 报表布局   B. 报表变量   C. 报表控件   D. 报表向导

(5) 使用报表向导定义报表时,定义报表布局的选项是( )。

    A. 列数、方向、字段布局   B. 列数、行数、字段布局

    C. 行数、方向、字段布局   D. 列数、行数、方向

2. 填空题

(1) 报表由_____和_____两个部分组成。

(2) 数据源通常是_____,也可以是自由表、视图或查询。

(3) 域控件是一种与字段、内存变量和_____链接的控件。

(4) 使用_____控件可以在报表中插入用户所需的图片。

(5) 多栏报表的栏目数可以在_____中设置。

3. 简述题

(1) 报表布局有哪几种类型? 各有什么特点?

(2) 报表设计器中的带区共有几种? 它们的作用是什么?

(3) 如何进行数据分组? 在数据分组时应注意的问题是什么?

(4) 如何在报表中添加控件?

(5) 报表中的数据环境起什么作用?

4. 操作题

(1) 完成本章所有的例题。

(2) 完成实验教材第 10 章所有的实验。

第12章　应用系统开发实例

Visual FoxPro 6.0 是一种功能强大的数据库应用系统开发工具。本章将以教学管理应用系统的开发过程为例,简单讲解数据库应用系统开发的一般步骤和方法,介绍如何利用VFP 的项目管理器将应用程序开发所需要的数据表、数据库、表单、报表及菜单等功能模块组织起来,连编生成一个应用程序或可执行文件。

12.1　系统开发的一般过程

要设计一个高质量的数据库应用系统,必须从系统工程的角度来考虑问题和分析问题。软件开发通常要经过分析、设计、实施、测试、运行维护等阶段。

1. 分析阶段

明确用户的各项需求,并通过对开发项目信息的收集,确定系统目标和软件开发的总体构思。

2. 设计阶段

建立软件系统的结构,包括数据结构和模块结构,并明确每个模块的输入、输出以及应完成的功能。

3. 实施阶段

依据前两个阶段的工作,具体建立数据库和表,定义各种约束,并录入部分数据;具体设计系统菜单、系统表单、定义表单上的各种控制对象,编写对象对不同事件的响应代码、编写报表和查询等。

(1) 菜单设计:用于组织应用程序的各项功能。

(2) 界面设计:用于控制数据输入和输出的种类、方式及格式。用户界面作为用户和应用系统之间的接口,既要方便用户使用,还要清晰、直观地展示数据信息,给用户创造一个良好的工作环境。

(3) 功能模块设计:用于完成具体的数据处理工作,如数据的录入、修改和编辑,以及信息的查询与统计等,一般通过控件的事件代码来实现。

(4) 系统安全性设计:除了完成基本的数据操作和数据处理工作,系统设计人员还应充分考虑系统在运行时可能发生的各种意外情况,如非法数据的录入、操作错误等。可在程序中设置各种错误陷阱来捕获错误信息,并采取相应措施避免程序运行时出现跳出、死机等现象,确保程序的安全性和可靠性。

(5) 调试程序:当一个程序编写完成后,应该对它进行调试,找出程序中的各种错误(包括语法错误和算法设计错误)。编写程序时,"设计—编程—调试—修改—调试"的过程可能有多次反复。

4. 测试阶段

验证应用程序是否存在算法错误、是否能够完全满足用户的需求、程序运行过程中对可能遇到的问题是否都有相应的解决措施等。

5．运行维护阶段

应用系统经过测试即可投入正式运行，并在运行过程中不断修改、调整和完善。

注意：不一定完全遵守上述的过程，但需求分析、系统设计、编码—调试—修改是不可缺少的。

12.2 "教学管理系统"开发实例

12.2.1 教学管理系统的开发设计

1．创建"教学管理系统"项目 jxgl. pjx

选择"文件"→"新建"菜单命令，弹出"新建"对话框，选择"项目"单选按钮，然后单击"向导"按钮，将弹出"应用程序向导"对话框，如图 12-1 所示，选择"创建项目目录结构"复选框，在 D 盘上建立 jxgl. pjx 项目文件，如图 12-2 所示，并建立 jxgl 目录，如图 12-3 所示。

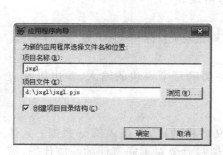

图 12-1　"应用程序向导"对话框

图 12-2　建立 jxgl. pjx 项目

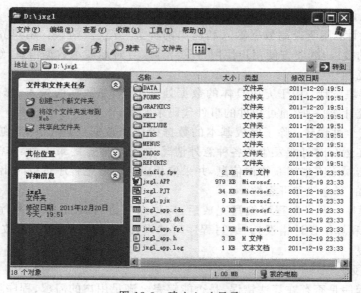

图 12-3　建立 jxgl 目录

2. 利用项目管理器创建表和数据库

将"学生"、"成绩"和"课程"表以及"教学管理"数据库复制到 D:\jxgl\DATA 目录中，如图 12-4 所示。

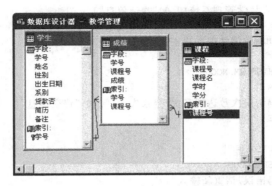

图 12-4 "教学管理"数据库

在项目管理器中选择"数据库"选项，单击右面的"添加"按钮，将 D:\jxgl\DATA 目录下的"教学管理"数据库添加到该项目中。

3. 利用项目管理器添加项目信息

右击项目管理器，在快捷菜单中选择"项目信息"命令，弹出"项目信息"对话框，如图 12-5 所示，添加项目的相关信息，如作者、单位、地址、城市等。

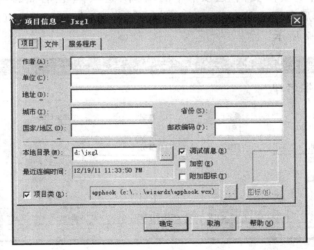

图 12-5 "项目信息"对话框

4. 利用项目管理器创建表单

1) 新建"登录表单"

在项目管理器中，选择"文档"选项卡中的"表单"选项，单击右面的"新建"按钮，在 D:\jxgl\FORMS 下创建"登录表单"，如图 12-6 所示。在该表单中创建 NCOUNT 属性，初值为 0，用于统计登录次数。

图 12-6 登录表单

"确定"按钮的代码为：

```
CPASS = THISFORM.TEXT1.VALUE
IF ALLTRIM(CPASS) = "123456"
 MESSAGEBOX("欢迎进入教学管理系统!",0,"欢迎信息")
 THISFORM.RELEASE
 DO FORM D:\JXGL\FORMS\教学管理系统主表单
ELSE
 THISFORM.NCOUNT = THISFORM.NCOUNT + 1
 IF THISFORM.NCOUNT = 3
    MESSAGEBOX("密码错误次数达到三次,登录失败!",16,"错误信息")
    THISFORM.RELEASE
 ELSE
    THISFORM.TEXT1.VALUE = ""
    THISFORM.TEXT1.SETFOCUS
    MESSAGEBOX("密码错误,请重新输入")
 ENDIF
ENDIF
```

"取消"按钮的代码为：

```
THISFORM.RELEASE
```

2）新建"学生名单"表单

在项目管理器中，选择"文档"选项卡中的"表单"选项，单击右面的"新建"按钮，弹出"新建表单"对话框。然后利用表单向导，选择"彩色式"样式，在 D:\jxgl\FORMS 下创建"学生名单"表单，如图 12-7 所示。

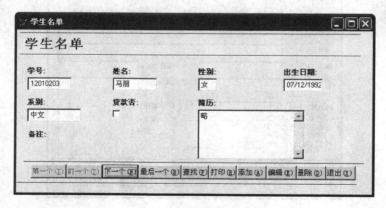

图 12-7 "学生名单"表单

3）新建"课程信息"表单

在项目管理器中，选择"文档"选项卡中的"表单"选项，单击右面的"新建"按钮，弹出"新建表单"对话框。然后利用表单向导，选择"浮雕式"样式，在 D:\jxgl\FORMS 下创建"课程信息"表单，如图 12-8 所示。

4）新建"学生成绩"表单

在项目管理器中，选择"文档"选项卡中的"表单"选项，单击右面的"新建"按钮，弹出"新

图 12-8　"课程信息"表单

建表单"对话框。然后利用表单向导,选择"标准式"样式,在 D:\jxgl\FORMS 下创建"学生成绩"表单,如图 12-9 所示。

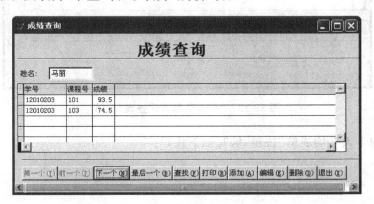

图 12-9　"学生成绩"表单

5）新建"成绩查询"表单

在项目管理器中,选择"文档"选项卡中的"表单"选项,单击右面的"新建"按钮,弹出"新建表单"对话框。然后利用一对多表单向导,在 D:\jxgl\FORMS 下创建"成绩查询"表单,如图 12-10 所示。父表为"学生"表,子表为"成绩"表。

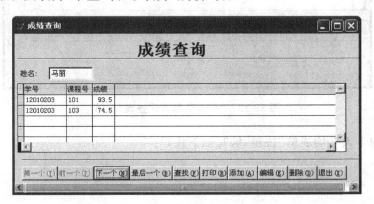

图 12-10　"成绩查询"表单

6）新建"课程查询"表单

在项目管理器中,选择"文档"选项卡中的"表单"选项,单击右面的"新建"按钮,弹出"新建表单"对话框。然后利用一对多表单向导,在 D:\jxgl\FORMS 下创建"课程查询"表单,如图 12-11 所示。其中父表为"课程"表,子表为"成绩"表。

应用系统开发实例

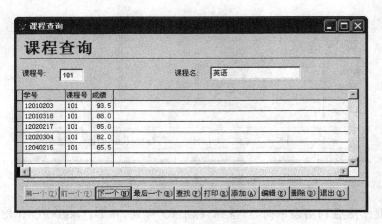

图 12-11 "课程查询"表单

7）建立"个人平均成绩查询"表单

打开"成绩查询"表单，做界面修改，如图 12-12 所示。并将其另存为"个人平均成绩查询"表单。

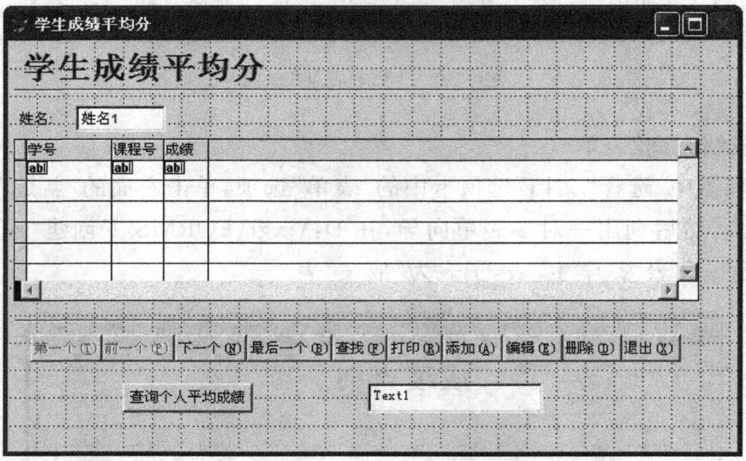

图 12-12 "个人平均成绩查询"表单

双击"查询个人平均成绩"按钮，编写如下代码：

```
SELE 学生
XH = 学号
SELE 成绩
AVERAGE 成绩 TO X FOR 学号 = XH
THISFORM.TEXT1.VALUE = X
```

运行该表单，单击"查询个人平均成绩"按钮，运行结果如图 12-13 所示。

8）建立"课程平均成绩查询"表单

打开"课程查询"表单，进行界面修改，并将其另存为"课程平均成绩查询"表单，如图 12-14 所示。

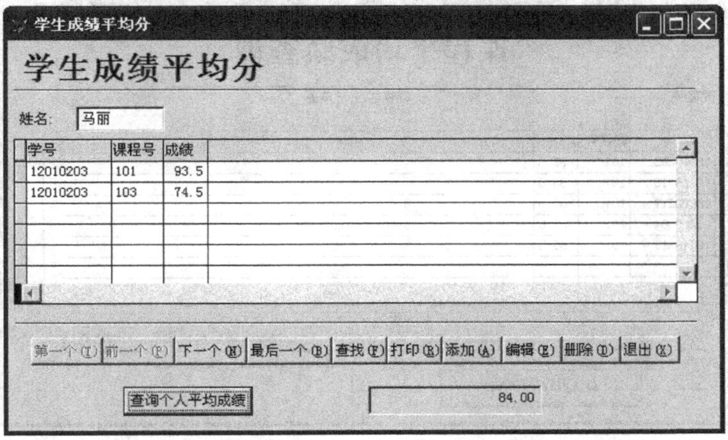

图 12-13 "个人平均成绩查询"表单运行结果

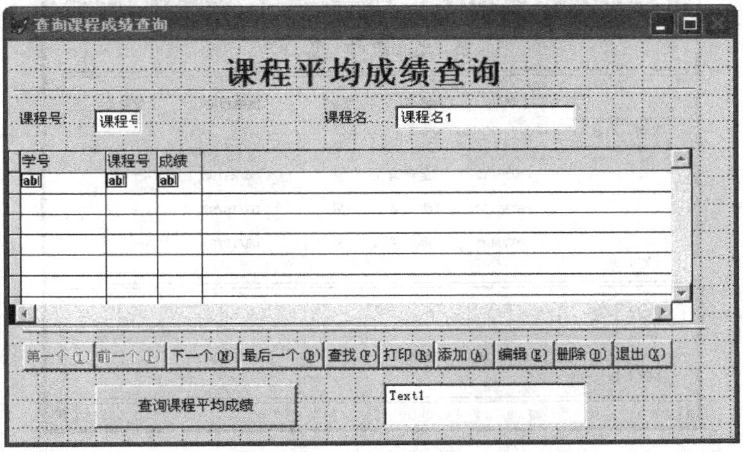

图 12-14 "课程平均成绩查询"表单

双击"查询课程平均成绩"按钮,编写如下代码:

```
SELE 课程
KCH = 课程号
SELE 成绩
AVERAGE 成绩 TO X FOR 课程号 = KCH
THISFORM.TEXT1.VALUE = X
```

运行该表单,单击"查询课程平均成绩"按钮,运行结果如图 12-15 所示。

5. 利用项目管理器创建报表

在项目管理器中,选择"文档"选项卡中的"报表"选项,单击右面的"新建"按钮,在 D:\jxgl\REPORTS 目录下创建"学生名单"报表(图 12-16)以及"课程信息"报表(图 12-17)文件。

268

图 12-15　"课程平均成绩查询"表单运行结果

图 12-16　"学生名单"报表

图 12-17　"课程信息"报表

在项目管理器中,选择"文档"选项卡中的"报表"选项,单击右面的"新建"按钮,弹出"新建报表"对话框。然后利用一对多报表向导,在 D:\jxgl\REPORTS 目录下建立"成绩单"报表,如图 12-18 所示。其中,父表为"学生"表,子表为"成绩"表。

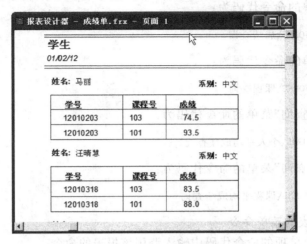

图 12-18 "成绩单"报表

6. 利用项目管理器创建菜单

1)"教学管理系统"菜单的建立

在项目管理器中,选择"其他"选项卡中的"菜单"选项,单击右面的"新建"按钮,在 D:\jxgl\MENUS 下新建"教学管理系统"菜单,如图 12-19 所示。在该菜单文件打开的情况下,选择"显示"→"常规选项"菜单命令,在"常规选项"对话框中选择"顶层表单"复选框。

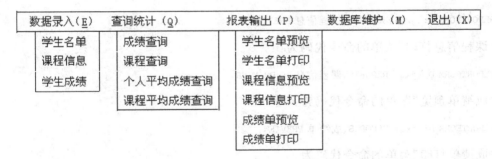

图 12-19 "教学管理系统"菜单

2)输入调用表单的菜单命令

分别在"数据录入"和"查询统计"菜单项的命令代码中输入调用该表单的命令:
DOFORM<表单文件名>。

"学生名单"菜单的命令代码为:

DO FORM D:\jxgl\FORMS\学生名单

"课程信息"菜单的命令代码为:

DO FORM D:\jxgl\FORMS\课程信息

"学生成绩"菜单的命令代码为：

DO FORM D:\jxgl\FORMS\学生成绩

"成绩查询"菜单的命令代码为：

DO FORM D:\jxgl\FORMS\成绩查询

"课程查询"菜单的命令代码为：

DO FORM D:\jxgl\FORMS\课程查询

"个人平均成绩查询"菜单的命令代码为：

DO FORMD:\jxgl\FORMS\个人平均成绩查询

"课程平均成绩查询"菜单的命令代码为：

DO FORM D:\jxgl\FORMS\课程平均成绩查询

3）输入调用报表的菜单命令

在"报表输出"菜单项的命令代码中输入调用该报表的命令。

"学生名单预览"菜单的命令代码为：

REPORTFORM D:\jxgl\REPORTS\学生名单 PREVIEW

"学生名单打印"菜单的命令代码为：

REPORTFORM D:\jxgl\REPORTS\学生名单 TO PRINTER

"课程信息预览"菜单的命令代码为：

REPORTFORM D:\jxgl\REPORTS\课程信息 PREVIEW

"课程信息打印"菜单的命令代码为：

REPORTFORM D:\jxgl\REPORTS\课程信息 TO PRINTER

"成绩单预览"菜单的命令代码为：

REPORTFORM D:\jxgl\REPORTS\成绩单 PREVIEW

"成绩单打印"菜单的命令代码为：

REPORTFORM D:\jxgl\REPORTS\成绩单 TO PRINTER

注意：以上命令也可以不加路径，因为在后面的主文件中设置了搜索路径。

4）输入"数据库维护"菜单项的命令

"数据库维护"菜单项的命令为：

MODI DATAD:\jxgl\DATA\教学管理

5）输入"退出"菜单项的命令

"退出"菜单项的命令为 QUIT。当选择该菜单项时，将退出应用系统。

6）菜单的生成

选择"菜单"→"生成"菜单命令,将生成"教学管理系统.mpr"文件。

7）"教学管理系统主表单"的创建

在 D:\jxgl\FORMS 目录中创建"教学管理系统主表单",将其 CAPTION 属性设为"教学管理系统主表单",将它的 ShowWindows 属性设置为 2,并设置该菜单为顶层表单菜单,然后在表单的 Init 事件代码中输入以下命令:

```
DOD:\jxgl\MENUS\教学管理系统 WITH THIS, .T.
```

将"教学管理系统"菜单调入"教学管理系统主表单"上,如图 12-20 所示。

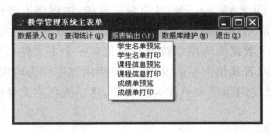

图 12-20 教学管理系统主表单

本项目共建立了 8 个表单、3 个报表和 1 个系统菜单,如图 12-21 所示。

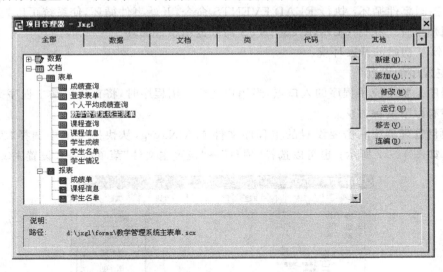

图 12-21 建立的表单和报表

7. 设计主程序

主程序是整个应用程序的入口点,主要功能是初始化系统运行环境、打开数据库、建立初始的用户界面、控制事件循环等。本系统的主程序为 MAIN.prg,其代码是:

```
SET TALK OFF
SET SYSMENU OFF
SET CENTURY ON
SET DATE TO YMD
```

应用系统开发实例

```
CLOSE ALL
CLEAR ALL
SET DEFAULT TO D:\jxgl                    && 设置默认工作目录
SET PATH TO PROGS,FORMS,MENUS,DATA,REPORTS,GRAPHICS && 设置路径
OPEN DATABASE 教学管理 EXCLUSIVE
_SCREEN.CAPTION = "教学管理系统"
ZOOM WINDOWS SCREEN MAX
DO FORM 登录表单
READ EVENTS
```

执行 READ EVENTS 命令,建立事件循环。注意,结束事件循环一般是通过一个菜单项或表单上的按钮执行 CLEAR EVENTS 命令完成的,主程序不应执行此命令。

当运行一个数据库应用程序时,首先启动的是该应用程序的主文件,主文件再依次调用所需要的其他组件。每个数据库应用系统都必须包含一个主文件,它是应用程序的起始点。主文件可以是程序文件或者其他类型的文件,一般使用程序作为应用系统的主文件,该程序被称为主程序,但也可以使用顶层表单作为主文件,这样就将主文件的功能和初始的用户界面集成在一起。

主程序的主要功能是:

(1) 初始化环境:如 SET TALK OFF。

(2) 显示初始的用户界面:可以是一个菜单,也可以是一个表单或其他组件。

(3) 控制事件循环:执行 READ EVENTS 命令,开始事件循环,使系统可以处理单击、输入等用户事件。执行 CLEAR EVENTS 命令退出事件循环。

(4) 恢复初始的开发环境。

8. 主程序的设置

主程序是整个应用程序的入口点,当用户运行应用程序时,将首先启动主程序文件。设置主程序有以下两种方法:

在项目管理器中右击要设置的主程序文件 MAIN.prg,从快捷菜单中选择"设置主文件"命令,如图 12-22 所示;也可以选择"项目"→"设置主文件"菜单命令来设置主文件。

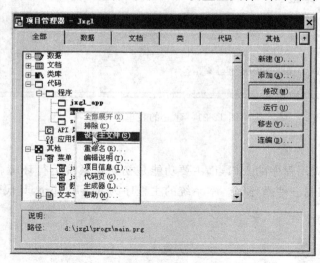

图 12-22 设置主文件

在项目管理器中,被设置为主文件的文件名以黑体显示。

一个应用程序只有一个起始点,所以系统的主文件是唯一的。当重新设置主文件时,原来的设置将自动解除。

12.2.2 连编应用程序

使用 VFP 创建面向对象的事件驱动应用程序时,可以每次只建立一部分模块。在完成了所有的功能组件之后,就可以进行应用程序的集成和编译了。对整个项目进行联合调试和编译的过程称为连编项目。经过连编,VFP 系统将所有在项目中引用的文件(除了标记为排除的文件外)合成为一个应用程序文件。

分别调试各个模板,并确定项目中要排除或包含的文件,然后在项目管理器中单击"连编"按钮,将弹出"连编项目"对话框,如图 12-23 所示。在"连编项目"对话框中选择"重新连编项目"单选按钮。若没有错误,则可以选择"连编可执行文件"单选按钮,在随后出现的"另存为"对话框输入可执行文件名"教学管理系统.exe",并将文件保存在"D:\jxgl"文件夹中。

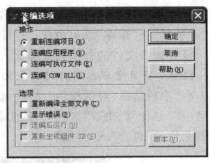

图 12-23 "连编项目"对话框

连编应用程序并生成可执行文件的过程中涉及如下知识点:

1. 文件的排除与包含

1)排除与包含

在项目管理器中,数据表文件名左侧带有排除标记"⊘"的文件为排除文件,如图 12-24 所示,表示此文件从项目中排除。被排除的文件可以在最终生存的应用程序中修改。"包含"与"排除"相对,在项目中标记为"包含"的文件在项目编译之后将变为只读文件,也就是在生成的应用程序中不允许再被修改。

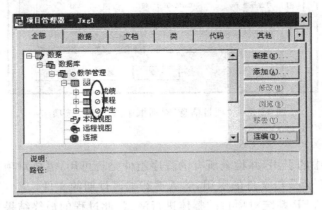

图 12-24 排除标记"⊘"

如果应用程序中带有需要用户修改的文件,就必须将该文件标为"排除"。VFP 假设数据库和表在应用程序中可以被修改,所以默认数据库和表为"排除"文件。

作为通用的准则,可执行程序(如表单、报表、查询、菜单和程序文件)应该在应用程序文件中为"包含",而数据文件为"排除"。但是,可以根据应用程序的需要,包含或排除文件。例如,一个文件如果包含敏感的系统信息或者包含只用来查询的信息,那么该文件可以在应用程序文件中设为"包含",以免不小心被更改。反过来,如果应用程序允许用户动态更改一个报表,那么可将该报表设为"排除"。如果将一个文件设为排除,必须保证 VFP 在运行应用程序时能够找到该文件。为安全起见,可以将所有不需要用户更新的文件设为包含。应用程序文件(APP)不能设为包含。

2) 设置文件的排除与包含

如果应用程序中带有需要用户修改的文件,必须将该文件设置为"排除";对于不需要用户更新的文件可设置为"包含",其设置方法为:

在项目管理器中,右击选定要设置为排除的文件,从快捷菜单中选择"排除"命令,或者选择"项目"→"排除"菜单命令。排除的文件在其文件名左边会出现排除标记("⊘")。

设置包含文件的方法与此类似。

注意:项目管理器将标记为主文件的文件自动设置为"包含",且不能排除。

在"项目信息"对话框的"文件"选项卡中,可一次性查看项目中所有文件的排除与包含信息,在"包含"栏中带"×"标记的为包含,空的为排除,如图 12-25 所示。单击此标记,也可设置文件的"包含"或"排除"。

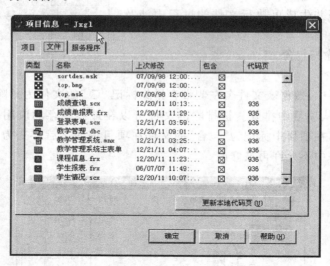

图 12-25 "项目信息"对话框中的"文件"选项卡

2. 连编项目

为了校验程序中的引用,并检查所有的程序组件是否可用,需要对项目进行测试。通过重新连编项目,VFP 会分析文件的引用,然后重新编译过期的文件。

连编项目将使 VFP 系统对项目的整体进行测试,此过程的最终结果是将所有在项目中引用的文件(除了标记为排除的文件)合成为一个应用程序文件,最后将应用程序文件、数据文件以及其他排除的项目文件一起发布给用户,用户可运行该应用程序。

连编项目时,VFP 系统将分析对所有文件的引用,并自动把所有的隐式文件包含在项目中。如果通过用户自定义的代码引用任何一个其他文件,项目连编也会分析所有包含及引用的文件。在下一次查看该项目时，引用的文件会出现在项目管理器中。

项目管理器解决不了对图片（BMP 或 MSK）文件的引用，因为这取决于在代码中如何使用图片文件，因此需要将这些文件手工添加到项目中。项目连编也不能自动包含用"宏替换"进行引用的文件，因为在应用程序运行之前不知道该文件的名字。如果应用程序要引用"宏替换"的文件，必须手工添加这些引用文件。

连编项目文件的方法有：

1）项目管理器方式

在项目管理器中单击"连编"按钮，在弹出的"连编选项"对话框中选择"重新连编项目"单选按钮。若同时选择"显示错误"复选框，则连编过程中如果发生错误，可以立刻查看错误文件。错误文件中收集了编译过程中出现的所有错误，该文件主名与项目文件主名相同，扩展名为.err。编译错误的数量显示在状态栏中。若同时选中"重新编译全部文件"复选框，VFP 系统将重新编译项目中的所有文件；否则，只会重新编译上次连编后修改过的文件。

2）命令方式

格式：**BUILD PROJECT** <项目文件名>

例如，在"命令"窗口中输入以下命令，对"jxgl"项目进行连编。

BUILD PROJECT D:\jxgl\jxgl

说明：如果在连编过程中发生错误，应该及时排除错误，并反复进行"重新连编项目"，直至没有错误，另外，在向项目中添加新的组件后，应该重新连编项目。

3．连编应用程序

成功连编项目之后，在建立应用程序之前应试运行该项目。方法是：在项目管理器中选中主程序，然后单击"运行"按钮；也可以在"命令"窗口中执行命令：DO＜主程序文件名＞。如果程序运行正确，就可以连编成一个应用程序文件，该文件包括项目中的所有"包含"文件。

在 VFP 系统中，应用程序文件有两种形式：一种是扩展名为.app 的应用程序文件，该程序只能在 VFP 环境中运行；另一种是扩展名为.exe 的可执行文件，它可以在 Windows 环境中运行。可执行文件和两个 VFP 动态链接库（VFP6R.dll 和 VFP6ENU.dll）相连，可以构成 VFP 所需的完整运行环境。

连编应用程序的方法有：

1）项目管理器方式

在项目管理器中单击"连编"按钮，弹出"连编选项"对话框。选择"连编应用程序"单选按钮，可生成.app 文件；选择"连编可执行文件"单选按钮，可建立一个.exe 文件。根据需要选择其他选项后，单击"确定"按钮。

选择"连编可执行文件"单选按钮时，会激活"版本"按钮。单击此按钮，将弹出"EXE版本"对话框，如图 12-26 所示，可以为应用程序指定一个版本号以及版本类型。

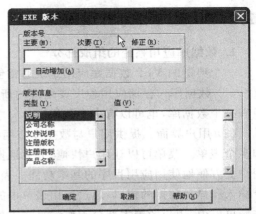

图 12-26 "EXE 版本"对话框

2) 命令方式

格式 1：**BUILD APP < APP 文件名> FROM <项目文件名> [RECOMPILE]**

功能：编译指定的项目文件，并生成扩展名为.app 的应用程序。

格式 2：**BUILD EXE < EXE 文件名> FROM <项目文件名> [RECOMPILE]**

功能：编译指定的项目文件，并生成扩展名为.exe 的可执行文件。

例如，将"jxgl"项目编译为一个 APP 文件，可输入以下命令：

```
BUILD APPD:\jxgl\jxglFROM D:\jxgl\jxgl
```

将"jxgl"项目编译为一个 EXE 文件，可输入以下命令：

```
BUILD EXE D:\jxgl\jxgl FROM D:\jxgl\jxgl
```

4. 运行应用程序

当为项目建立一个最终的应用程序文件之后，就可以运行了。

1) 运行 APP 应用程序

启运 VFP，选择"程序"→"运行"菜单命令，在弹出的"运行"对话框中选择要执行的应用程序 APP；或者在"命令"窗口中输入命令：DO<应用程序文件名>。

例如，要运行应用程序"D:\jxgl\jxgl. APP"，可输入命令：

```
DO D:\jxgl\jxgl.app
```

2) 运行 EXE 可执行程序

方法 1：启动 VFP，选择"程序"→"运行"菜单命令，在弹出的"运行"对话框中选择可执行程序文件 jxgl. exe。

方法 2：在"命令"窗口中输入命令：DO<可执行文件名>。

例如，要运行"D:\jxgl\jxgl.exe"文件，可输入命令：

```
DOD:\jxgl\jxgl.exe
```

方法 3：在 Windows 资源管理器中，双击该.exe 文件的图标。

12.2.3 应用程序开发的总结

1. 数据库应用系统的组成部分

一个典型的 VFP 数据库应用系统通常包含以下几个部分：

（1）数据库。存储应用程序要处理的所有原始数据。根据应用系统的复杂程度，可以只有一个数据库，也可以有多个数据库。

（2）用户界面。提供用户与数据库应用程序之间的接口，通常有一个菜单、一个工具栏和多个表单。菜单可以让用户快捷、方便地操纵应用程序提供的全部功能，工具栏则可以让用户更方便地使用应用程序的基本功能。表单作为最主要的用户界面形式，提供给用户一个输入和显示数据的窗口，通过调用表单中的控件，如命令按钮，可以完成各种数据处理操作。可以说，用户的绝大部分工作都是在表单中进行的。

（3）事务处理。提供特定功能代码，完成查询、统计等数据处理工作，以便用户可以从数据库的众多原始数据中提取需要的各项信息。这些工作主要是在事件的响应代码中设计完成的。

（4）打印输出。将数据库中的信息按用户要求的组织方式和数据格式打印输出，以便长期保存，或供多人传阅。这部分功能主要是由各种报表和标签实现的。

（5）主程序。用于设置应用程序的系统环境和起始点，是整个应用程序的入口点。

在设计应用程序时，应仔细规划每个部分的功能以及与其他部分之间的关系。

2. 应用系统的组织和管理

1）利用项目管理器向导建立目录结构

一个完整的应用程序，无论规模大小，都会涉及多种类型的文件，如数据库、数据表、菜单、表单、报表等。同时，VFP 系统还会生成相应的辅助文件，如备注文件、索引文件等。所以，在设计应用程序时应该建立一个分层目录结构，分类存储不同类型的文件，以便于管理和维护。例如，将所有的数据表文件及其相关的索引文件和备注文件存放在 DATA 文件夹中，将表单文件、报表文件、菜单文件分别存放在 FORMS、REPORTS、MENUS 文件夹中。

2）利用项目管理器组织项目

利用项目管理器可以将 VFP 应用程序中要使用的各类对象，如文件、数据、文档等，从逻辑上进行组织。项目管理器是 VFP 提供给系统开发人员的一个用于组织和管理项目中各类数据和对象的重要工具，也是系统开发人员的主要工作平台。

一个 VFP 项目包含若干独立的组件，这些组件作为单独的文件保存。一个文件若要包含在一个应用程序中，必须添加到项目中。这样在编译应用程序时，VFP 才会在最终的产品中将该文件作为组件包含进来。用项目管理器中"新建"和"添加"按钮可以很方便地将文件加入到项目中，组织和管理整个应用系统，具体包括以下内容，如图 12-27 所示。

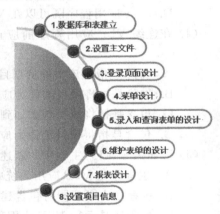

图 12-27　项目组织

（1）数据资源建立。如数据库和表的建立。

（2）设置主文件。主文件可以是程序文件或者其他类型的文件，在项目管理器中右击要设置为主程序的程序，一般为 MAIN.prg，从快捷菜单中选择"主文件"命令，即可将 MAIN.prg 设置为主文件。

（3）登录页面设计。用以控制非法操作员使用本系统。

（4）菜单设计。使用户可以方便、快捷地控制整个系统的操作。

（5）录入和查询表单设计。提供数据资源的输入与编辑界面和数据信息检索与汇总的显示界面。

（6）数据库维护表单。供高级操作人员直接对数据库和数据表进行操作。

（7）报表设计。打印输出需要保留的信息。

（8）设置项目信息。选择"项目"→"项目信息"菜单命令，在弹出的"项目信息"对话框中设置系统开发的作者信息以及系统桌面图标等项目信息。

3. 应用系统的连编和运行

分别调试各个模板，并确定项目中要排除或包含的文件，然后在项目管理器中单击"连编"按钮,在弹出的"连编项目"对话框中选择"重新连编项目"单选按钮。若没有错误,则可以选择"连编可执行文件"单选按钮。

打开 Windows 资源管理器,双击"教学管理系统.exe"文件进入运行状态,检查系统是否能够正常运行。若出现问题,可重新进入 VFP 系统修改,再连编运行直至正常。

<h1 align="center">习　　题</h1>

1. 选择题

(1) 通常情况下,项目的主文件名为(　　),也可以是表单等。

  A. MAIN. prg   B. EVENT. prg C. MAIN. app   D. EVENT. exe

(2) 在 VFP 系统中,如果要使某个文件在连编后的应用程序中不能被修改,该文件应设置为(　　)。

  A. 包含   B. 排除   C. 更改   D. 主文件

(3) VFP 应用程序连编后生成 .app 和 .exe 两种类型的文件,以下说法中正确的是(　　)。

  A. .app 应用程序只能在 Windows 环境运行

  B. .app 应用程序既可以在 VFP 环境下运行,也可以在 Windows 环境下运行

  C. .exe 应用程序只能在 Windows 环境下运行

  D. .exe 应用程序既可以在 VFP 环境下运行,也可以在 Windows 环境下运行

(4) 在连编 VFP 应用程序前应正确设置文件的"排除"与"包含",以下说法正确的是(　　)。

  A. 排除是指将该文件从项目中删除

  B. 排除是指将项目编译为应用程序后,所有标记为"排除"的文件都可以被修改

  C. 包含是指将该文件添加到项目文件中

  D. 包含是指将项目编译为应用程序后,所有标记为"包含"的文件都可以被修改

(5) 下面关于 VFP 主程序的叙述中正确的是(　　)。

  A. 主程序是 VFP 应用系统中的主要程序,可以完成应用系统的所有功能

  B. 主程序中必须同时包含建立事件循环和结束事件循环的命令

  C. 主程序是运行 VFP 应用程序时首先启动的主文件,是整个应用程序的入口点

  D. 每个数据库应用系统都可以包含多个主程序

2. 填空题

(1) 经过连编,VFP 系统将所有在项目中引用的文件除了_____外,合成为一个应用程序文件。

(2) 建立事件循环是为了等待用户操作并进行响应,使用命令_____将启动 VFP 事件处理,使用命令_____将停止 VFP 事件处理,使程序退出事件循环。

(3) 一个 VFP 应用程序只有一个主文件,当重新设置主文件时,原来的设置将被_____。

(4) 项目连编之后,可生成扩展名为_____和_____的文件。

(5) 在项目管理器中,被设置为主文件的文件名以_____显示。

(6) 连编项目成为一个 APP 文件的命令是_____。

（7）连编项目成为一个 EXE 文件的命令是_____。

（8）在 VFP 中运行 APP 文件的命令是_____。

（9）在 VFP 中运行 EXE 文件的命令是_____。

（10）在 VFP 中设置文件路径的命令是_____。

3. 简述题

（1）简述应用程序开发的一般过程。

（2）在应用程序的设计中，常见的用户界面有哪些？

（3）设计 VFP 应用程序时，主程序的作用是什么？ 如何设置主程序？

（4）连编 VFP 应用程序时，设置文件的"排除"与"包含"有何区别？

（5）连编 VFP 应用程序时，可以生成哪两种格式的应用程序？ 它们有什么不同？

4. 操作题

利用应用程序向导开发图书管理应用系统。

应用系统开发实例

参 考 文 献

1. 石永福. Visual FoxPro 数据库与程序设计. 第 1 版. 北京：清华大学出版社，2012.
2. 王利. 全国计算机等级考试二级教程——Visual FoxPro 程序设计. 北京：高等教育出版社，2003.
3. 卢湘鸿. Visual FoxPro 6.0 数据库与程序设计. 北京：电子工业出版社，2004.
4. 李雁翎. Visual FoxPro 应用基础与面向对象程序教程. 北京：高等教育出版社，2003.